SHIYONG LVSE QINGJIANHUA ZHIMIAN JISHU

实用绿色轻简化植棉技术

◎ 全国农业技术推广服务中心　组织编写

中国农业科学技术出版社

图书在版编目（CIP）数据

实用绿色轻简化植棉技术 / 白岩，董合忠，李莉主编 . —北京：中国农业科学技术出版社，2019. 5

ISBN 978-7-5116-4097-0

Ⅰ. ①实… Ⅱ. ①白…②董…③李… Ⅲ. ①棉花-栽培技术 Ⅳ. ①S562

中国版本图书馆 CIP 数据核字（2019）第 058584 号

责任编辑 于建慧
责任校对 马广洋

出 版 者 中国农业科学技术出版社
北京市中关村南大街 12 号 邮编：100081
电　　话 （010）82109708（编辑室） （010）82109702（发行部）
（010）82109709（读者服务部）
传　　真 （010）82106650
网　　址 http://www.castp.cn
经 销 者 各地新华书店
印 刷 者 北京富泰印刷有限责任公司
开　　本 710mm×1 000mm 1/16
印　　张 15. 5
字　　数 269 千字
版　　次 2019 年 5 月第 1 版 2019 年 5 月第 1 次印刷
定　　价 48. 00 元

版权所有 · 翻印必究

编写人员

主　　编　白　岩　全国农业技术推广服务中心
　　　　　　董合忠　山东棉花研究中心
　　　　　　李　莉　全国农业技术推广服务中心

副 主 编　李维江　山东棉花研究中心
　　　　　　毕显杰　新疆生产建设兵团农业技术推广总站
　　　　　　马立刚　河北省农业特色产业技术指导总站
　　　　　　崔金杰　中国农业科学院棉花研究所
　　　　　　郑曙峰　安徽省农业科学院棉花研究所
　　　　　　柯兴盛　江西省棉花研究所
　　　　　　张志刚　湖南省棉花科学研究所
　　　　　　羿国香　湖北省农业技术推广总站

编写人员（按姓氏笔画排序）
　　　　　　马　艳　中国农业科学院棉花研究所
　　　　　　王树林　河北省农林科学院棉花研究所
　　　　　　王海标　新疆生产建设兵团农业技术推广总站
　　　　　　王　维　安徽省农业科学院棉花研究所
　　　　　　冯自力　中国农业科学院棉花研究所
　　　　　　李　飞　湖南省棉花科学研究所

李振怀　山东棉花研究中心
李彩红　湖南省棉花科学研究所
余进祥　江西省棉花研究所
宋　敏　新疆生产建设兵团农业技术推广总站
张冬梅　山东棉花研究中心
张　超　新疆生产建设兵团农机技术推广站
陈冠文　新疆农垦科学院
尚怀国　全国农业技术推广服务中心
罗　真　湖北省农业技术推广总站
聂太礼　江西省棉花研究所
徐士振　山东棉花研究中心
徐道青　安徽省农业科学院棉花研究所
甄　云　河北省农业特色产业技术指导总站
雷昌云　湖北省农业技术推广总站
雒珺瑜　中国农业科学院棉花研究所

前　　言

棉花是中国重要的大宗农产品、主要经济作物之一，棉花产业是我国重要民生产业。我国有2 000多年的植棉历史，是全球植棉历史悠久的国家之一，棉花生产的健康发展不仅关系棉花主产区农民收入的增加，也关系纺织产业和地方经济的发展，是保障国家棉纺织业健康发展的关键。20 世纪 90 年代至今，我国棉花生产逐步由精耕细作向简化管理转变，改繁杂为轻简，改高投高产为节本高效，改劳动密集型为技术产业型。在转变过程中也面临着不少挑战，主要表现在，一是认为机械化就是轻简化，不顾条件盲目发展机械化，忽略了农机农艺融合，虽然机械化程度提高了，但是节本增产、提质增效的目的没有达到；二是把轻简化植棉与粗放耕作混为一谈，棉花用工减少了，但产量和品质严重下降了；三是缺少棉花轻简化生产技术方面的详细资料，基层技术人员和农民对棉花轻简化生产技术缺乏了解和认识。因此，大力宣传、示范和推广棉花简化栽培技术，是促进棉花生产方式转变的重要技术保障。

近几年，农业农村部提出棉花生产走“提质增效”发展之路。自 2011 年以来，农业农村部先后组织了全国农业技术推广系统和全国主要棉花科研力量，实施“棉花轻简育苗移栽技术示范”“棉花轻简栽培技术示范”和“棉花提质增效技术示范”，贯彻“轻简植棉、绿色植棉”理念，在精量播种、简化栽培、绿色植保、集中收获等关键技术及配套物质装备研究等方面取得了一系列重要进展和突破，这些关键技术及其物质装备的有机结合，形成了具有核心推广价值、操作性强、普适性好的绿色轻简化植棉技术体系，为促进我国棉花生产从传统劳动密集型向现代技术产业型的转变提供了新技术、新方法、新思路。

绿色轻简化植棉技术系指简化管理工序、减少作业次数，良种良法配套、农机农艺融合，实现棉花生产轻便简捷、节本增效、绿色可持续的耕作栽培模式和技术方法。为进一步加快推广普及步伐，全国农业技术推广服务中心和山东棉花研究中心组织编写了《实用绿色轻简化植棉技术》一书，在对绿色轻简化植棉的意义、关键技术和理论基础简要概述的基础上，分棉区对轻简化植棉技术作了详细论述，最后介绍了棉花病虫草害绿色防控技术。全书结构完整、内容丰富、时效性和实用性强，适于农业科技工作者和植棉农民阅读参考。

参与本书编写的作者都是国内从事棉花科研和技术推广的专家、学者，得到国家重点研发计划（2017YFD021906）、国家现代农业产业技术体系（CARS-15-15）、山东省农业科学院科技创新工程（CXGC2016B05、CXGC2018E06）等重大科研及推广项目的支持。本书参考和部分采用了新疆*、河北、山东、湖北、湖南、江西、安徽等地在轻简栽培技术示范推广过程中积累的技术资料，得到有关单位和个人的大力支持。在此，表示衷心的感谢。

由于水平有限，书中难免有疏漏甚至不妥之处，恳请同行和广大读者批评指正。

编　者

2019 年 2 月

* 新疆维吾尔自治区的简称，全书同。

目　　录

第一章
绿色轻简化植棉技术概述

绿色轻简化植棉技术，亦称棉花绿色轻简化栽培，系指简化管理工序、减少作业次数，良种良法配套、农机农艺融合，实现棉花生产轻便简捷、节本增效、绿色可持续的耕作栽培模式和技术方法。棉花轻简化栽培是我国棉花科技工作者立足中国国情，通过对传统植棉技术改革创新后建立的新型栽培技术体系，是我国棉花生产由传统劳动密集型向轻简节本快乐型转变的重要支撑技术。本章论述了棉花轻简化栽培技术产生的背景、意义和关键技术。

第一节　绿色轻简化植棉的意义

我国传统植棉的特征是精耕细作，这一方面适合过去人多地少、农村劳动力资源丰富的国情，另一方面也与棉花喜温好光、无限生长等生物学习性有关。由精耕细作到轻简化栽培，是我国棉花栽培技术的重大跨越，经历了较长时间的研究和探索。

一、棉花绿色轻简化栽培技术产生的背景

棉花具有喜温好光、无限生长、自动调节和自我补偿能力强等生物学习性，是典型的适合精耕细作的大田作物。中国人多地少、过去人工成本低廉的国情，使得各地棉花栽培普具工序繁多、费工费时的特征。特别是营养钵育苗移栽和地膜覆盖栽培以及棉田立体种植技术的推广应用，使得棉花种植管理更加复杂繁琐。和其他作物栽培技术的发展历程一样，棉花栽培技术也经历了由粗放到精耕细作，再由精耕细作到轻简化的过程。

（一）轻简化栽培是棉花生产可持续发展的必由之路

1. 传统精耕细作技术面临严峻挑战

棉花是劳动密集型的大田经济作物，工序繁多、费工费时是传统植棉技术的突出特点。传统植棉技术用工多、劳动强度大的主要原因有两个：一是棉花种植、管理和收获程序繁琐；二是机械化程度低。

程序繁琐是我国棉花生产的普遍现象。如在黄河流域棉区，棉花生长期超过6个月，从种到收有40多道工序，放苗、定苗、整枝、采摘等环节基本完全依靠人工，用工225~375个/hm^2，比小麦、玉米两季还多，管理繁琐、劳动强度大的问题一直十分突出。美国生产50 kg皮棉的平均用工量仅0.5个工日，2015年调查黄河流域棉区平均用工量达到15个工日。棉田管理繁琐、用工多是制约棉花可持续发展的重要因素。

机械化程度低是导致植棉用工多的另一个重要原因。全国棉花机械化生产水平低。据毛树春按国家农业行业标准测算，2010年全国棉花耕种收综合机械化水平38.3%，远远低于52.3%的全国农业机械化水平。其中，黄河流域棉区机械化水平只有25%，长江流域只有10%。正是由于机械化程度低，用工投入多，比较效益低，导致长江流域和黄河流域棉区棉花面积大幅度减少，

且不断向盐碱地、旱薄地转移。不过，近年来棉花种管收机械化发展很快，据农业部统计，到2016年底，我国棉花耕种收综合机械化率达69.8%，其中，机播率84.6%、机采率22.8%。透过这一数字，要注意以下两个问题：一是这一快速增长得益于棉花种植向西北内陆棉区转移和集中，实际上黄河流域和长江流域棉区机械化水平仍然低于50%；二是全国机械采收的比例仍然不高，特别是黄河流域和长江流域棉区主要依赖人工采摘棉花。

随着农村劳动力转移和农村用工成本的不断攀升，劳动力密集型的传统植棉技术不仅难以支撑棉花生产的发展，而且成为棉花生产持续发展的障碍。2006—2016年棉花亩*均生产成本由743.1元上涨到2 306.6元，年均上涨10.8%；我国每生产50 kg皮棉的生产成本从419.4元上涨到936.3元，年均增长7.6%。2014年，中国、美国、印度、澳大利亚每生产50 kg皮棉的成本分别为1 165、675、1 375、455元，印度最高，中国第二，澳大利亚最低。因此，必须彻底改革传统植棉技术，建立轻简化栽培技术，实现棉花生产的轻便简捷、节本增效。

2. 棉花轻简化栽培符合中国国情

中国棉花种植多以家庭或农户小生产为主体，户均植棉面积小，棉花种植零散，难以像美国、澳大利亚等发达植棉国家一样发挥规模化植棉节本、增效作用。据山东棉花研究中心2016年年初在全国植棉大省山东省的调查，山东全省棉花多为一家一户的分散种植，2015年，户均植棉0.32 hm^2，全省规模化植棉面积（单户超过3.33 hm^2的棉田面积）只占3%左右，其中，黄河三角洲地区占6%左右，鲁西北棉区占4%左右，鲁西南棉区只占2%左右，规模化程度低。相比粮食生产，植棉业的社会化服务也严重滞后，服务方式少。

种植制度是一个地区的农业基础生产力，也是生产方式和栽培管理技术的决定因素。黄河流域棉区种植制度十分复杂，既有一年一熟的单作或间作，也有以冬小麦、油菜、大蒜套种棉花为主的两熟制甚至多熟制。以套种为主要手段的两熟制曾一度促进了该区粮食和棉花面积的双扩大和产量的双增加，即“双扩双增”，但这一种植模式费工费时，大面积套种也成为棉花机械化和轻简化种植的重要障碍。以蒜棉套种为例，棉花需要在3月底至4月初制备营养钵，4月上旬播种、管理苗床，4月底至5月初移栽至大蒜田，同时对大蒜还要人工抽薹、人工收获大蒜头；收获大蒜后，棉花要中耕除草、整枝打杈、防

---

* 1亩≈667 m^2，15亩=1 hm^2，全书同

病治虫、多次收花，这些生产环节用工多、劳动强度大。虽然产出较高，但投入更大，扣除物化和人工成本，效益并不显著。

户均生产规模小、种植制度复杂是我国棉花生产的基本国情，保持产量不减、品质不降是改革创新我国栽培技术的基本要求，决定了我国不能盲目复制美国等发达国家基于规模化的全程机械化植棉技术路线。由此可见，改革传统植棉技术，推行轻简化栽培才是符合我国国情和现实需要的技术路线。

（二）棉花轻简化栽培技术的发展历程

新中国成立之初，我国就开始注重研发省工省时的栽培技术措施，例如20世纪50年代至80年代就对是否去除棉花营养枝开展讨论研究，为最终明确营养枝的功能和利用营养枝、简化整枝奠定了基础；80年代以后推广以缩节胺为代表的植物生长调节剂，促进了棉花化控栽培技术的形成和应用，简化了某些栽培管理环节。之后，在“十五”全国优质棉花基地科技服务项目的支持下，山东棉花研究中心等单位建立了杂交棉“精稀简”栽培和“短季棉晚春播”栽培两套简化栽培技术。前者选用高产早熟的抗虫杂交棉一代种，采用营养钵育苗移栽或地膜覆盖点播，降低杂交棉的种植密度，减少用种量，充分发挥杂交棉个体生长优势实现高产；采用植物生长调节剂简化整枝或免整枝，减少用工，提高了植棉效益，在两熟制棉区得到推广应用。后者选用短季棉品种，晚春播种，提高种植密度，以群体争产量，正常条件下可以达到1 125 kg/hm^{2}以上的皮棉产量，主要在盐碱地以及热量或水浇条件较差的地区推广，也取得良好效果。之后，国内对省工省力的棉花简化栽培技术更加注重，取得了一系列重要研究进展，包括轻简育苗代替传统营养钵育苗，采用缓/控释肥深施代替多次施用速效肥等。但限于当时的条件和意识，以及不同地区对轻简化栽培技术的认可程度不同，对棉花轻简化栽培的概念和内涵并不十分清晰。

在黄河流域和长江流域棉区不断探索棉花轻简化栽培的同时，以新疆为代表的西北内陆棉区则努力探索机械化植棉技术，并取得实质性突破。新疆生产建设兵团成功构建了以膜下滴灌精量播种、宽膜覆盖和水肥一体化为核心的棉花全程机械化生产技术体系，包括棉种精选、棉田整理、精量播种、植保管理、脱叶催熟、机械采收、籽棉贮运等，显著提高了棉花产前、产中和产后的机械化水平，大幅度减少了生产用工。但是，在提高机械化程度的同时，棉花“种管收”过程中的作业次数并未减少，程序繁琐、投入大、效益低的问题没有得到根本解决，反而由于棉田群体结构不合理，脱叶效果差，机采原棉含杂多，降低了生产品质。也就是说，虽然在很多地方实现了机械化，但没有实现轻简化。

“十一五”期间中国农业科学院棉花研究所牵头实施了公益性行业（农业）科研专项“棉花简化种植节本增效生产技术研究与应用”，组织全国棉花科研力量研究种植密度、适宜品种、科学施肥、控制三丝污染等重大问题，旨在使劳累繁琐的棉花栽培管理轻简化，形成符合现代农业理念的“傻瓜技术”，从而使棉农从繁重的体力劳动中解脱出来，将各自的技术创新有机合成，形成具有重要推广价值的普适性植棉技术。山东棉花研究中心作为主要参加单位，积极倡导并践行轻简化栽培的研究和实践。不久，国家棉花产业技术体系成立，棉花高产简化栽培被列为体系的重要研究内容。2011 年 9 月，在湖南农业大学召开的“全国棉花高产高效轻简化栽培研讨会”上，官春云院士提出“作物轻简化生产”的概念，喻树迅院士提出“快乐植棉”的要求，毛树春提出“棉花轻简育苗”的概念。2015 年 12 月 6 日，山东棉花研究中心在济南组织召开了棉花轻简化生产技术论坛，进一步明确了棉花轻简化栽培的概念、内涵和技术途径。从此，“轻简植棉”“快乐植棉”的理念深入人心。

第二节 棉花绿色轻简化栽培的概念和内涵

棉花绿色轻简化栽培是简化管理工序、减少作业次数，良种良法配套、农机农艺融合，实现棉花生产轻便简捷、节本增效、绿色生态的新型栽培技术体系。它是对传统植棉技术的改革、创新和发展，与机械化栽培既有联系又有区别。把握轻简化栽培的内涵对于应用和发展轻简化栽培技术具有重要的意义。

一、棉花绿色轻简化栽培的概念

棉花轻简化栽培是指采用与当地经济水平和生产方式相适应的农业装备和技术代替人工作业，降低劳动强度，简化管理工序，减少作业次数，农机农艺融合、良种良法配套，实现棉花生产轻便简捷、节本增效的耕作栽培技术体系。轻简化栽培既是与以手工劳动为主的传统精耕细作相对的概念，更是对传统植棉技术的改革、创新和发展，是立足中国国情创立的现代化植棉新技术。

棉花轻简化栽培具有丰富的内涵：“轻”是以农业机械为主的物质装备代替人工，减轻劳动强度；“简”是减少作业环节和次数，简化种植管理工序；“化”则是农机农艺融合、良种良法配套的过程，体现出轻简化栽培技术的系统完整性。轻简化栽培必须遵循“既要技术简化，又要高产优质，还要对环境友好”的原则；技术的简化必须与科学化、规范化、标准化结合。轻简化栽培不是粗放栽培，粗放的、不科学的简化栽培，与高产背道而驰，不是棉花轻简化栽培的目标。因此，轻简化栽培必须以解决简化与高产优质的矛盾作为出发点，通过农机农艺融合、良种良法配套保持产量不减、品质不降。

二、棉花轻简化栽培技术的特点

棉花轻简化栽培首先是观念上的，它体现在栽培管理的每一个环节、每一道工序之上，是全程简化，而不限于某个环节、某个时段，这也是轻简化栽培技术区别于过去的一些简化栽培技术的地方。

其次，棉花轻简化栽培是相对的、建立在现有经济水平之上的，其内涵和标准在不同时期、不同地区有不同的约定。基于此，一方面轻简化栽培是动态发展的，其具体的管理措施、机具种类、保障技术等都在不断提升、完善和发展之中，与时俱进是轻简化栽培重要特征；另一方面，轻简化栽培要因地制宜，按照当地的生产和生态条件集成建立技术体系。不顾条件、不因地制宜，盲目追求高大上不符合轻简化栽培的要求。

第三，轻简化栽培的目标是节本增效、绿色可持续生产，在不断减少用工的前提下，减少水、肥、膜、药等生产资料的投入，保护棉田生态环境，实现绿色可持续生产，这是轻简化栽培的重要内容。

第四，“种”的环节（精量播种）是棉花轻简化栽培的基础，棉花生产机械化的前提是适度规模化和标准化种植，而标准化种植的基础则是精量播种。棉花种、管、收各个环节的简化都依赖于精量播种，而农机与农艺融合也是从精量播种开始的。精量播种是棉花轻简化栽培的基础，至关重要。无论是播种、管理还是收获，要尽可能使用机械，用机械代替人工；尽可能简化管理、减少工序，减少用工和物化投入，提高水肥利用率；努力提高社会化服务水平，提高植棉的适度规模化、标准化，这些都是实现棉花轻简化生产的保障。

三、轻简化与机械化的联系和区别

棉花轻简化栽培是以人为本、以科技为支撑，通过简化管理工序、减少作业次数，农机农艺融合、良种良法配套，实现棉花生产轻便简捷、节本增效、绿色生态的生产方式与方法，它既是与以手工劳动为主的传统精耕细作相对的概念，也是现代化植棉技术的代表。与精耕细作、全程机械化等既有必然的联系又有本质的区别。

（一）棉花轻简化栽培是对传统精耕细作技术的创新改造

中国特色作物栽培技术是基于我国人多地少、经济欠发达的基本国情发展起来的高产栽培技术。该技术虽已落伍，但其基本原理、方式和方法仍具有一定的生命力和先进性。棉花轻简化栽培既不能全盘否定精耕细作，更不能走粗放耕作、广种薄收的回头路，而是吸收继承和创新改造传统精耕细作栽培技术。例如，继续采用传统的地膜覆盖技术，用单粒精播技术代替多粒播种、用密植加化控抑制叶枝生长代替人工整枝等。

（二）机械化是轻简化保障，但不是轻简化的全部

包括播种、施肥、中耕、植保、收获在内的农业机械及新型棉花专用肥、植物生长调节剂、配套棉花品种等，都是棉花轻简化栽培所需要的，是必不可少的保障。没有相应的物质装备，特别是机械化来保障，轻简化栽培就是一句空话，是难以实现的。

但是，机械化不是轻简化的全部，这包含两个层面的含义：一是轻简化要求以机械代替人工，但不是单纯要求以机械代替人工，而是强调农机农艺融合、良种良法配套；二是轻简化栽培还包括简化管理工序、减少作业次数，这也是与机械化的最大不同。

（三）绿色生产也是轻简化栽培的重要内容

通过优化种植制度和种植模式，推广应用现代化节水、省肥、减药新机具、新设备及新型肥料和高效低毒农药，减少化肥、农药、地膜等投入，实现以降低消耗、减少污染、改善生态为主攻目标的绿色生产，也是棉花轻简化栽培的重要内容。当前，棉花生产中农药化肥投入大、利用率低，棉田中残膜污染严重，实行轻简化生产、可持续生产，也必须解决这些问题。

（四）棉花轻简化栽培更符合中国国情

棉花轻简化栽培强调量力而行、因地制宜、与时俱进，这是与全程机械化的最大不同。棉花生产全程机械化涉及诸多环节，必须达到以下要求：①农田标准化建设和适度规模化种植。②适宜品种，除具备高产、抗逆、适应性强等基本要求外，还要求纤维品质好，对脱叶剂敏感，抗倒伏。③标准化种植，采用 76 cm 等行距或 66 cm+10 cm 宽窄行种植模式。④科学管理，最佳株高 75~85 cm，吐絮集中。④化学脱叶催熟和采收，脱叶率达到 90%以上，吐絮率 95%以上采用大型采棉机械采收。⑤清理加工，采用成套清理加工线进行烘干和清理。全程机械化生产如此严格苛刻的要求，我国大部分产棉区难以做到，无法开展。但是，棉花轻简化栽培则不同，其内涵和标准在不同时期、不同地

区有不同的约定，采用的物质装备和技术与当地经济水平、经营模式相匹配，轻简化栽培更适合中国国情。

总之，棉花轻简化栽培是简化种植管理工序、减少田间作业次数，农机农艺融合，实现棉花生产轻便简捷、节本增效的耕作栽培方式和方法。它包括以下几个含义：第一，棉花轻简化栽培强调立足国情，采用与当地生产条件和种植制度相适应的物质装备和技术手段，而不是盲目照搬发达植棉国家的全程机械化技术与手段；第二，棉花轻简化栽培强调因地制宜、与时俱进，其具体管理措施、物质装备、保障技术等都在不断变化、提升、完善和发展之中；第三，轻简化栽培不是粗放管理的回归，粗放的、不科学的轻简栽培，与丰产优质背道而驰，绝不是棉花轻简化栽培的目标；第四，机械化是实现轻简化的物质手段，不是轻简化栽培的全部，农机农艺融合、良种良法配套是轻简化的核心。第五，高产或丰产不是轻简化栽培的唯一目标，但是丰产优质是其基本要求，绿色环保、资源节约、提质增效都是轻简化栽培的重要内容。

第三节　棉花绿色轻简化栽培关键技术

实现棉花生产的轻便简捷、节本增效，依赖于轻简化栽培技术措施。这些措施包括种、管、收各个环节栽培措施的减免、简化或合并。由于其中很多栽培措施，例如轻简育苗、中耕培土、化学除草、机械植保、脱叶催熟等已在有关章节详细介绍，这里仅就单粒精播免间苗定苗技术、免整枝技术、一次性施肥技术、水肥协同管理技术和群体调控集中收获技术等进行论述。

一、单粒精播免间苗定苗技术

传统种植棉花采用大播量条播或多粒穴播，出苗后间苗定苗，以保证每株棉苗有独立的生长发育空间，减少株间的相互影响，更好地形成纤维产量和品质。但是，间苗定苗虽有增产作用，但费工费时。美国等发达国家植棉也采用条播，但不间苗定苗，株间相互竞争大，一定程度上牺牲了部分产量。采用单粒精量播种技术，既减免了出苗后间苗定苗的程序，也减少了株间竞争，是中国特色轻简化栽培的关键技术之一。

（一）单粒精播的关键技术

对传统播种技术实行“三改”，建立单粒精播技术：一改多粒穴播为单粒精播；二改深播（3 cm）为浅播（2~2.5 cm）或深播浅盖；三改稀植为适当密植，增加30%以上的播种穴数，适当缩小穴距。这一颠覆传统的播种技术，不仅保障了全苗壮苗，发病死苗率降低36%，带壳出苗率减少90%，而且省去了间苗定苗工序，每公顷省工15个以上，同时节约种子50%以上。

需要特别注意的是，为保证单粒精播一播全苗和壮苗，首先应采用高质量包衣种子，种子发芽率在90%以上，用高质量的包衣剂（含有抗病、抗蚜虫药剂）包衣；其次要精细整地、地膜覆盖，露地种植时更要在地温、墒情合适时播种；第三，采用配套精量播种机械高标准播种；第四，根据种子发芽率和地力情况适当增加30%~50%的播种穴数。

（二）单粒精播的配套技术

黄河流域棉区一熟制棉花，实行“单粒精播、种肥同播”。要求在播种的同时，深施（10 cm以下）种肥（底肥），不仅免除了间苗、定苗工序，也可省去另施底肥的环节，节种50%~80%，并解决了高脚苗的问题。针对在西北内陆棉区春季低温干旱，实行以“宽膜覆盖边行内移调温、膜下适时适量滴水调墒”的棉花保苗技术，可以保障西北内陆棉区低温干旱条件下的全苗壮苗。

针对黄河和长江流域两熟套种难以实现单粒精播的实际，可以改棉花—大蒜（小麦、油菜）套种为蒜（小麦、油菜）后早熟棉（短季棉）机械精量播种，保证了两熟制棉花的精量播种，解决了两熟制不能实行机械精量播种的难题。

二、免整枝技术

棉花主茎上生有叶枝、赘芽等，传统精细整枝技术要求自6月中旬现蕾后开始去叶枝、抹赘芽；之后根据棉田密度和品种特性，按照“时到不等枝，枝到不等时”的原则，及时打顶。精细整枝虽有改善棉田通风透光条件、减少养分消耗等优点，但费工费时，不符合现代植棉轻简节本的基本要求。通过化学调控与合理密植控制叶枝和主茎的生长发育，实现免整枝，也是轻简化栽培的关键技术。

（一）传统简化整枝技术

传统简化整枝技术是俗称“懒棉花”的留叶枝栽培方法，适合稀植棉田。主要是适当稀植，保留利用叶枝，通常每公顷留苗2.70万~3.75万株（中等地力取上限，高肥力地块取下限），对保留的叶枝在主茎打顶前5~7 d打顶，充分发挥营养枝“先扩叶源、后增铃库”的作用，7月20日前适时打主茎顶，其他栽培管理同常规栽培。需要注意的是，杂交棉单株产量潜力大，更适合稀植留叶枝栽培；地力水平越高、水肥条件越好越适合稀植栽培，但叶枝也需要打顶，不打顶有时会减产。稀植简化栽培适合套种，纯作条件下应该慎用。

另一种简化整枝技术是“撸裤腿”，适合中等密度的棉田。在6月中旬大部分棉株出现1~2个果枝时，将第1果枝下的营养枝和主茎叶全部撸掉，适合黄河流域棉区的一熟春棉。此法操作简便、快速，比精细整枝用工少、效率高。“撸裤腿”后一周内棉株长势会受到一定影响，但根据试验，“撸裤腿”一般不会降低产量。

适当稀植下的免整枝技术虽然减免了去叶枝环节，但要求对叶枝和主茎打顶，实际上比精细整枝并不省工省时，而且由于叶枝结铃较多，烂铃也随之增多，在一定程度上还影响了纤维品质。“撸裤腿”的整枝方法虽较精细整枝简便快捷，但仍是费工费时、劳动强度大，而且“撸裤腿”还会在一定程度上促进赘芽的生长。

（二）免整枝技术

高密度条件下利用小个体、大群体抑制叶枝生长，并配合化学调控减免去叶枝和打顶环节，是值得提倡的免整枝技术。其中，西北内陆棉区以化控与水肥运筹紧密结合，黄河流域棉区在现有基础上提早化控，首次化控由蕾期提前到苗期，并适当增加化控次数。

1. 减免去叶枝技术

西北内陆棉区采用密植矮化栽培，黄河流域棉区采用“晚密简”栽培，皆是利用小个体、大群体控制叶枝生长发育，结合缩节胺化控实现免整枝。其中，黄河流域棉区“晚密简”模式下的免整枝栽培是指把播种期由4月中下旬推迟到5月初，把种植密度提高到75 000~90 000株/hm^2甚至更高，通过适当晚播控制烂铃和早衰，通过合理密植和化学调控，抑制叶枝生长发育，进而减免人工整枝。这一栽培模式由于减免了人工去叶枝，每公顷节省用工20个以上，同时，通过协调库源关系，延缓了棉花早衰，还有一定的增产效果。

需要注意的是，有效控制叶枝的生长发育需要合理密植与科学化控相结合。根据在山东多年的试验，密度达到75 000株/hm^2以上，可以在4~5叶期化控一次，每公顷用缩节胺不超过15 g；盛蕾期前后再化控一次，每公顷用缩节胺30 g左右；初花期以后根据情况喷施缩节胺2次左右，用量可适当增加。这样可以有效控制叶枝的生长发育，达到免去叶枝的目的。

2. 化学封顶技术

棉花具有无限生长习性，顶端生长优势明显。打顶是控制株高和后期无效果枝生长的有效措施。通过摘除顶心，可改善群体光照条件，调节植株体内养分分配方向，控制顶端生长优势，使养分向果枝方向输送，增加中上部内围铃的铃重，增加霜前花量。我国几乎所有的植棉区都毫无例外地采取打顶措施，因为不打顶或者打顶过早、过晚都可能引起减产。

棉花打顶可采取人工打顶、化学封顶和机械打顶等 3 种方式。机械打顶和人工打顶的原理一样，按照“时到不等枝，枝到看长势”的原则，及时通过手工或机械去掉主茎顶芽，破坏顶端生长优势；化学封顶是利用植物生长调节剂延缓或抑制棉花顶尖的生长，控制其无限生长习性，从而达到类似人工打顶调节营养生长与生殖生长的目的。试验研究表明，无论是高密度还是低密度，不打顶会导致一定程度的减产，且密度越高减产幅度越大，高密度下不打顶比人工打顶减产 17.7%，低密度下减产 12.3%。无论密度高低，化学封顶、机械打顶与人工打顶的籽棉产量基本相当，没有显著差异；化学封顶和人工打顶均降低了棉花株高及果枝数。考虑到化学封顶较人工打顶能够显著减少用工投入，提高植棉效益，值得提倡。

化学封顶技术可以有多个方案选择。方案一：在前期缩节胺化控的基础上，以 25%氟节胺悬浮剂 150～300 g/hm^2，在棉花正常打顶前 5 d 首次喷雾处理，直喷顶心，间隔 20 d 进行第二次施药，顶心和边心都施药，以顶心为主。方案二：配制化学封顶剂（20%～30%的缩节胺水乳剂、20%～30%的氟节胺乳剂、40%～60%的水，现配现用），在前期用缩节胺进行化控的基础上，棉花盛花期前后（棉株达到预定果枝数 3～5 d），叶面喷施（顶喷或平喷，不宜吊喷），每公顷用量 600～1 200 ml，对水 225～450 kg；喷施化学封顶剂后 5～10 d 内再叶面喷施缩节胺，用量 120～220 g/hm^2（新疆）或 75～105 g/hm^2（其他省区）。方案三：在前期缩节胺化控 2～3 次的基础上，棉花正常打顶前 5 d（达到预定果枝数前 5 d），用缩节胺 120～220 g/hm^2（新疆）或 75～105 g/hm^2（其他省区）叶面喷施，10 d 后，用缩节胺 120～220 g/hm^2（新疆）或 105～120 g/hm^2（其他省区）再次叶面喷施。

以上方案皆可有效控制棉花主茎和侧枝生长，降低株高，减少中上部果枝蕾花铃的脱落，提高结铃率，加快铃的生长发育。氟节胺和缩节胺用量要视棉花长势、天气状况酌情增减。从大量生产实践来看，缩节胺比氟节胺更加安全可靠，化学封顶宜首选缩节胺。用无人机喷施缩节胺进行化学封顶较传统药械喷药省工、节本、高效，封顶效果更佳，值得推广应用。无论采用何种方式、何种药剂封顶，都须因地制宜，看天看地看长势，随时调整。

三、一次性施肥技术

施肥是棉花高产优质栽培的重要一环，用最低的施肥量、最少的施肥次数获得理想的产量是棉花施肥的目标。要实现这一目标，必须尽可能地提高肥料利用率，特别是氮肥的利用率。棉花生育期长、需肥量大，采用传统速效肥料一次基施或追施，会造成肥料流失，利用率低；多次施肥虽然可以提高肥料利用率，但费工费时。研究发现，基于轻简化施肥和提高肥料利用率的需要，改革优化种植方式，速效肥与缓（控）释肥配合施用、水肥一体化或水肥协同是棉花简化施肥、提高肥料利用率的新途径。

（一）各棉区的经济施肥量

轻简高效施肥是我国三大产棉区棉花轻简化栽培的关键技术。该技术要求，一是以产定量，黄河流域棉区，中低产田单产籽棉 3 000~3 750 kg/hm^2，适宜施 N 量 180kg/hm^2 左右，高产田单产籽棉 3 750 kg/hm^2 以上，适宜施 N 量 225 kg/hm^2 左右，N：P_2O_5：K_2O 大致为 1.0：0.5：（0.7~0.9）。长江流域棉区单产籽棉 3 600~4 500 kg/hm^2，适宜施 N 量为 225~240 kg/hm^2，N：P_2O_5：K_2O 大致为 1.0：0.6：0.8。西北内陆棉区单产籽棉 4 500~5 250 kg/hm^2，适宜施 N 量为 300 kg/hm^2 左右，N：P_2O_5：K_2O 比例大致为 1.0：0.5：（0~0.3），采用水肥一体化时还可减少 15%左右。二是应用棉花专用缓控释肥减少施肥次数。长江流域棉区采用一次性基施缓控释肥，缓控释肥用量可较传统施肥量减少 15%~20%；黄河流域棉区采用一次性基施缓控释肥，控释肥采用传统施肥量 10%左右（表 1-1）。

表 1-1　不同棉区基于轻简植棉的经济施肥量

棉区\棉田*	高产田（kg/hm^2）	中产田（kg/hm^2）	低产田（kg/hm^2）
黄河流域	~225（N：P_2O_5：K_2O=1：0.5：0.9）	~195（N：P_2O_5：K_2O=1：0.5：0.6）	~180（N：P_2O_5：K_2O=1：0.6：0.5）
长江流域	~240（N：P_2O_5：K_2O=1：0.6：1）	~225（N：P_2O_5：K_2O=1：0.6：0.8）	~200（N：P_2O_5：K_2O=1：0.6：0.7）
西北内陆	~300（N：P_2O_5：K_2O=1：0.6：0.3）	~270（N：P_2O_5：K_2O=1：0.6：0.2）	~240（N：P_2O_5：K_2O=1：0.6：0.05）

注：*数据来源于三大棉区 4 年 96 点次试验并经生产实践修订

（二）一次性施肥技术

改多次施肥为一次施肥是棉花施肥方式的重大转变。一次性施肥技术又可分为一次性基施和一次性追施。前者是在播种前或播种时将肥料一次性施入，以后不再追肥；后者是不施基肥，前期也不追肥，在盛蕾或初花期一次性追施肥料。这两种一次性施肥方法各有利弊、各有条件要求，也要因地制宜，特别要与种植方式结合。肥料一次性基施要求采用控释肥或者控释肥与速效肥结合，适合春棉；一次性追施适合晚播的早熟棉或短季棉。

为解决速效肥施肥次数多、控释肥释放受环境条件影响而与棉花营养需求不能完全匹配的问题，山东棉花研究中心等单位在大量试验和实践的基础上，研发出 4 个棉花专用控释掺混肥配方，生产中可以参考选用。

1. 适合黄河流域和长江流域棉区两熟制棉花的专用控释 N 肥配方

150 kg 树脂包膜尿素（42%N，控释期 120 d），150 kg 硫包膜尿素（34% N，控释期 90 d），300 kg 单氯复合肥（17%N、17%P_2O_5、17%K_2O），100 kg 二胺（18%N、46% P_2O_5），5 kg 硼砂，5 kg 硫酸锌。N：P_2O_5：K_2O 为 183：96：201。

2. 适合黄河流域和长江流域棉区两熟制棉花的专用控释 NK 肥配方

200 kg 树脂包膜尿素（42%N，控释期 120 d），150 kg 硫包膜尿素（34% N，控释期，90 d），150 kg 大颗粒尿素（46%N），200 kg 二胺（18%N、46% P_2O_5），100 kg 硫酸钾（50%K_2O），150 kg 包膜氯化钾（57%K_2O），50 kg 氯化钾（60%K_2O），5 kg 硼砂，5 kg 硫酸锌。N：P_2O_5：K_2O 为 240：92：157。

3. 适合黄河流域和西北内陆棉区一熟制棉花的专用控释 N 肥配方

115 kg 树脂包膜尿素（42%N，控释期 90 d），200 kg 硫包膜尿素（34% N，控释期，90 d），270 kg 硫酸钾复合肥（16%N、16%P_2O_5、24%K_2O），180 kg 二胺（18%N、46%P_2O_5），225 kg 硫酸钾（50%K_2O），10 kg 硫酸锌。N：P_2O_5：K_2O 为 187：99：178。其中，在新疆使用时，可根据土壤含钾情况适当降低硫酸钾的比例。

4. 适合黄河流域一熟制棉花的专用控释 NK 肥配方

140 kg 树脂包膜尿素（42%N，控释期 90 d），150 kg 硫包膜尿素（34% N，控释期，90 d），150 kg 包膜氯化钾（57%K_2O），硫酸钾复合肥（16%N、6%P_2O_5、24%K_2O），280 kg 二胺（18%N、46%P_2O_5），200 kg 硫酸钾（50% K_2O），150 kg 包膜氯化钾（57%K_2O），50 kg 氯化钾（60%K_2O），4 kg 硼砂，4 kg 硫酸锌。N：P_2O_5：K_2O 为 174：134：194。

5. 缓控释掺混肥一次性施肥注意事项

（1）如果缓控释养分仅为 N 素时，缓控释 N 素应占总氮量的 50%~70%，养分释放期 60~120 d，总氮素用量可比常规用量减少 10%~20%，磷钾肥维持常规用量。在涝洼地或早衰比较严重的棉田，钾肥可选用包膜氯化钾和常规钾肥按 1∶1 配合使用。

（2）为减少用工，提高作业效率和肥料利用率，提倡采用“种肥同播”。要选择具备施肥功能的精量播种机，并具有喷药、覆膜功能。大小行种植（大行行距 90~100 cm、小行行距 50~60 cm）时，在小行中间施肥；等行距 76 cm 种植时，在覆膜行间施肥。施肥行数与种行数按 1∶1 配置，深度 10 cm 以下，肥料与相邻种子行的水平距离 10 cm 左右。

（3）套种条件下一般采用育苗移栽的方式栽培棉花，难以实行种肥同播，可于棉花苗期（2~5 叶）用相应的中耕施肥机械一次性追肥，施肥深度 10~15 cm，与播种行的横向距离 5~10 cm。

（4）施肥量适度减少、肥料利用率提高以后，留在土壤中的肥料会相应减少，因此合理耕作对保障土壤肥力十分重要。实行棉花秸秆还田或棉花与豆科作物间作、轮作并结合秋冬深耕是改良培肥棉田地力的重要手段。棉花秸秆还田机粉碎还田，应在棉花采摘完后及时进行，作业时应注意控制车速，过快则秸秆得不到充分粉碎，秸秆过长；车速过慢，则影响效率。一般以秸秆长度小于 5 cm 为宜，最长不超过 10 cm；留茬高度不大于 5 cm，但也不宜过低，以免刀片打土增加刀片磨损和机组动力消耗。

四、节水灌溉与水肥协同管理技术

棉花节水灌溉技术是采用良好的灌溉方法，最大限度地提高灌溉水利用率的灌水技术。西北内陆棉区推行的膜下滴灌就是典型的节水灌溉技术，它将地膜覆盖栽培与地表滴灌相结合，利用低压管道系统供水，将加压的水经过过滤设施滤“清”后，再溶入水溶性肥料，形成水溶液，均匀而又定量地浸润棉花根系，实现了水肥一体化，节水省肥。在膜下滴灌技术的基础上，西北内陆棉区一方面通过调整滴灌带布局、灌水量和灌水频次，将传统饱和灌溉或均匀灌溉改为部分根区灌溉：即由过去的 6 行 2 带改为 1 行 1 带或 2 行 1 带，灌水量次数由 5~6 次改为 8~10 次，每次灌水量减少 50%左右；灌水终止期比过去提前 7~10 d；另一方面，按照棉花生长发育和产量品质形成的需要，利用滴灌施肥装置，将根据棉花产量目标和土壤肥力状况设计的棉花专用水溶性肥料融入灌溉水中，随滴灌水定时、定量定向供给棉花。该技术是节水和节肥技术的高度融合，实现了水肥协同管理，是西北内陆棉区“调冠养根”塑造优化成铃、调控群体的有效手段，具有显著的节水、省肥和环保效果，取得了经济系数提高14%、经济产量不减，节水15%、肥料利用率和灌水利用率提高20%以上的显著成效。

根据大田试验和生产实践，推荐新疆水肥协同管理技术的施肥量和使用技术如下：氮肥（N）270～300 kg/hm^2，磷肥（P_2O_5）120～180 kg/hm^2，钾肥（K_2O）50～100 kg/hm^2。高产棉田适当加入水溶性好的硼肥15～30 kg/hm^2、硫酸锌20～30 kg/hm^2。通常20%～30%氮肥、50%左右的磷钾肥基施，其余作为追肥，在现蕾期、开花期、花铃期和棉铃膨大期追施，特别是要重施花铃肥，花铃肥应占追肥的40%～50%。而且在施肥多的花铃期，灌水量也宜相应增大，促进二者正向互作，提高水肥利用率。

黄河流域棉区则在淘汰漫灌的基础上，改长畦为短畦，改宽畦为窄畦，改大畦为小畦，改大定额灌水为小定额灌水，整平畦面，保证灌水均匀，大大改善了畦灌技术。同时，灌水与施肥相结合，实行水肥协同管理，提高肥料利用率。

五、适于集中吐絮的合理群体构建技术

合理的群体结构，从生产角度看，是在当时条件下，获得最大经济产量的结构；从生物学角度看，则是能够有效利用太阳辐射，尽量提高单位面积光合产量，并合理运输分配，从而获得最高经济产量的群体。基于此，我国各棉区根据当地生态条件和生产实际需要，探索形成了“高密小株类型”“中密中株类型”和“稀植大株类型”三种群体结构，分别在西北内陆棉区、黄河流域棉区和长江流域棉区广泛应用，为各棉区棉花单产的提高发挥了重要作用。但是，这三种群体结构都是建立在以精耕细作为手段、以高产超高产为主攻目标基础上的，考虑生产品质和成本投入不够，特别是较少顾及集中收获的便宜。其中，西北内陆棉区密度过大，株行距配置不合理，群体臃肿，株高过低，脱叶效果差，不利于机械采收，也影响了机采棉的生产品质；黄河和长江流域棉区密度偏低，基础群体不足，植株高大，结铃分散，烂铃多，纤维一致性差，不利于集中采收。为消除传统群体结构的弊端，我们提出构建“降密健株型”“增密壮株型”“直密矮株型”三种新型棉花群体结构代替传统群体结构的建议，以期为棉花集中采摘或机械采收与提质增效提供支持。

调控棉花群体结构，必须因地制宜。在黄河流域和长江流域分别建立“增密壮株型”和“直密矮壮型”群体结构，在保持产量不减、品质不降的基础上，通过增加密度、降低株高，实现集中结铃（提高内围铃，伏桃和早秋桃比例）、集中吐絮，保障集中采摘或机械采收。西北内陆建立“密植健株型”，在保持集中结铃、集中吐絮的基础上下，通过优化株行距搭配，适当降低密度、增加株高，提高脱叶率，减少机采原棉的含杂率（表1-2）。

表1-2　新型群体结构调控关键技术

群体结构类型	降密健株型（西北内陆区）	增密壮株型（黄河流域纯作春棉区）	直密矮株型（黄河与长江一熟制区）
播种和出苗	宽膜覆盖增温、适时滴水调墒，实现一播全苗，保障稳健基础群体	单粒精量播种，缩小穴距、适增穴数，一播全苗，保障稳健基础群体	茬后抢时精量播种早熟棉，实现一播全苗，保障稳健基础群体
密度和株高	适当降密，适增株高：南疆15.0万~18.0万株/hm^2，株高75~85 cm；北疆16.5万~21.0万株/hm^2，株高70~80 cm	缩株增密至7.5万~9万株/hm^2，株高普降至90~110 cm；宽窄行改为等行中膜覆盖；适时适度封行	适当密植（9万~12万株/hm^2），植株矮化（90~100 cm），适时适度封行，以密争早
田间管理	部分根区灌溉，水肥协同管理；及时脱叶催熟，脱叶彻底	盛蕾期适时破膜促根下扎；速效肥与控释肥结合，种肥同播，实现一次性施肥	速效肥与控释肥结合，一次基施，实现一次性施肥

（一）“降密健株型”群体结构调控关键技术

西北内陆棉区构建“密植健株型”群体的核心目标是提高脱叶率，便于机械采收。建立稳健基础群体、合理配置株行距，调控膜下温墒环境，结合化学调控和适时打顶（封顶）等措施调节棉株地上部生长、优化冠层结构，优化成铃，集中吐絮，提高脱叶率。

一是选用适宜品种。除考虑早熟性、产量、品质和抗逆性外，还要根据株行距和密度，以及脱叶催熟、集中采收的要求，选择适宜株型和长势的棉花品种。

二是建立稳健的基础群体。采用精加工种子，精细整地，单粒精播，通过宽膜覆盖增温、适时滴水调墒实现一播全苗而形成稳健的基础群体。

三是科学搭配株行距并以密定高。肥地宜等行距种植，盐碱薄地宽窄行种植。在现有基础上适当降密、适增株高，南疆收获株数降为15.0万~18.0万株/hm^2，单株果枝数10~12个，株高75~85 cm；北疆收获株数降为16.5万~

21.0 万株/hm^2，单株果枝数 8～10 个，株高 70～80 cm；杂交棉 15 万株/hm^2 左右，株高 80～90 cm。在此范围内，株高要根据密度和行距搭配适当调整。

四是实行水肥协同管理。在改传统漫灌为膜下滴灌技术的基础上，一方面通过调整滴灌带布局、灌水量和灌水频次，将饱和灌溉或均匀灌溉改为部分根区灌溉：即由过去的“1 膜 4 行 1 管”“1 膜 6 行 2 管”改为“1 膜 6 行 3 管”或“1 膜 3 行 3 管”；由过去全生育期灌水 5～6 次增加到 8～10 次，每次灌水量减少 20%～30%，灌水终止期比过去提前 7 d 左右；另一方面，按照棉花生长发育和产量品质形成的需要，利用滴灌施肥装置，将根据棉花产量目标和土壤肥力状况设计的棉花专用水溶性肥料融入灌溉水中，随滴灌水定时、定量定向供给棉花。

五是充分发挥非叶绿色器官的光合能力。在节水减肥栽培条件下，密植群体的茎秆、苞叶和铃壳等非叶绿色器官光合生产贡献率加大，通过选用茎秆粗壮、苞叶较大的棉花品种，合理密植、科学搭配株行距并适当节水减肥，是提高非叶绿色器官光合生产贡献率，充分发挥非叶绿色器官的光合能力的有效途径。

六是灌水与化学封顶结合提高塑形和脱叶效果。化控和减少灌水量结合，可以显著降低株高和果枝长度。喷施打顶剂后的 2 次灌水控制在中滴灌量（480 m^3/hm^2），不仅可以调节化学打顶棉花的株型和脱叶进程，还可以在不降低籽棉产量的同时减少滴灌量。

另外，新疆生产建设兵团第七师等单位在构建“降密健株型”群体结构时采用单株产量潜力大的杂交种，等行距种植，并大幅度降低密度至 12.0 万～13.5 万株/hm^2，一膜 3 管、一管 1 行，适期播种、一播全苗、因苗化调、水肥运筹、综合防治、早打顶、早脱叶、机械采收，建立优化成铃、脱叶效果好的“密植健株型”群体结构。

（二）“增密壮株型”群体结构调控关键技术

黄河流域棉区以“控冠壮根”为主线构建“增密壮株型”群体，一方面以促为主、促控结合并适时打顶（封顶），调控棉株地上部生长，实现适时适度封行；另一方面棉田深耕或深松、控释肥深施、适时揭膜或破膜促成发达根系，延缓早衰，实现正常熟相。具体可采用“晚密优”技术实现优化成铃、集中吐絮。顾名思义，“晚”是指采用中早熟棉花品种，适当晚播；“密”是指采用机采棉种植模式，适当提高密度，合理密植；“优”是指优化成铃部位、集中成铃。

一是适期晚播，为使棉花结铃期与山东棉区的最佳结铃期相吻合，以便降低伏前桃的数量，减少烂铃，播种期宜适当推迟 10~15 d，由 4 月中下旬推迟到 5 月初。

二是实行等行距中膜覆盖，改大小行（大行行距 90~120 cm、小行行距 50~60 cm）种植为 76 cm 等行距种植；改窄膜（80~90 cm）为中膜（120~130 cm）覆盖，膜厚度≥0. 01 mm。

三是合理密植，根据试验和示范情况，为确保棉花集中成铃，密度在原来基础上提高 3 万株/hm^2左右，达到 7. 59 万株/hm^2。

四是揭膜和控释肥深施结合，促进根系发育和养分供应，播种时将棉花专用控释肥施入土层 10 cm 以下，确保中后期肥料供应；盛蕾期以前及时揭膜或破膜回收，并结合中耕促根下扎。

五是科学化控并结合机械打顶或化学封顶免整枝，控制株高 90~110 cm，实现适时适度封行。

六是提倡垄作栽培。提倡垄作并配合密植，可显著减少漏光损失和烂铃。

（三）“直密矮株型”群体结构调控关键技术

长江流域棉区以晚播早熟棉增密争早为主线构建“直密矮壮型”群体结构。基本思路是采用早熟棉或短季棉品种；麦（蒜、油）抢茬直播，在 5 月下旬至 6 月上旬直接播种在大田，省去营养钵育苗和棉苗移栽，降低劳动强度，节省用工，无伏前桃；增密、化控、矮化、促早，种植密度一般在 9 万株/hm^2 以上，株高 90~100 cm，促进棉花集中成铃。主要措施如下：

一是抢茬机械直播。播期以 5 月中下旬或 6 月初为宜，精量播种机械播种，密度以 9 万~12 万株/hm^2 为宜。

二是科学化控免整枝。在合理密植条件下，用缩节胺进行全程化控，坚持“少量多次”的原则，控制棉花最终株高在 90~100 cm。

三是脱叶催熟，集中采收。棉花自然吐絮 70% 以上或顶部棉铃铃期在 40 d以上，即 9 月底至 10 月初时，可对棉花进行化学脱叶与催熟。

综上所述，棉花群体结构的塑造，首先要根据生态条件、种植模式和群体结构类型来确定起点群体的大小，既要使个体生产力充分发展，又使群体生产力得到最大提高，在群体发展过程中不断协调营养生长和生殖生长的关系；在控制群体适宜叶面积的同时，又能促进群体总铃数的增加，达到扩库、强源、畅流的要求，通过调控群体，实现优化成铃、集中结铃、集中吐絮。

第四节 绿色轻简化植棉技术展望

针对生产需要、立足中国国情，我国建立并推行了棉花轻简化栽培技术，在棉花生产中发挥了越来越重要的作用。但是，棉花轻简化栽培是建立在当地经济水平和经营方式之上的，必须因地制宜；轻简化栽培还是动态、发展的，必须与时俱进。目前看，还存在轻简化植棉的理论基础薄弱，突破性的关键技术和物质装备少，农艺技术与物质装备融合度差，轻简化植棉水平地区间不平衡等突出问题。针对这些问题，必须加强轻简化植棉的理论基础研究，深入研究揭示轻简化植棉生理生态学规律，为轻简化植棉提供坚实的理论支撑；以适度规模化基础上的规范化植棉为保障，进一步改革和优化种植制度，创新关键栽培技术，研制包括农业机械和专用肥在内的相应物质装备，推进良种良法配套、农机农艺融合。

一、深化轻简化植棉的理论研究

要在深入研究揭示精量播种、一次性施肥、简化整枝等关键技术的理论依据的基础上，重点研究完善“密植健株型”“增密壮株型”和“直密矮株型”3种新型群体结构的指标。毋庸置疑，3种新型群体结构的提出为新时期我国棉花优化成铃、集中收获、提质增效提供了重要的栽培学支持，必将在棉花生产中发挥重要的作用。但是，一方面，新型群体结构的提出和应用时间较短，其具体指标和调控技术需要进一步完善，更需要生产实践验证和修正；另一方面，合理群体结构是相对的，随着生态和生产条件的变化，群体结构指标及其关键调控技术也要与时俱进，不断创新和完善。因此，要在棉花株型理论、群体质量理论和熟相理论，特别是优化成铃理论的指导下，进一步完善和细化群体结构的指标。优化成铃是根据当地生态和生产条件，培育理想株型、优化群体结构，使棉叶的高光合效能期、成铃高峰期和光热资源高能期相同步，在最佳结铃期、最佳结铃部位和棉株生理状态稳健时多结铃、结优质铃、集中成铃。新型合理群体结构既要多结铃，实现高产稳产；又要优化成铃，提高品质；还要集中结铃，保障集中收获。

二、优化种植制度和种植模式

在热量和灌溉条件较差的产棉区，继续推行一熟种植；热量和灌溉条件较好的产棉区要稳定麦棉两熟和油棉两熟制，稳步发展棉花与大蒜等高效作物的两熟制。种植模式要进一步调整，逐步推行油（麦、蒜）后直播棉。要加强棉田种植制度和种植模式的研究与优化，结合气候变化，研究形成一个生态区、一个地区稳定的种植模式，实现种植模式的优化和简化。要以棉田两熟、多熟持续高产高效为目标，研究提出轻便简捷的麦棉、油棉、蒜棉两熟种植模式，改进田间结构配置，合理衔接茬口和季节，优化作物品种搭配，合理密植、机械化作业管理；深化研究棉田两熟、多熟制光热水土肥和病虫害的竞争、协同、补偿和利用机制，研究两熟种植制度周年多作物调控的理论和方法，提高复种指数，提高周年产出和效益，进一步提高资源利用和转化效率。

三、提升轻简化植棉关键技术和物质装备水平

一是提升精量播种技术。棉花是大粒种子类型，适合精确定量播种。新疆生产建设兵团在棉花机械精准播种方面已经做得比较到位，不仅实现了机械化准确定量和定位播种，还实现了播种、施肥、喷除草剂、铺设滴灌管和地膜等多道程序的联合作业。黄河流域和长江流域棉区要在学习、借鉴新疆精量播种技术的基础上，也已经建立并应用了适合本地生态和生产条件要求的精量播种技术。但是还有进一步提升的空间，特别是解决漏播、播种不均匀，以及膜上打孔播种遇雨导致的缺苗断垄和出苗不整齐等问题。

二是研究完善化学封顶技术。目前条件下打顶尚不能减免，特别是西北内陆棉区和黄河流域棉区的机采棉，种植密度高，人工打顶费工费时。因此，探索化学封顶技术显得十分必要，当是今后棉花轻简化栽培研究的重要内容之一。

三是继续研制新型肥料及其施用技术，进一步简化施肥和提高肥料利用率。棉花生育期长、需肥量大，采用速效肥一次施用，会造成肥料流失，利用率降低；多次施肥费工费时。从简化施肥来看，速效肥与缓控释肥配合施用是长江和黄河流域棉区棉花生产与简化管理的新方向，而进一步发展和完善水肥一体化技术则是西北内陆棉区棉花轻简高效施肥的重要方向。因此，在长江和黄河流域棉区要加强成本低、效果好的缓控释肥的研制，制定与之配套的科学施肥技术，确保一次性施肥的效果；在西北内陆棉区要加强高效水溶性肥料的

研制，并与非充分灌溉技术结合，协同提高水肥利用效率。

四、继续推进农机农艺融合、良种良法配套

一是立足国情、因地制宜、与时俱进，随时把相关先进技术、手段和装备集成进来，但不能照搬国外的技术和方法，不能一味强调全程机械化。

二是要更加环保和可持续。要通过提高水肥药的利用效率减少投入和面源污染，要研发塑料地膜的替代品和替代技术，从根本上解决残膜污染问题。

三是继续推进农机农艺融合、良种良法配套。目前我国除了新疆生产建设兵团*外，各棉区的种植模式繁多，株距、行距配置不统一，套作、平作、垄作等种植模式复杂多样。各地农艺习惯不同，种植标准化程度普遍较低，加之机播与人工播种混杂，导致种植方式多样化，机具难以与农艺需求相适应，给棉花生产机械化造成了较大的困难。要研究探索与机械收获相配套的栽培技术，推进农艺与农机的高度融合，通过良种良法配套、农机农艺结合进一步简化，省工节本、提质增效，而不是单纯依靠品种、依靠机械。

综上所述，种植制度、种植模式的优化，管理程序的简化和多程序合并作业，农机农艺融合、良种良法配套，建立和应用具有中国特色的棉花轻简化栽培技术是我国棉花生产持续发展的必然要求。要结合生产需求，研究形成一个生态区稳定的棉田种植模式，实现种植模式的简化；重视生产管理程序的减省和简化、农艺操作方法的轻便简捷；要依托先进实用的农业机械，实行多程序的联合作业与合并作业；要正确处理好简化与高产、简化与优质、简化与环境友好的关系，在高产、优质、环境友好的基础上实行简化，力争高产，改善品质，增加收益。

---

* 亦简称新疆兵团，全书同

第二章

绿色轻简化植棉的理论基础

棉花原是多年生植物，经长期种植驯化，逐渐演变成一年生植物被栽培利用。因此，它既有一年生植物生长发育的一般规律，又保留了多年生植物无限生长的习性。棉花原产于热带、亚热带地区，随着人类文明的发展逐渐北移至温带，因此具有喜温、好光的特性，整枝打顶、多次施肥、分次采摘等传统植棉技术则较好地适合了这些生物学特性。棉花地理分布范围广，所处气候条件复杂多变，具有很强的抗旱、耐盐能力和环境适应性，对播种期、不同种植密度、株行距搭配、一穴多株、整枝、灌溉施肥等技术措施有较好的适应性，则决定了简化管理程序、减少作业次数的可行性。因此，立足于轻简化植棉的角度深入探究棉花的生物学特性和栽培学规律，可以为轻简化植棉提供坚实的理论支撑。

第一节　棉花单粒精播的壮苗机理

一、单粒精播的出苗成苗表现

不同于花生、蚕豆等子叶不出土或半出土的双子叶植物，棉花属于子叶全出土双子叶植物类型，因此对整地质量、播种技术和播种量要求较高。基于这一生物学特性，传统观点认为，一穴多粒播种或者加大播种量条播有利于棉花出苗、成苗。实际上，这种传统认识是对棉花生物学特性的有限认知，是基于过去棉花种子加工质量和整地质量都比较差，且不采用地膜覆盖的条件下形成的片面认识。

事实上，棉花子叶全出土特性并不影响棉花单粒播种，反而有利于单粒精播成苗壮苗。大田试验研究表明，地膜覆盖条件下适当浅播（播深 2 cm 左右），单粒穴播与多粒穴（10 粒）之间的田间出苗率没有显著差异。但多粒穴播棉苗的带壳出土率为 16.5%，单粒穴播棉苗的带壳出土率为 1.4%，说明多粒播种棉苗的带壳出土率显著高于单粒精播。棉苗 2 片真叶展开时，调查棉苗发病率、棉苗高度和下胚轴直径发现，单粒精播棉苗的发病率为 13.5%，多粒播种棉苗的发病率为 21.2%，多粒播种棉苗的发病率显著高于单粒精播；单粒精播棉苗的高度比多粒播种棉苗低 35.6%，但单粒精播棉苗的下胚轴直径比多粒播种棉苗粗 29.3%，说明单粒精播更易形成壮苗。试验和生产实践皆证明，在精细整地和地膜覆盖的保证下，棉花单粒精播实现一播全苗壮苗是可行的，而且通过机械单粒精播不仅不影响工作效率，也省去了间苗定苗环节，是轻简化植棉的重要技术措施。

二、单粒精播的成苗壮苗机理

根据在拟南芥等模式植物的研究，*HLS*1 基因是控制植物顶端弯钩形成的关键基因，*HLS*1 基因表达上升导致弯钩形成，*HLS*1 基因突变导致弯钩消失。*HLS*1 基因表达受乙烯信号和光信号调控。乙烯积累能够诱导 *HLS*1 基因表达，促进弯钩形成；而光照则降低 *COP*1 蛋白含量，降低 *HLS*1 基因表达，抑制弯钩形成。*HY*5 是控制植物下胚轴生长的关键基因，其表达受 *COP*1 蛋白抑制，拟南芥 *HY*5 基因突变可导致下胚轴显著伸长。种子出苗后，*HY*5 基因表达上升导致下胚轴伸长减慢。

发现棉花中也存在 *HLS*1、*COP*1 及 *HY*5 等基因，其表达模式也受乙烯和光照等因素的影响。植物在地下生长时，机械压力可诱导植物生成乙烯。棉花顶土出苗时会因顶土压力诱导乙烯的生成。与多粒穴播相比，单粒精播棉苗在顶土出苗过程中受到的机械压力较大，产生的乙烯含量较高，能够促进弯钩快速形成，顶土出苗；而多粒穴播顶土力量大，一方面单株棉苗受到的压力小，乙烯生产少，另一方面可使表层土提前裂开，光线照射到未完全出土的棉苗，导致 COP1 降解，*HLS*1 基因表达降低，从而使弯钩提前展开，带壳出苗。单粒精播棉苗出苗后皆有独立的生长空间，互相影响小，易形成壮苗（图 2-1）；而多粒穴播棉苗出苗后，棉苗积聚在一起，相互遮阴，*HY*5 基因差异表达，导致下胚轴快速伸长，易形成高脚苗。不同播种方式之间弯钩形成和下胚轴伸长相关基因的差异表达规律，为单粒精播全苗壮苗提供了理论依据。

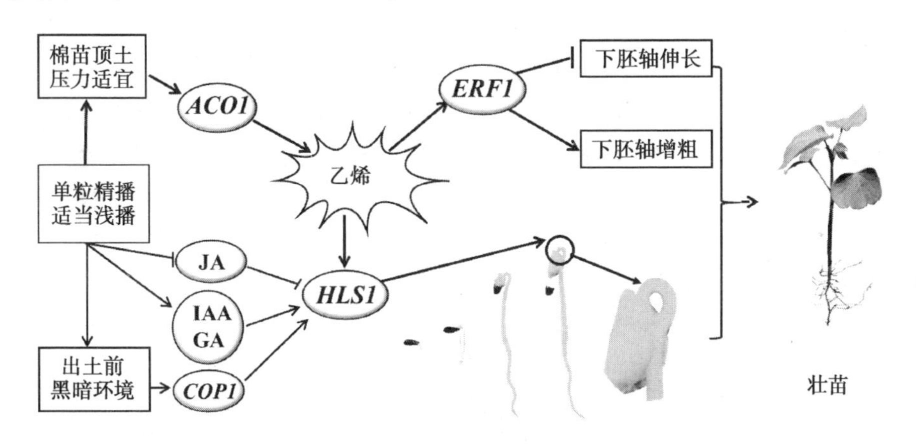

图 2-1 单粒精播壮苗机理示意

总之，棉花是大粒种子，适合单粒精播。在保证精细整地和种子质量的前提下，机械单粒精播、适当浅播条件下，棉苗顶土压力适宜导致乙烯足量合成，调控弯钩形成的关键基因表达，快速形成弯钩并顶土出苗、脱掉种壳，顶土出苗并不因单粒种子“个体”而弱化；单粒播种出苗棉苗个体有独立的空间，互相影响小，与多粒穴播相比，苗壮、病轻，保苗能力增强。认识子叶全出土特性和单粒精播的壮苗机制，因此，既要重视棉花播种环节，把工作做细，技术到位，又要增加单粒精播一播全苗的信心。

第二节　棉花简化整枝的理论依据

棉花具有无限生长习性，棉株主茎基部着生叶枝，叶枝不能直接结铃，因此去叶枝是重要的传统植棉措施。为保证在有限生长期内开花结铃和吐絮，传统植棉要求适时打顶。包括去叶枝、打顶等措施的精细整枝技术，费工费时，效率极低，必须予以简化。

一、影响叶枝和主茎顶端生长的因素

叶枝对叶面积系数、生物产量和子棉产量都有一定的贡献，受种植密度显著调控。随着种植密度升高，叶枝生长发育受到显著抑制，对生物量和经济产量的贡献显著减少（表 2-1）：低密度时（1.5 株/m^2），叶枝叶面积系数占总叶面积系数的比例高达 48%，占生物产量比重高达 39.7%，占经济产量比重也高达 38.2%；但随着密度升高，占比逐渐下降，在密度达到 13.5 株/m^2 时，叶面积系数、生物产量和子棉产量的占比分别降为 14.5%、9.7%和 6.2%。在一定密度范围内，随密度升高，棉株顶端生长优势增强，而叶枝生长被显著抑制：3 万株/hm^{2}条件下，植株横向生长旺盛，叶枝发达，其干重占棉株总干重的 35%，而 9 万株/hm^{2}叶枝干重占棉株总干重的比例不足 10%。同时，高密度的叶枝数比低密度减少 30%。

表 2-1　不同密度下叶枝叶面积系数、生物产量和子棉产量（2013—2014，临清市）

密度（株/m^2）	叶面积系数		生物产量（kg/hm^2）		子棉产量（kg/hm^2）	
	叶枝	全株	叶枝	全株	叶枝	全株
1.5	1.36a	2.82d	2 389a	6 022e	1 078a	2 824c
4.5	1.31a	3.50c	2 103b	7 895d	939b	3 345ab
7.5	1.21b	4.02b	1 912bc	8 892c	434c	3 455a
10.5	0.96bc	4.36ab	1 335c	9 824b	302d	3 446a
13.5	0.68c	4.68a	1 072d	11 005a	208e	3 363b

注：为 2 年平均数；同列数值标注不同字母者为差异显著（$P \leq 0.05$）

进一步研究发现，肥水管理以及行距搭配甚至行向都影响叶枝的发育：①基肥越多或氮肥投入越多，叶枝生长发育越旺盛；②速效肥对叶枝生长发育

的促进作用大于缓控释肥；③灌水越多、持续时间越长，叶枝生长发育越旺盛；④行距搭配影响叶枝的发育，大小行种植、东西行向有利于叶枝发育，而等行距、南北行向种植有利于控制叶枝生长发育；⑤喷施植物生长调节剂缩节胺显著抑制顶端生长，控制株高。因此，专用缓控释肥代替速效肥或者减少基肥、增加追肥，减施氮肥、平衡施肥，适度亏缺灌溉、喷施植物生长调节剂缩节胺等都是控制叶枝发育的有效途径。植密度和化控等因素对叶枝和株高效应的明确对于简化整枝十分重要。

二、提高密度和化控调控叶枝和顶端生长的机理

植物地上部株型调控是一个复杂的过程，涉及大量发育相关基因，例如控制侧枝形成的基因 *MOC*1、*MAX*3、*LAX*1 和 *TB*1 等。植物内源激素如生长素、细胞分裂素和独脚金内脂等在调控植物侧枝发育中发挥着重要作用，相关激素合成、代谢基因的表达也密切调控植物的侧枝发育。外部环境可通过调控激素和株型相关基因的表达改变植物株型，光强和光谱特性可影响地上部株型。弱光和增加远红光可抑制侧芽生长，但促进主茎伸长。

在棉花中也发现了大量调控侧枝发育的同源基因，其中有大量基因受光照强弱的影响。大田试验发现，通过密植和人工遮阴改变光照强度和光谱特性可改变棉花的株型，导致大量株型调控基因和激素相关基因差异表达，特别是提高了生长素合成基因和生长素极性运输基因 *PIN*1 的表达，促进了独脚金内脂合成基因 *MAX*3 和 *GhD*14 等表达，从而抑制了叶枝生长发育（图 2-2）。缩节胺主要通过对赤霉素生物合成的抑制发挥作用。蕾期和花铃期喷施缩节胺促进光合产物向根、茎和生殖器官蕾花铃的运输，减少了向主茎顶端运输，从而抑制了顶端生长。

上述研究表明，合理密植与缩节胺化控有机结合，并配合科学运筹肥水、株行距合理搭配等农艺措施，可以有效调控棉花叶枝和顶端生长，实现免整枝或简化整枝。

第三节 棉花一次性施肥的理论依据

我国传统植棉要求分次施肥，除播种前施基肥外，还包括追施苗期肥、蕾期肥、初花肥和盖顶肥等；进入棉花生长发育后期，还要求多次叶面喷肥。分

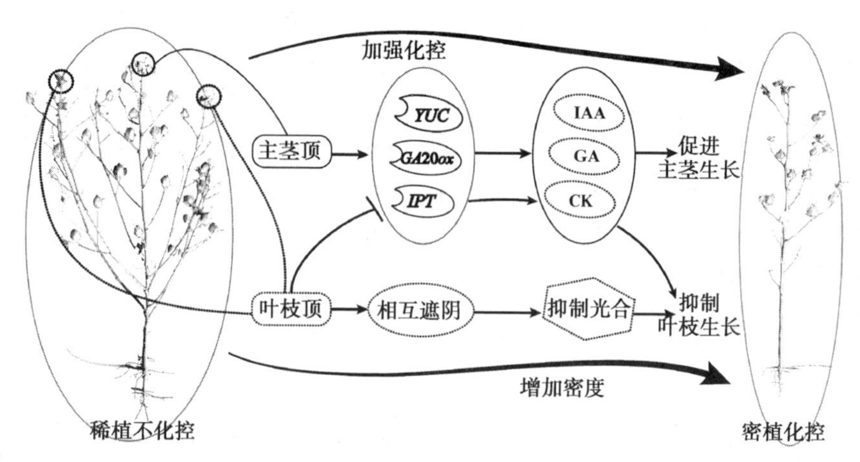

图 2-2　合理密植抑制叶枝生长的机理

次施肥虽然能够较好地满足棉花生长发育的需要，但费工费时，而且生育期间追肥还极易引起烧苗和肥害，造成产量损失。因此，改革传统多次施肥，实现一次性施肥极具实践意义。

一、棉花氮素营养规律

1. 棉花的氮素营养规律

围绕轻简施肥开展的^{15}N 示踪试验表明，棉株累积的 N 素量，随施 N 量增加而增加，随生育进程而增加；累积速率随施 N 量增加而加快，开花期最快，开花以前和吐絮以后均较慢，符合 Logistic 函数。花铃期累积的 N 素平均占总量的 67%，并随施 N 量增加而上升；而累积的肥料 N 素平均占总肥料 N 素的 79%，而且与施 N 量关系不大。但棉株对 N 的吸收速率，随施 N 量增加而加快。棉株体内积累的 N 素以肥料 N 素为主，平均占 75%，随施 N 量增加而上升。肥料 N 在不同器官中所占比例随施 N 量增加而增加，但生殖器官最高，其次是营养枝，赘芽最低。

对棉花不同时期施入的 N 肥利用动态研究表明，棉株对底肥 N 的吸收主要在苗期和蕾期，且底肥 N 在棉株中所占比例以苗期最高（65%），随生育进程而稀释，吐絮期仅占 18%。棉株对初花肥 N 的吸收主要在开花期（93%），且首先在果枝叶（占 32.4%）和蕾铃（占 29.4%）中累积，然后转移至蕾铃（占 69.8%），但随施 N 量增加在蕾花铃中比例大幅下降，在营养枝中比例大幅度上升。初花肥N在棉株中所占比例，开花期为49%、吐絮期为35%。棉株对盛花肥N的吸收利用率大致为56%，其中98%在结铃期吸收，盛花肥中N主要在蕾铃（占54.1%）中累积，随后其他器官累积盛花肥的N进一步向蕾铃（占70.4%），但随施N量增加营养枝和赘芽中比例上升，盛花肥N在棉株中所占比例保持23%，随施N量增加而增加。棉株对肥料N的吸收率平均为59%，随施N量增加而提高，其中对初花肥中N的吸收率最高（69.6%），对底肥中N的吸收率最低（48%）。肥料N的土壤留存率平均为12%，随施N量增加而下降，其中底肥中量施N处理的比例最高（17.2%），盛花肥最低（8.2%）。肥料N损失率平均为29%，其中底肥和盛花肥损失率（34.6%、36.1%）高于初花肥（19%），中量施N处理损失率（34%）高于其他施N量处理。

N肥适当后移（减少底肥N、增加花铃肥N或施用释放期90~120 d的缓控释肥），使棉株对肥料N素吸收最快的时期维持在出苗后58~96 d；棉株吸收的肥料N分配给蕾铃和果枝叶的比例平均为71%，随N肥后移而进一步提高，吸收的土壤N分配给蕾铃和果枝叶的比例平均只有66%，不受N肥后移的影响；棉株对肥料N的吸收率、肥料N在土壤中的残留率均随N肥后移而增加，肥料N损失率却随N肥后移而下降。适当提高密度，能够提高氮肥利用率，表现出一定的以密代氮的作用。

二、控释氮肥的养分释放与棉花养分吸收规律

采用释放期为120 d的树脂包膜尿素（含N 43%，包膜率4%）418 kg/hm^2（纯N 180 kg/hm^2），连同P_2O_5（来自过磷酸钙，含16% P_2O_5）150 kg/hm^2、K_2O（来自KCl，含60% K_2O）210 kg/hm^2，播种前一次深施。测定发现，控释氮肥养分释放高峰在花铃期，而棉花对N素的吸收高峰期也是在花铃期；控释氮肥养分释放量在使用后110 d以前一直大于棉花植株的养分吸收，说明控释氮肥养分释放与棉花养分吸收基本同步或略早于养分吸收，加之土壤养分的供应，能够满足生育期内棉花对氮素的需求。

总体来看，控释氮肥在苗期释放量小，而在棉花需肥高峰期达到释放高峰期，使土层中速效氮含量达到高峰值，也就是养分释放高峰期、根区养分含量高峰期与棉花养分吸收高峰期处于同一时段，因此通常情况下控释肥既满足了养分需求，充分利用了土壤中的氮素，又减少了氮肥流失，提高了氮肥利用率。但是，也发现大田条件下包膜控释尿素等控释肥养分释放受土壤温度、水

分以及土壤理化性状等因素的影响，使得控释肥的养分释放与棉花营养吸收有时不能完全匹配，这可能是使用控释肥有时减产的原因。解决这一问题的途径有两条，一是通过改进包膜材料和加工工艺，研制养分释放与棉花吸收同步性好且受外界条件影响小的新型棉花专用缓控释肥；二是根据地力水平、产量目标和品种特点，通过添加一定数量的速效肥，制成专用缓控释掺混肥，既能较好地解决这一问题，又能降低纯用控释肥的成本，不失为当前条件下的一种有效选择。

总之，花铃期累积的氮占总量的67%，其中累积的肥料氮占总肥料氮的79%；棉花对底肥氮吸收比例最小、对初花肥氮利用率最高；减施底肥氮、增施初花肥氮显著提高棉花经济系数和氮肥利用率，一次基施缓控释氮肥也可达到同样效果，肥料利用率比传统施肥提高14%~30%。棉花的N素营养规律为科学施肥、轻简施肥提供了理论依据，根据棉花需肥规律科学施肥、合理施肥，特别是速效肥和控释肥配合使用，不仅能够提高肥料利用率，还能控制营养枝和赘芽的发育，协调营养生长和生殖生长的关系，促进棉花产量和品质的形成。

第四节　部分根区灌溉提高分水利用率的机理

西北内陆棉区淡水资源缺乏是限制该区棉花持续发展的重要因素。在产量不减、品质不降的前提下节约用水、提高灌溉水利用率是保障该区棉花生产持续发展的必由之路。

一、部分根区灌溉的效果

在旱区采用66 cm+10 cm方式种植棉花，一膜6行。滴灌带铺设在小行和大行中间，设置3个灌水处理：一是传统均匀（饱和）灌溉，每行两侧同时浇水，总量为3 900 m^3/hm^2；二是节水均匀（亏缺）灌溉（DI），每行两侧同时浇水，减少灌水量至3 300 m^3/hm^2；三是部分根区灌溉，只在每个小行灌水，总量为3 300 m^3/hm^2。结果显示，棉花生物量和经济产量受到不同灌溉方式的显著影响（表2-2）。与传统均匀灌溉相比，节水均匀灌溉的生物量下降了13.4%，籽棉产量随之降低了11.6%；尽管部分根区灌溉的生物量比饱和灌溉降低了5.9%，但经济系数提高了3.9%，籽棉产量与饱和灌溉相当，比节水均匀灌溉增产 10.5%。部分根区灌溉的灌水利用效率比传统均匀灌溉和节水均匀灌溉分别提高了 21.8%和 15.9%。

表 2-2 不同灌溉方式对棉花产量和水分利用率的影响（2014—2015，新疆石河子）

灌溉方式	灌水量（kg/hm^2）	生物产量（kg/hm^2）	籽棉产量（kg/hm^2）	经济系数	灌水利用率（kg/m^3）
传统均匀灌溉	3 900a	15 273a	5 902a	0.386c	1.97c
节水均匀灌溉	3 300b	13 234c	5 218b	0.394b	2.07b
部分根区灌溉	3 300b	14 368b	5 768a	0.401a	2.40a

注：同一栏数据标注不同字母者表示差异显著（$P \leq 0.05$）

二、部分根区灌溉提高水分利用率的机理

利用嫁接分根系统结合 PEG6000 胁迫可以在室内准确模拟部分根区灌溉。具体做法是，将嫁接分根系统的两侧根系分别放入两个独立的容器中，一侧加入正常营养液，另一侧加入 20%的 PEG6000 模拟干旱，作为部分根区灌溉处理；两侧加入 10%的 PEG6000 作为亏缺灌溉；两侧均加入正常营养液作为饱和灌溉的对照。研究发现，亏缺灌溉显著降低了棉株吸水量，部分根区灌溉棉株吸水量与对照相当，其中灌水区吸水量占整株吸水量的 82.6%。

进一步研究发现，部分根区灌溉可显著提高叶片中茉莉酸甲酯（MeJA）合成酶基因 *GhOPR*11、*GhAOS*6、*GhLOX*3 的表达量，并使叶片中 MeJA 含量升高。灌水区根系中 MeJA 含量也显著增加，但 MeJA 合成酶基因 *GhOPR*11、*GhAOS*6、*GhLOX*3 的表达量并未显著变化。推测灌水区根系中 MeJA 含量升高可能是叶片中 MeJA 向下运输所致。为此，通过叶片喷施外源供体（MeJA）和抑制剂（SA）、灌水区下胚轴韧皮部环割、病毒介导的基因沉默（VIGS）诱导叶片中 MeJA 合成酶基因 *GhOPR*11、*GhAOS*6、*GhLOX*3 沉默 3 种途径进行了验证。结果表明，叶片喷施外源 MeJA 可使叶片中 MeJA 含量升高，灌水区根系中 MeJA 含量随之升高；叶片喷施外源抑制剂（SA）可使叶片中 MeJA 含量降低，灌水区根系中 MeJA 含量随之降低。灌水区下胚轴韧皮部环割使叶片中 MeJA 含量升高，而灌水区根系中 MeJA 含量降低。VIGS 诱导叶片中 MeJA 合成酶基因 *GhOPR*11、*GhAOS*6、*GhLOX*3 沉默后，相应基因表达量降低 40%左右，叶片中 MeJA 含量降低，虽然灌水区根系中 MeJA 合成酶基因 *GhOPR*11、*GhAOS*6、*GhLOX*3 的表达量没有受到影响，但 MeJA 含量显著降

低。这些结果表明，部分根区灌溉可上调叶片中 MeJA 合成酶基因 *GhOPR*11、*GhAOS*6、*GhLOX*3 的表达量，并使叶片中 MeJA 含量升高，叶片中的 MeJA 经韧皮部运输到灌水区根系，增加了灌水区根系 MeJA 的含量。

通过向灌水区根系中加入外源供体 MeJA 和抑制剂 SA 发现，灌水区根系 MeJA 的含量升高可促进 *RBOHC* 基因表达，增加了该侧根系中 H_2O_2 含量。通过向灌水区根系加入外源供体 H_2O_2 和抑制剂 DPI 发现，H_2O_2 可通过上调根系中 *PIP* 基因表达量直接提高了根系中 PIP 蛋白含量，H_2O_2 还可促进 *NCED* 基因表达、抑制 *CYP707A* 基因表达，增加了根系中 ABA 含量。通过向灌水区根系加入外源供体 ABA 和抑制剂（Fluridone），发现 ABA 虽然不能调控水通道蛋白基因（PIP）表达量，但可显著提高灌水侧根系水力导度，因此 ABA 可能是在转录后水平通过增强了 PIP 蛋白的活性，从而增加了灌水侧根系水力导度，提高了棉花水分利用率（图 2-3）。

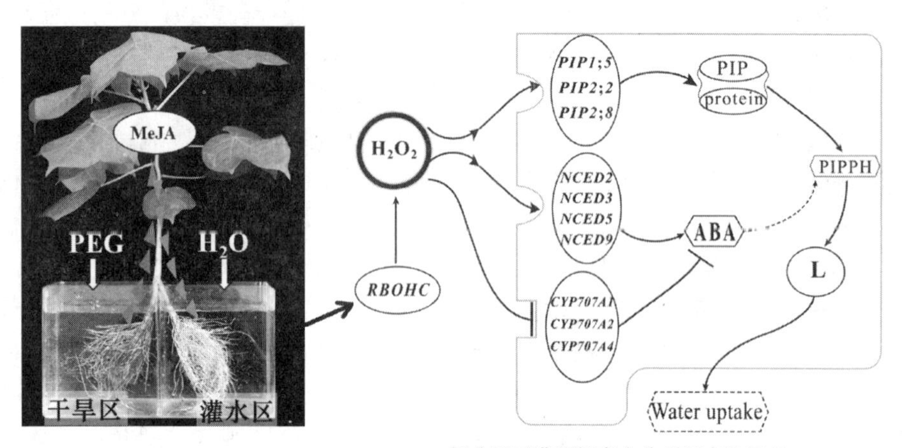

图 2-3　部分根区灌溉的提高水分利用率的机理

三、部分根区滴灌对棉花产量和水分利用率的影响

2015—2016 年在西部干旱地区大田开展了部分根区灌溉试验。设 3 个灌溉方式：常规灌溉（NI，灌水量为 3 500 m^3/hm^2，滴灌 6 次），亏缺灌溉（DI，为常规灌水量的 70%，2 450 m^3/hm^2，滴灌 6 次）和部分根区灌溉（PRI，为常规灌水量的 70%，2 450 m^3/hm^2，滴灌 10 次，通过减少每次滴灌量，控制灌水集中在小行内，实现部分根区灌溉）。收获密度为 12 万株/hm^2。

可以看出，部分根区灌溉在节水 30%时，籽棉产量与常规灌溉相当，比亏缺灌溉增产 8.3%，水分生产率显著提高。籽棉产量的提高主要是经济系数提高所致（表 2-3）。

表 2-3 灌溉方式和种植密度对棉花干物质分配和水分生产率的影响（2015—2016）

灌溉方式	生物产量（kg/hm^2）	收获指数	籽棉产量（kg/hm^2）	霜前花率（%）	水分生产率（g/kg）
常规灌溉	14 544a	0.365c	5 309a	0.81b	1.52c
部分根区灌溉	13 283b	0.387b	5 141a	0.86a	2.10a
亏缺灌溉	11 323d	0.419a	4 745b	0.90a	1.94b

注：同列中不同的字母间数值差异显著（$P \leq 0.05$）

对停水后 2 d（7 月 17 日）至下次灌水前（7 月 29 日）不同灌溉方式棉花叶片中 ABA 和 IAA 含量的变化进行了测定。部分根区灌溉和亏缺灌溉叶片中 ABA 含量均显著高于常规灌溉，而 IAA 含量均显著低于常规灌溉。其中，7 月 18 日、7 月 23 日和 7 月 28 日部分根区灌溉叶片中 ABA 含量分别是常规灌溉的 1.6 倍、1.5 倍和 1.7 倍（图 2-4A），亏缺灌溉叶片中 IAA 含量分别比常规灌溉降低了 20.9%、20.2%和 23.0%（图 2-4B）。

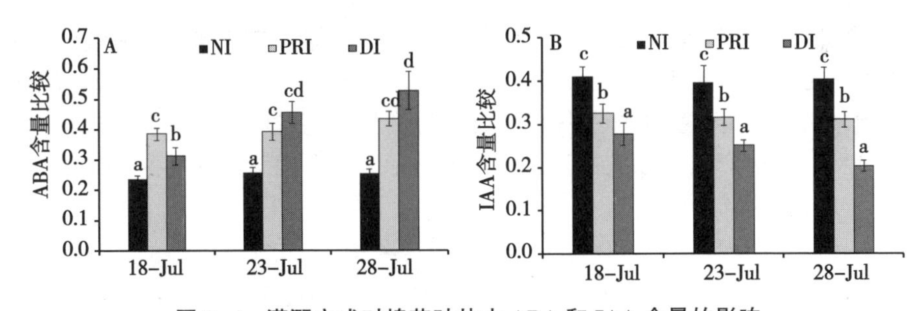

图 2-4 灌溉方式对棉花叶片中 ABA 和 IAA 含量的影响

总之，部分根区灌溉可显著提高棉花叶片中 ABA 的含量，并显著降低 IAA 的含量，促进同化物向生殖器官分配，提高了收获指数，这是部分根区灌溉不减产的重要原因。从产量构成的角度分析，部分根区灌溉条件下，显著提高了单位面积铃数，铃重不减，经济产量增加 8.3%。亏缺灌溉显著降低了光合速率，部分根区灌溉的光合速率与常规灌溉相当。部分根区灌溉灌水区根系 JA 含量升高诱导根系中 PIP 基因表达量上调，增加了根系吸水能力，维持了地上部水分平衡，进而维持较高的光合速率，JA 作为信号分子参与了灌水侧根系水分吸收的调控，这是部分根区灌溉减少灌水量但不减产的重要机制。因此，在西部干旱地区，通过增加灌水次数并减少每次的滴水量，实行部分根区灌溉，实现了产量不减、节水 30%，霜前花率提高 22.5%，水分生产率提高 49.3%的显著成效。

第五节　适于集中收获的棉花群体类型和指标

当前，我国棉花栽培进入了以“轻简节本、提质增效”为主攻目标的新时期，对棉花合理群体结构也有了新要求：一方面要提高光能利用率，充分挖掘棉花群体的产量潜力，实现棉花高产稳产；另一方面通过优化成铃、集中吐絮，实现集中收获和提高生产品质。这两方面要协同兼顾，必须因地制宜，制定集中成铃、产量品质协同提高、节本降耗的合理群体结构量化指标，建立新型合理群体结构。根据对我国西北内陆、黄河流域和长江流域三个主要产棉区的研究和生产实践，总结提出以下 3 种新型群体结构。

一、降密健株型群体

“降密健株型”群体是在传统“高密小株型”群体的基础上，通过适当降低密度（起点群体降低 10%~20%）并适当增加株高（10%~15%）等措施而发展起来的以培育健壮棉株、优化成铃、提高机采前脱叶率为主攻目标的新型群体结构，皮棉产量目标 2 250~2 400 kg/hm^2，适合西北内陆棉区。主要指标如下。

一是适宜的种植密度和株高。密度 15 万~20 万株/hm^2，盛蕾期、初花期和盛花期株高日增长量以 0.95 cm/d、1.30 cm/d 和 1.15 cm/d 比较适宜，最终株高 75~85 cm。其中，采用杂交种等行距（76 cm）种植时，密度降至 12.0 万~13.5 万株/hm^2，株高 80~90 cm。

二是适宜的最大叶面积系数（群体获得最大干物质积累量所需要的最小叶面积指数）为 4.0~4.5。适宜叶面积系数动态为，苗期快速增长，现蕾到盛花期平稳增长，适宜最大叶面积系数在盛铃期出现，之后平稳下降。

三是果枝及叶片角度分布合理，在盛铃吐絮期冠层由上至下，叶倾角由大到小，上部 76°~61°，分别比中部和下部大 14°和 30°。

四是节枝比和棉柴比适宜，分别为 2.0~2.5 和 0.75~0.85。

五是非叶绿色器官占总光合面积的比例显著提高。生育后期非叶绿色器官占总光合面积的比例由35%增加到38%，铃重的相对贡献率由30%提高到33%。

六是长势稳健，集中成铃，脱叶彻底。植株上中下棉铃分布均匀且顶部棉铃比例稍高，脱叶催熟效果好；植株上部铃重和纤维品质指标一致性好；霜前花率达到85%~90%，脱叶率达到92%以上，含絮力适中，采净率高、含杂率低（表2-4）。

表2-4 基于集中收获的合理群体结构类型和主要指标

群体结构类型	降密健株型	增密壮株型	直密矮株型
皮棉产量水平	2 250~2 400 kg/hm^2	1 650~1 800 kg/hm^2	1 500 kg/hm^2 左右
适宜最大LAI	4.0~4.5	3.6~4.0	3.5~4.0
LAI动态	适宜最大LAI在盛铃期	适宜最大LAI在盛铃期	适宜最大LAI在盛铃期
株　高	75~85 cm	100~110 cm	85~100 cm
棉柴比	0.75~0.85	0.8~0.9	0.85左右
非叶绿色器官	光合贡献8%以上	光合贡献5%以上	光合贡献6%以上
集中成铃	霜前花率85%~90%	伏桃与早秋桃占比75%~80%	伏桃与早秋桃占比75%以上
脱叶率	>92%	>95%	>95%
适宜区域	西北内陆	黄河流域	长江流域

目前，新疆生产建设兵团第七师等采用单株产量潜力大的杂交种或常规种，等行距76cm种植，并大幅度降低密度至12.0万~13.5万株/hm^2，实现相对稀植；再通过健个体、强群体，建立高产、适宜机械化采收的高光效群体结构。收获株数12万株/hm^{2}左右，单株成铃10~12个，铃数120万~150万个/hm^2，单铃重5~5.5 g，霜前花率90%以上，籽棉目标单产6 000 kg/hm^{2}以上。这是一种典型的基于优化成铃和集中收获为目标的“降密健株型”群体结构，值得在适宜地区推广应用。

二、增密壮株型群体

“增密壮株型”群体是在传统“中密中株型”群体的基础上，通过适当增加种植密度（起点群体增加50%~80%）并适当降低株高（15%~20%）等措施而发展起来的以培育壮株、优化成铃、集中吐絮为主攻目标的新型群体结构，皮棉产量目标 1 650~1 800 kg/hm^2，适合黄河流域棉区。主要指标如下。

一是适宜的种植密度和株高。密度达到 7.5 万~9 万株/hm^2，盛蕾期、开花期和盛花期株高日增长量以 0.95 cm/d、1.30 cm/d 和 1.15 cm/d 比较适宜，最终株高 90~110 cm。通过调控株高和叶面积动态，确保适时适度封行。

二是适宜的最大叶面积系数为 3.6~4.0。其动态也是苗期较快增长，现蕾到盛花期平稳增长，最大适宜叶面积系数在盛铃期出现，之后平稳下降。

三是果枝及叶片角度分布合理，使棉花冠层中的光分布和光合分布比较均匀。

四是节枝比和棉柴比适宜，分别为 3.5 左右和 0.8~0.9。

五是集中成铃和脱叶彻底，伏桃与早秋桃占比达到 75%~80%，机采棉田脱叶率达到 95%以上（表 2-4）。

三、直密矮株型群体

长江流域棉区和黄河流域实行两熟制的产棉区多采用套种棉花或前茬作物收获后移栽棉花的种植模式，普遍应用“稀植大株型”的群体结构。这种群体结铃和吐絮分散，无法集中收获。经过各地探索发现，改套种或茬后移栽棉花为茬后直播早熟棉，并通过增加密度，矮化并培育健壮植株，建立“直密矮株型”群体结构，不仅省去了棉花育苗移栽环节，也为集中收获提供了保障。“直密矮株型”的皮棉产量目标为 1 500 kg/hm^2 左右。主要指标如下。

一是适宜的种植密度和株高。种植密度 9 万~12 万株/hm^2，最终株高 80~100 cm。通过调控株高和叶面积动态，确保适时适度封行。

二是适宜的最大叶面积系数和动态。麦（油、蒜）后早熟棉构建“直密矮壮型”群体结构的最大叶面积系数为 3.5~4.0。苗期以促进叶面积增长为主，现蕾到盛花期叶面积系数平稳增长，使最大适宜叶面积系数在盛铃期出现，之后平稳下降。

三是节枝比和棉柴比适宜，分别为 3.0 左右和 0.85 左右。

四是果枝及叶片角度分布合理，使棉花冠层中的光分布和光合分布比较快匀。

五是集中成铃和脱叶彻底。单株果枝数 10 台左右，成铃时间主要集中在 8 月中旬至 9 月中下旬，棉花伏桃和早秋桃合计占总成铃数的比例为 75%以上，机采前脱叶率达到 95%以上（表 2-4）。

第六节 轻简化植棉产量稳定性的机制

发现棉花对密度、播种期、一穴多株、株行距、施肥量、整枝等农艺措施的适度变化有较好的适应性，且不同因素间对产量有显著的互作效应。“小株密植”途径适宜肥水条件差、无霜期较短的地区，通过发挥群体产量潜力实现丰产稳产；“稀植大株”路线适宜热量肥水条件较好的地区，通过发挥个体产量潜力实现丰产稳产。

轻简化栽培棉花，一方面通过协调产量构成因素维持棉花产量的相对稳定，在一定范围内随密度升高，铃重降低、铃数增加；另一方面，通过干物质积累和分配维持棉花产量的相对稳定，在一定范围内随密度升高，经济系数略降、干物质积累增加，最终保持了棉花经济产量的相对稳定（表2-5）。

表2-5 产量构成、生物量和经济系数对密度的响应

密度（株/m²）	结铃量（铃/m²）	单铃重（g/铃）	衣分（%）	产量（kg/hm²）		生物量（kg/hm²）	经济系数
				籽棉	皮棉		
1.5	82.6 c	5.52 a	43.1 a	4 111 b	1 771 b	9 469 c	0.43 a
3.3	88.4 b	5.37 ab	43.0 a	5 126 a	2 204 a	12 534 b	0.41 a
5.1	92.5 ab	5.34 ab	42.5 a	5 249 a	2 231 a	14 139 b	0.37 b
6.9	94.1 a	5.27 b	42.7 a	5 323 a	2 273 a	14 350 b	0.37 b
8.7	94.2 a	5.26 b	42.6 a	5 381 a	2 292 a	16 883 a	0.32 c
10.5	94.8 a	5.21 b	42.4 a	5 371 a	2 277 a	17 160 a	0.31 c

注：数据来源黄河流域36点次数据

密度、氮肥和简化整枝对产量构成、生物量和经济系数的互作效应显著，合理密植下简化整枝、减施氮肥，可以获得与传统植棉技术（中等密度、精细整枝和全量施肥）相当的产量（表2-6）。通过合理密植、简化整枝和减施氮肥可以实现省工节肥而产量不减，这一技术途径现实可行。

表2-6 种植密度、整枝和施N量对棉花经济产量和产量构成的影响

密度×整枝×N*	籽棉产量（kg/hm²）	叶枝贡献率（%）	铃数（bolls/m²）	铃重（g）	衣分（%）	皮棉产量（kg/hm²）
52 500×IN×195	4 143b	0d	79.7c	5.20a	41.6a	1 723c

（续表）

密度×整枝×N*	籽棉产量（kg/hm²）	叶枝贡献率（%）	铃数（bolls/m²）	铃重（g）	衣分（%）	皮棉产量（kg/hm²）
52 500×IN×255	4 450a	0d	84. 6ab	5. 32a	41. 8a	1 860a
52 500×EX×195	4 152b	27. 8b	83. 4b	4. 98b	40. 1c	1 665c
52 500×EX×255	4 208b	31. 2a	83. 3b	5. 05b	40. 2c	1 692c
82 500×IN×195	4 421a	0d	85. 0a	5. 20a	41. 4ab	1 830ab
82 500×IN×255	4 488a	0d	86. 1a	5. 21a	41. 7a	1 871a
82 500×EX×195	4 437a	4. 3c	85. 6a	5. 18ab	41. 4ab	1 837ab
82 500×EX×255	4 391a	4. 5c	84. 8ab	5. 19a	41. 2b	1 809b

注：＊种植密度分别为 52 500、82 500 株/hm²，In 和 En 分别代表精细整枝和不整枝，施氮量分别为 195 和 255kg/hm²

综上，单粒精播棉苗弯钩形成关键基因 *HLS*1、*COP*1 和下胚轴伸长关键基因 *HY*5、*ARF*2 的差异表达规律，为单粒精播实现一播全苗壮苗提供了理论依据；密植和化控等因素引起激素代谢相关基因差异表达和激素区隔化分布的规律，为合理密植配合化学调整简化整枝提供了理论依据；轻简施肥棉花的 N 素营养规律，以及控释肥释放与棉花养分吸收的同步性，为轻简施肥或一次施肥提供了理论依据；棉花产量构成因素、生物产量与经济系数对简化栽培措施的适应协同性，解析了棉花轻简化栽培的丰产稳产机制，为简化管理措施、减少作业环节提供了理论依据；适应于不同棉区的新型棉花群体结构及其指标为各棉区优化成铃、集中吐絮，实现集中采收或机械化采摘提供了理论依据。部分根区灌溉诱导地上部合成茉莉酸，作为信号物质运至灌水侧根系，促进 H_2O_2和 ABA 合成积累，提高根系吸水能力和水分利用率的机制，为节水灌溉、水肥协同管理提供了理论依据。

目前，还存在突破性的关键技术和物质装备少，农艺技术与物质装备融合度差，轻简化植棉水平地区间不平衡等突出问题。针对这些问题，必须以适度规模化基础上的规范化植棉为保障，在深入研究揭示轻简化植棉生理生态学规律的基础上，进一步改革和优化种植制度，创新关键栽培技术，研制包括农业机械和专用肥在内的相应物质装备，推进良种良法配套、农机农艺融合。

一是进一步优化种植制度和种植模式。在热量和灌溉条件较差的产棉区，继续推行一熟种植；热量和灌溉条件较好的产棉区要稳定麦棉两熟和油棉两熟制，稳步发展棉花与大蒜等高效作物的两熟制。种植模式要进一步调整，逐步推行油后、蒜后移栽棉和油（麦、蒜）后直播棉。

二是要更加环保和可持续。要通过提高水肥药的利用效率减少投入和面源污染，要研发塑料地膜的替代品和替代技术，从根本上解决残膜污染问题。

三是立足国情、因地制宜、与时俱进，随时把相关先进技术、手段和装备集成进来，但不能照搬国外的技术和方法，不能一味地强调全程机械化。

四是继续推进农机农艺融合、良种良法配套。目前我国除了新疆生产建设兵团外，各棉区的种植模式繁多，株距、行距配置不统一，套作、平作、垄作等种植模式复杂多样。各地农艺习惯不同，种植标准化程度普遍较低，加之机播与人工播种混杂，导致种植方式多样化，机具难以与农艺需求相适应，给棉花生产机械化造成了较大的困难。要研究探索与机械收获相配套的栽培技术，推进农艺与农机的高度融合，通过良种良法配套、农机农艺结合进一步简化，省工节本、提质增效，而不是单纯依靠品种、依靠机械。

综上所述，种植制度、种植模式的优化，管理程序的简化和多程序合并作业，农机农艺融合、良种良法配套，建立和应用具有中国特色的棉花轻简化栽培技术是我国棉花生产持续发展的必然要求。要结合生产需求，研究形成一个生态区稳定的棉田种植模式，实现种植模式的简化；重视生产管理程序的减省和简化、农艺操作方法的轻便简捷；要依托先进实用的农业机械，实行多程序的联合作业与合并作业；要正确处理好简化与高产、简化与优质、简化与环境友好的关系，在高产、优质、环境友好的基础上实行简化，力争高产，改善品质，增加收益。

第三章

西北内陆绿色轻简化植棉技术

新疆土壤资源丰富，人口稀少，是西北内陆棉区的主要棉花产区。因此，20 世纪 90 年代以前，新疆的农业生产虽然以传统农业技术为主，但主要的田间作业如犁地、平地、筑埂、播种、开沟、追肥等，已基本上实现了机械化或半机械化。21 世纪初，新疆生产建设兵团农场率先示范推广了膜上半精量、精量点播、节水灌溉技术、平衡施肥与水肥一体化技术和机械采棉技术。之后，相继研究、开发了滴灌专用肥、灌溉自动化与智能化技术、棉田冠层信息的监测、预报技术、棉花的化学封顶技术等。近几年，开始研究和示范农用机车自动导航播种技术和无人机喷药技术等。同时，基于降低成本、提高脱叶效果和机采原棉品质的需要，建立了等行距、中密度的“降密健株”型群体结构并示范推广。这些技术的推广应用，进一步丰富和完善了省时、省工、省力、节本、增效的棉花轻简化栽培技术体系。

第一节　棉花精准播种技术

棉花精准播种技术是在精量、半精量播种技术的基础上发展起来的播种新技术，是指用精量播种机械将棉花种子按农艺要求的播量、行距、株距、深度精确定位播入土壤的技术。它可以省去棉田的间苗、定苗作业，实现苗齐、苗全、苗壮。棉花精准播种技术包括播前准备、播种和播后管理三个阶段。

一、播前准备阶段

这个阶段包括贮水灌溉、土地耕作与深施肥、播前土壤封闭（化学除草)、种子准备和机械准备。

（一）贮水灌溉

贮水灌溉是指上一年作物收获后至下一年棉花播种前的灌溉。

1. 贮水灌溉的作用

贮水灌溉的作用有四个：一是通过大水漫灌，将耕层盐分淋洗到土壤深层或通过排水系统将盐水排出农区，从而淡化耕层土壤，为翌年棉花生长创造良好的土壤环境。二是将水储存在土壤里，为翌年种子发芽提供充足的水分，以实现“一播全苗”。三是灌水后，土壤含水量提高，有利于通过冻融交替改善土壤的结构。四是通过冬灌冬耕，降低越冬害虫的基数。

棉田的贮水灌溉包括茬灌、冬灌和春灌。

2. 茬灌

（1）茬灌的作用　在冬季积雪较多或春季风较少的棉区；土地平整，土壤保墒能力强且盐碱较轻的棉田，可以茬灌作为贮水灌溉的方式。土质黏重的棉区，茬灌还是提高冬前和春季整地质量的重要措施。

（2）茬灌时间和方法

茬灌时间：在棉花头遍花拾完后（一般在9月上旬、中旬）进行。

沟灌棉田的茬灌方法：①先在棉田规划好筑埂位置，并于8月下旬气温较高的晴天，对准筑埂位置，喷洒1 m宽的乙烯利催熟带；②拾头遍花时，先拾催熟带的棉花；③在拾头遍花同时，在筑埂位置进行机械筑埂；③头遍花拾完后，及时灌水。亩用水60~80 m^3。

滴灌棉田的茬灌方法：利用原有的滴灌系统进行茬灌，可以提高灌溉的均匀度，节约机力、人工，亩灌水量应达到50~60 m^3。

（3）质量要求　带茬灌溉不易检查灌水质量。因此灌水人员要勤检查，要求全面上水，防止漏灌和跑水。

3. 冬灌

（1）冬灌时间　10月下旬至11月中旬。北疆偏早，南疆偏晚。

（2）冬灌方法　当年作物收获后，及时秋耕、平地，机械筑埂、修毛渠，使田间形成面积不少于1~3亩的格田。然后按格田灌水。

（3）技术要求　不串灌、不跑水，全面上水。灌水深度0.20 m左右。亩用水120~180 m^3。

4. 春灌

没有进行茬灌和冬灌的棉田，或虽进行茬灌和冬耕，但春季跑墒快，墒不足的棉田，应进行春灌。

春灌时间：春季2—3月地表解冻后，及时平地、筑埂、修渠、灌水。灌水技术要求同冬灌。

（二）土壤耕作与深施肥

1. 冬耕

（1）冬耕的作用　①有利于通过冬冻春融，加快土壤熟化；②消灭或减少越冬虫源；③增加土壤的孔隙度和团粒结构，改善土壤通透性，促进土壤微生物活动。

（2）冬耕前的准备工作　①检查作业地块的土壤墒情，确定最佳作业时间；②清除影响机车作业的田间障碍物，对作业中不易看清或不能搬移排除的，应事先在周围做出明显标志；③填平田间渠埂、坑洼。

（3）冬耕时间　在冬灌后，封冻前，一般在10月下旬至11月中旬。北疆偏早，南疆偏晚。

（4）冬耕质量要求　耕地深度25~30 cm，要求适墒犁地，均匀一致，不重不漏，到边到角，地面平整，土壤松碎，无残茬。盐碱较轻的农田可于冬耕后及时进行平、耙地作业。

2. 播前整地

（1）冬季与春耕　冬季已进行整地的农田，播前适墒耙地至待播状况；春耕的棉田应在重耙切地之后，及时平地至待播状况。

（2）播前整地的质量要求　齐、平、松、碎、净、墒六字标准。齐，指整地到边到角，边成线，角成方；平，指土地平整，无明显的“坑”和

"包"；松，指土壤上虚下实，即 3 cm 左右的表土松软细碎，但虚土层不宜超过 5 cm；碎，指地表细碎无大于 0.5 cm 直径的土块，但也不宜整成粉状；净，指地面无残茬、残膜等杂物；墒，指土壤墒情适宜，不能缺墒，但墒也不能过大，作业时间一般在播种前 3~5 d 为宜。

3. 深施基肥

施基肥的地块，通常在冬耕前及时将肥料均匀撒施于地表，耕地时同步深翻 25~30 cm，要求翻垡一致，扣垡严实。基肥用量根据棉田土壤基础肥力确定。滴灌棉田一般亩施油渣 100 kg，N 肥总量的 25%~30%，磷、钾肥的 50%~70%。有条件的棉田，可亩施 500 kg 油饼或 1 000 kg 以上的有机肥。

（三）播前土壤封闭——化学除草

棉田化学除草技术可以大幅度降低棉田杂草密度，提高棉花产量，降低生产成本。棉田化学除草的主要方法是播前土壤封闭。

1. 常用的除草剂及其施用技术

目前兵团棉田土壤封闭除草剂主要以二甲戊灵为主，另外还有二甲戊灵·丙炔氟草胺、氟乐灵、乙草胺、扑草净、乙氧氟草醚等。用量一般 33%二甲戊灵 2 250~2 700 g/hm^2，48%氟乐灵 1 500~1 800 g/hm^2。氟乐灵见光易分解，故喷施氟乐灵的作业应于夜间进行；喷洒后及时耙地混土至待播状态，混土深度 3~5 cm。

2. 喷施除草剂的注意事项

（1）用药、用水　用药量和用水量要准。

（2）喷洒　喷洒时，要求喷施分布均匀，不重不漏。为了防止重喷和漏喷，在一罐药液喷完后，应在停车处做好标记。

（3）除草剂　为了避免除草剂产生积累性药害，年度间应交替使用不同的除草剂。

（4）更换品种　如果周围有对该除草剂敏感的作物，应及时更换除草剂品种。

（四）种子准备

1. 精准播种对种子质量要求

采用精量播种棉田的种子质量应达到籽粒饱满，种子纯度 95%以上，净度 97%以上，发芽率 98%以上，含水率低于 12%。经药剂包衣处理的种子，残酸含量小于 0.15%，破碎率小于 3%。

2. 种子处理技术

（1）选种和晒种　播种前将经过脱绒的种子通过机械或人工精选，以提高种子净度，淘汰破籽、瘪籽，提高健籽率；清选后的种子及时晒种，以提高发芽率。晒种时，应在水泥晒场上先铺一层篷布，将种子摊晒在篷布上，以免种子被烫伤，影响发芽率。

（2）种衣剂包衣　播前每 100 kg 种子使用 60% 3911 乳油 0.8~1 kg 加种衣剂福多甲，按种子量 50∶1 拌种包衣，处理后晾晒 3~5 d 使用。

（五）机械准备

1. 播种机选择

目前，比较好的棉花精量播种机有 2BMJ 系列气吸式精量铺膜播种机，适用于膜下滴灌、精准施肥、精量播种的棉田。这个系列的播种机已开发有 1 膜 2 行、1 膜 4 行、3 膜 6 行、4 膜 8 行、3 膜 12 行、2 膜 12 行、3 膜 18 行等全套机具，基本上可以满足新疆棉区各种种植方式的棉田需要。

2. 机械调试

为了保证播种质量，播种前应先进行机械调试。机械调试主要包括三个方面：一是调节播种量，要求达到 1 穴 1 粒；二是根据农艺要求调整播种行距、株距、覆土厚度；三是调整播种深度。

二、播种阶段

（一）播种期

1. 确定播种期的条件

（1）地温　膜下 5 cm 地温连续 3 d 稳定通过 12℃以上。

（2）始播期　可早于终霜期 7~10 d。

（3）土壤墒情适宜　随手抓起 0~5 cm 的表土，若“手捏成团，落地即散”则墒情合适；落地不散为墒过大，应推迟播种；若手捏不成团，则墒不足，应考虑局部补小水，滴灌棉田则应采用干籽播种、滴水出苗方式。

2. 新疆地区的播种期

一般在 4 月上旬、中旬。南疆偏早，北疆偏晚。

（二）种植方式与密度

种植方式包括覆膜方式和株行距配置两个方面。轻简化栽培棉田的种植方式与种植密度主要有两种。

（1）高密度带状种植方式　主要的技术规格为 66 cm+10 cm（带宽 10 cm，带间距 66 cm），棉株在带内呈锯齿形纵向双行排列。株距 9.5~

13.2 cm，亩理论株数1.35万~1.85万株。

（2）中密度单行种植方式　主要的技术规格为76 cm等行距。新疆兵团主推的有15穴、16穴的播种机，其株距8.7~9.7 cm，亩理论密度0.9万~1万株。

另外一种种植方式也在进行积极的试验示范。主要技术规格为72 cm+4 cm，棉株在窄行内呈大锯齿三角形纵向依序双行排列，相当于棉花单行种植。株距12~13 cm，亩理论株数1.35万~1.46万株。

（三）膜下滴灌棉田滴灌带配置方式

膜下滴灌棉田的行距配置方式与滴灌带在田间的布置方式密切相关。轻简化栽培、机械化采摘棉田的滴灌带在田间的布置方式有一管一方式、一管二方式和一管三方式3种。

（1）一管一方式　主要用于76 cm等行距棉田。膜宽2.05 m，一膜3行，一行一管。滴灌带铺设在苗行一侧。

（2）一管二方式　主要用于66+10 cm的带状种植方式棉田。滴灌带铺在小行内侧，给两行棉花供水。这种方式尤其适用于沙壤土棉田。

（3）一管三方式　适用于超宽膜一膜三行带状种植方式的壤土和黏土棉田。滴灌带铺在大行中间偏边行一侧，主要给2条边行和一条中行棉花供水。

（四）精量播种

用精量播种机，一次完成膜床整形、铺放滴灌带、铺膜、膜上打孔、精准投种、膜边覆土、膜孔覆土并镇压等8道工序。

（五）精量播种的质量要求

（1）总体要求　开沟展膜同一线，压膜严实膜面展，打孔彻底不错位，下种均匀无空穴。同时要求播行要直，接幅要准，播种到边到头。膜面每20~30 m筑一防风土带。

（2）量化要求　播种深度1.5~2.5 cm，覆土宽度5~7 cm并镇压严实，覆土厚度0.5~1.0 cm，每穴下籽1粒，空穴率小于3%。边行外侧保持大于5 cm的采光带。

（六）卫星导航自动驾驶播种技术

卫星自动导航播种技术是将卫星导航自动驾驶技术应用在棉花播种机车上，实现棉田无人驾驶、自动播种的技术。卫星导航自动驾驶技术是基于GPS卫星导航系统的一项技术，GPS称为全球卫星定位系统，其核心技术是地理信息、全球定位系统、遥感技术和计算机自动控制技术。现在，全球主要有北斗、GPS、GLONASS、GALILEO四大卫星导航系统，且我国以北斗卫星全球定位系统为核心技术的北斗导航系统已开始在农业上应用。

1. 卫星导航自动驾驶播种技术的优越性

（1）提高播种作业质量和土地利用率　播种机车使用自动导航播种技术进行播种机械化作业，播行端直，1 000 m 播行直线度精度不大于 2.5 cm，接茬准确，衔接行间距的精度不大于 2 cm，土地利用率可提高 0.5%~1%。

（2）延长机车作业时间，提高机车利用率　应用自动导航技术，使棉田播种作业的拖拉机的操作性能得到大幅提升，夜间也可进行播种作业也不会受到任何限制，使得作业时间得到延长。一个机组播种作业每季节可播种 1 500 亩以上，较人工驾驶播种增加播种面积 30%左右。

（3）播种质量好　播种作业过程中，驾驶员有充足的时间关注播种质量从而提高播种质量。

（4）降低驾驶人员的劳动强度　减少机组人员，节省人工开支。

（5）北斗卫星定位自动导航驾驶系统　有一个地形补偿装置，面对各种地形能进行精确的自我调整，实现平稳运行；并能对棉田播种作业过程中的具体情况进行实时记录，对整个作业的面积进行计算统计。

（6）可提高机械采收的采净率　由于自动导航技术播种的棉田播行端直、接茬准确，实现了田间作业标准化符合采棉机作业技术要求，因而能提高采棉机的采净率 2%~3%。

2. 技术原理与系统装配

（1）工作原理　农机上的卫星接收机接收北斗、GPS、GLONASS、GALILEO 等卫星信号和基站的差分信息（厘米级精度的定位信息）；把卫星定位的三维坐标实时输入车载计算机，并通过软件自动生成行驶路线图形；方向传感器实时发送车轮的运动方向，车载计算机实时比较农机的当前位置和设计路线，并输出校正控制信号给控制设备对农机的行进方向进行控制。

（2）卫星导航自动驾驶系统构成　GNSS 接收机移动站，基准站；车载平板操作电脑；控制器和液压组件；自动驾驶系统工作模块。

（3）主要技术　自动导航控制系统的主要技术分为三个部分。一是“硬件”部分，即如何利用各种导航定位传感器对农业机械的位姿进行精确测量；二是路径部分，即如何规划出合适的作业路径；三是算法部分，即如何根据偏差计算出农业车辆的前轮转角，从而修正偏差。

硬件主要是基站建设。基站建设的数量，主要根据播种的总面积与分布和基站的有效辐射半径来确定。一般基站的有效辐射距离的半径为 20 km。如果要实现手机对农机的全程实时监管，还可以在机车上安装监控设备。

（4）车载 GPS 自动导航系统主要工作部件的功用　①天线：接收卫星信号。②通信模块：接收服务器输出的高精度差分信号。③光靶 DE500：实时处理天线接收到的卫星信号和通信模块接收到的差分信号，解算出±2.5 cm 的高精度坐标，并将高精度坐标数据传输给 NAV2 控制器。④方向传感器：实时感应拖拉机的转向方向和转向角度的大小。⑤NAV2 控制器：实时接收方向传感器的转向信号和光靶的位置信号，依据自身独有的 T3 补偿技术，向液压阀发出拖拉机的实时转向命令。⑥液压阀：实时接收 NAV2 控制器发出的控制信号，并将控制信号转换为液压油信号，实时控制液 压油的流量和流向，从而控制拖拉机的转向。

（5）主要技术参数　RTK 地面基站差分信号传输方式：模块网络传输方式；作业精度：与 RTK 地面基站配套使用，作业精度 ±2.5 cm；作业温度：-25～55℃；配套机械：进口、国产 120～550 马力（1 马力≈735 W）闭心液压系统拖拉机；显示语言：简体中文（支持多语言）；数据管理：提供数据管理、地图显示、自动存储、自动生成作业报告；显示器类型：17.8 cm 彩色显示器、接收机、显示器、控制系统一体化；导航模式：AB 直线、A+直线、轴点导航、平行曲线、地头导航、多地头导航、自适应曲线、自由导航。

3. 具体操作（附录 3-3）

4. 使用注意事项

（1）导航模式多选择为“直线 AB”　设置 A 点和 B 点时，要根据田块形状，适当取点，充分提高土地的利用率。同时，一定要选地头，手动转弯，以及时避让地头障碍物及排水沟等，实现安全生产。

（2）自动驾驶作业阶段　驾驶员要时刻注意田块中电线杆、滴灌出水桩等障碍物，不能睡觉或注意力松弛，以免发生安全事故。

（3）信号基站架设宜选择电台式　因为目前农村的中国电信、中国联通、中国移动无线数据网络信号均不理想，电台式基站可靠性、稳定性优于网络信号基站。

（4）拖拉机的选择　需要安装卫星导航自动驾驶系统的拖拉机优先选择新购进或进口的（液压转向系统灵活可靠）。

5. 注意问题

此技术需要通信网络支持，西北内陆棉区有些地方信号传输较慢，甚至出现盲点，影响作业精度。

三、播后苗前管理阶段

棉花播种后至出苗前的管理主要包括下列作业。

（一）查苗、补种

（1）播种后　及时对漏播地段和条田四边无法机播的地段进行人工补种。

（2）田间出苗后　及时查苗补种。补种的方法，以人工点播补种为主；对于缺苗较多的地段，可用播种机上的单个播种盒补种。

（二）除草

人工除草。苗齐后，人工拔除穴内及行间杂草。

（三）中耕

中耕是改善土壤的透气性，提高地温，减少烂种、烂芽和立枯病，实现苗全、苗齐、苗壮的重要措施之一。

（1）中耕时间　现行后及时中耕 1~2 次，铲除大行杂草。低温多雨年份，雨后及时中耕防止板结和根病。

（2）质量要求　苗期中耕深度，第一次 12~14 cm，以后逐次加深。中耕宽度，以两边留够 8~10 cm 保护带为准。中耕后田面平整，土块细碎，无压苗、铲苗现象。

（四）防风措施

播种后，及时在膜面上横向加压膜埂，一般约 10 m 加一条。与此同时，对未压好的膜头、膜边及膜上的孔洞，及时加土压实。

（五）种植玉米诱集带

为了防治棉铃虫，播种后及时在棉田四周人工种植 2 行或 3 行玉米诱集带。玉米品种应选用抽雄期与第一代棉铃虫羽化期相同的品种。

第二节　节水灌溉技术

水是西北内陆棉区发展棉花生产的主要限制因素之一，节水灌溉技术一直是农业科技工作者关注的重点。20 世纪 90 年代，新疆生产建设兵团从以色列引进滴灌技术，并创造性地将滴灌技术与地膜植棉技术组装成节水效果更好的膜下滴灌技术。目前，膜下滴灌已成为西北内陆棉区主要的节水灌溉技术，并在实践应用中与部分根区灌溉、亏缺灌溉及水肥一体化技术有机结合，提高了节水灌溉的效果和效率。

一、膜下滴灌技术的概念

滴灌技术是一种局部灌溉的现代节水技术。它是利用低压管道系统使水成点滴、缓慢、均匀、定量地浸润根系最发达的区域，使作物主要根系活动区的土壤始终保持最优含水状态的灌溉技术。具有节约用水量、促进作物均衡生长和提高产量的作用。

棉花膜下滴灌技术是把滴灌技术和覆膜种植技术有机结合而形成的一种新型田间灌溉方法。它可以均匀、定时、定量地浸润棉花主要根系集中区，使之始终处于水分与营养供应的最佳状态。由于地膜覆盖减少了土壤水分蒸发，因此，节水效果比单纯的滴灌更好。

二、棉花的需水规律

（一）棉花生育期耗水量和耗水强度

棉田耗水量包括叶面蒸腾、棵间蒸发及深层渗漏等。适宜的灌溉量能使耗水高峰期与棉花的花铃期对应，从而提高棉花水分利用效率。棉花的花铃期耗水量是棉花一生中耗水比重最大的时期（表 3-1）。因此，膜下滴灌棉田水分管理的关键时期是花铃期，此期适宜的水分管理是保证棉花产量形成的基础。

表 3-1　棉花生育期耗水量及蕾铃期耗水强度

棉区	苗期（mm）	蕾期（mm）	花铃（mm）	吐絮（mm）	全生育期（mm）	蕾铃期耗水强度（mm/d）
南疆	80	150	350	45	625	7.0~7.5
北疆	37	113	238	40	428	3.3~4.2

（二）膜下滴灌棉田土壤水分动态

滴灌带铺设于膜下土壤表面或浅埋，水从毛管进入土壤后，主要通过重力作用和毛细管力作用向各个方向扩散。主要包括垂直扩散和水平扩散。

1. 土壤水分的垂直分布

（1）土壤水分的垂直变化特点　在新疆的气温条件下，棉花整个生育期内的土壤水分表现为上部减少速度快，下部减少速度慢的特点。在 0~60 cm 深的土层范围内，土壤水分含量随深度的增加而增加。

（2）土壤水分的水平分布　滴灌的水从毛管滴头滴出后，在土壤中形成一个湿润区。紧靠滴头的土壤含水量最高，距滴灌带 0~40 cm 的土壤含水量逐渐减少，但总体差异不大，距滴灌带 40 cm 以上的土壤含水量递减较快。毛管间距大时，各湿润区边界处的含水量低；毛管间距小时，相邻湿润区可相互迭加，湿润区的含水量同时受两个水源的影响，边界处含水量较高。

2. 土壤质地对土壤含水量的影响

黏土的土壤水分不易下渗，水分横向扩散速度快，湿润峰宽度大。流量一定时，滴头流量越大，湿润峰深度越浅而宽度越大。沙土的湿润峰水分运动主要以垂直下渗为主，水平扩散弱，湿润峰深而宽度小。壤土的湿润峰形状如“碗”状，湿润半径随滴头流量增加而增大，湿润深度随滴头流量增加而加深，但水平方向扩散速度大于垂直方向。

三、膜下滴灌系统

一套完整的滴灌系统的组成部分通常包括：①水源。②首部枢纽：包括水泵、过滤设备、动力机、肥料注入设备、控制器等。③输水管网：包括干管、支管和毛管 3 级管道，其中干管连接水源，毛管安装或连接灌水器。④灌水器。是田间直接施水的设备，其作用是消减压力，将管道中的水流变为水滴的状态输入作物根系附近土壤。

（一）滴灌系统布置

1. 控制面积的确定

水源为机井时，应根据机井在枯水期（7 月）的出流量确定灌溉系统最大可能的控制面积。水源为河、塘、水渠时，则应同时考虑水源水量和经济两方面的因素，确定最佳控制面积。目前的渠水滴灌工程，一个首部控制的灌溉面积一般为 50~120 hm^2，经济高效的控制面积为 66.7 hm^2，最好不要超过 100 hm^2。

2. 总体布置

当前，新疆棉区普遍使用的滴灌系统管道分为三级或四级，即：干管、支管、毛管或主干管、分干管、支管、毛管。分干管布置在条田中央，支管垂直于种植方向，与分干管呈鱼骨式布置，毛管垂直于支管与棉花种植方向一致。干管埋入地下 80 cm 以下。

3. 管网布置的原则

（1）符合滴灌工程总体设计要求　井灌区的管网以单井控制灌溉面积作为一个完整系统。渠灌区应根据作物布局、地形条件、地块形状等分区布置，尽量将压力接近的地块分在同一个系统内。

（2）出地管、给水栓位置　给水栓的位置应当考虑到耕作方便和灌水均匀。给水栓纵向的间距一般在 80~120 m，横向间距一般取 150~300 m（自动化控制条件下取 100~200 m）。在当前水质过滤质量较低、滴头流量较大（1.8~3.2 L/h）情况下，横向间距适当降低有利于提高灌溉均匀度。

（二）滴灌带在田间的布置方式（参考本章第一节）

四、膜下滴灌技术

1. 及时滴出苗水

未贮水灌溉的棉田，播种后 2~3 d 安装支管，接通毛管，当膜下 5cm 地温稳定通过 12℃时及时滴出苗水。亩滴水量 10~15 m^3。

2. 迟滴蕾期水

棉花生育期的头水（蕾期水）时间一般在现蕾至始花期。为了用水控苗，增加内围铃比例，在可能的情况下，应适当推迟滴蕾期水的时间。棉花蕾期滴灌 1 次，滴水量根据苗情、土壤墒情和土壤质地确定，一般亩滴水量 20~30 m^3。

适宜滴蕾期水的长相指标：棉花叶片叶色加深，有 20%~30%的叶片中午出现短暂性萎蔫，红茎比达 70%以上。

3. 滴足花铃水

花铃期是棉花一生中营养生长和生殖生长最旺盛的时期，也是需水量最多，对水肥最敏感的时期。因此，灌好、灌足花铃水对实现棉花高产、优质十分重要。

滴灌棉田的花铃期一般灌水 4~5 次，每次间隔天数 6~8 d，沙土和弱苗棉田取上限，黏土和旺长棉田取下限。每次滴水量 20~25 m^3。

4. 适时停水

棉花铃期—吐絮期耗水量较少，为了防止棉花旺长或早衰，保证棉花正常吐絮应适时停水。停水时间，南疆在 9 月上旬，北疆在 8 月下旬或 9 月初（沙土棉田）。及时停水或者提前滴水不仅是节水灌溉的需要，也是建立基于集中收获的合理群体结构、提高脱叶率的要求。

5. 注意事项

上述滴灌指标只是一个大致范围，由于各个棉区的天气状况不同，各块棉田的苗情和土壤墒情不同，具体棉田的滴水时间、滴水量和滴水次数需要根据苗情、土壤墒情和天气状况确定。

（1）根据苗情　旺苗少滴、晚滴，弱苗早滴、勤滴。

（2）根据土壤墒情　土壤水分不足容易造成棉花受旱或早衰，应及时滴水（沙土棉田尤其如此）；土壤水分过多容易造成棉花旺长或引发病害，应推迟滴水。

（3）根据短期气象预报　及时调整灌水计划。例如，在干热风来临前3~4 d滴水，可以增加田间湿度、降低棉田气温，减轻干热风危害。

五、滴灌系统堵塞原因及解决的办法

（一）引发灌水器堵塞的主要因素

（1）水质　地表水中藻类及细菌是引发堵塞的主要物质来源，地表水中的苔藓、鱼类、蛇、昆虫、植物种子和其他有机残屑也是引发堵塞的重要原因；地下水通常含有的固体沙粒和溶解在水中的矿质元素是可能形成沉淀物从而发生堵塞的主要因素。

（2）物理性堵塞　水中含有过多的固体悬浮物，如泥沙、黏土颗粒等，可引发灌水器堵塞。

（3）化学性物质　当水源的pH值高于5.3，且当水中有较高的含氧量时，二价铁离子容易被氧化为三价铁离子。用微量元素如Ca、Mg等含量较高的“硬水”灌溉，易于形成碳酸盐、磷酸盐的沉淀物，从而引发化学性堵塞。

（4）生物性堵塞　微灌系统中的细菌可导致黏液积累。这种黏液可以将水中的砂粒粘合成大型聚合物而堵塞滴头。一些细菌可引起锰、硫、铁等化合物的沉淀导致滴头堵塞。另外，藻类从水源移动到灌溉系统中可形成大的聚合体。

（5）有些随水施入的肥料也可能堵塞滴头。

（二）解决方法

1. 过滤

在灌溉水进入施肥系统前，使用适宜的过滤器清除植物碎屑、泥沙颗粒及藻类，以提高灌溉水质量。适于过滤灌溉用水的装备有网式过滤器、叠片式过滤器、介质（砂石）过滤器、离心过滤器等几种类型。现将几种类型的相关参数列入表 3-2，供参考。

表 3-2　几种典型过滤器关键参数的对比

序号	过滤器名称	应用条件	工作原理	设计水损（m）
1	离心过滤器	用于含沙水流的初级过滤。可分离水中比重重于水的沙子和石子	清除重于水的固体颗粒	5
2	砂石过滤器	用于灌溉用的地表水源（水库、塘坝、沟渠、河湖及其他开放水源）的初级过滤	可分离水中的水藻、漂浮物、有机杂质	8
3	筛网过滤器	用于水质较好或当水质较差时与其他形式的过滤器组合使用，常作为末级过滤设备。滤芯常有组网、楔网、叠片等类型	水由进水口进入壳内，经过网芯表面，将大于网芯孔径的物质截留在表面，净水则通过网芯流入出水口	3
4	自清洗网式过滤器	是筛网过滤器的一种，在其允许的水质范围内可实现自动反清洗		3
5	叠片式过滤器	水分过滤效果最好的处理技术。但杂质含量过高的水源处理能力受到限制	滤芯由一组双面带不同方向沟槽的塑料盘片相叠加构成。这些沟槽导致水的紊流，最终促使水中的杂质被拦截在各个交叉点上	5

2. 酸化灌溉水

灌溉用水的 pH 值在 7 以上，应进行酸化处理，以降低堵塞的可能性，同时还能提高肥效。可以使用中和灌溉用水的酸类物质，主要有硫酸（H_2SO_4）、次氯酸（HClO）、磷酸（H_3PO_4）等。一些酸性肥料如脲硫酸氮素肥料，也可用于对水进行酸化处理。值得注意的是，脲硫酸氮肥与其他肥料不能混合施用。从经济的角度看，使用脲硫酸氮肥、次氯酸更合适。应该注意的是，在把磷酸注入灌溉系统过程中，可能会引发钙的沉淀，当其浓度超过 50 mg/kg 时，就不能再注入磷酸。

3. 其他方法

使用多年的结有钙或铁质水垢的滴头等可用 0.5%～1.0%的柠檬酸溶液浸泡 24～48 h 以除去水垢。

酸性溶液可对灌溉硬件系统造成损害，因此，在此类灌溉系统中应使用抗腐蚀的连接件或配件。

阻止水中藻类生长的有效办法是向水中注入一定剂量的液态或气态的氯，也可加入次氯酸钠（NaClO）溶液。为了保证杀菌效果的持续有效性，在滴灌带末端持续保持 0.5~1.0 mg/kg 的氯浓度较为适宜。

第三节 科学施肥与水肥协同管理技术

施肥是调节棉花所需矿质营养丰缺的主要手段，也是影响棉花生长发育和产量形成最活跃的因素之一。采用科学施肥技术是实现棉花高产，提高棉纤维品质和经济效益的重要途径。

一、新疆棉区施肥中存在的问题

21 世纪以来，随着新疆现代农业的快速发展，科学施肥技术正在逐步完善，但现阶段新疆棉花生产中施肥还存在一些问题。

1. 有机肥施用不足

有机肥中除含有氮、磷、钾和各种中微量元素外，还含有大量的有益微生物和有机胶体，具有培肥改土等作用，也有利于提高化肥利用率。但多年来新疆棉田的有机肥投入明显不足，土壤有机质含量在逐年下降。以新疆生产建设兵团为例，有资料表明，其主要耕地土壤有机质平均含量较第二次土壤普查降低了 0.73 g/kg，降低幅度为 5.25%。

2. 营养不平衡

营养不平衡是目前新疆棉花生产上的突出问题。施用氮磷肥一直被作为提高棉花产量的关键措施，但却忽视了钾肥投入，造成营养元素失衡。新疆高产棉花氮磷钾的吸收比例（$N:P_2O_5:K_2O$）平均为 1：0.31：1.10。但调查结果表明，农户施用氮磷钾比例，实际为 1：（0.14~2.9）：（0~0.28），钾肥投入明显不足。

3. 土壤基础肥力下降

土壤基础肥力是棉花高产稳产的重要保证。不合理的施肥导致棉田养分不平衡，土壤板结、次生盐渍化加重。土壤基础肥力下降，农田生态平衡遭到破坏，对棉花生产的可持续发展具有潜在危险。

4. 肥料利用率不高

有研究表明，滴灌施肥棉田的氮肥利用率可达 70%~80%、磷肥利用率达 50%、钾肥利用率达 80%。而新疆膜下滴灌棉田肥料的当季利用率：氮肥为 40%~60%，磷肥为 18%~30%。

二、棉花的需肥规律

1. 高产棉花吸收养分总量

棉花从土壤中吸收和带走的氮磷钾养分数量随着棉花产量的提高而呈递增趋势。膜下滴灌的高产棉田，每 100 kg 皮棉吸收氮、五氧化二磷、氧化钾养分量分别在 16.36 kg、3.13 kg、16.71 kg，对氮、磷、钾养分消耗的比例为 1∶0.19∶1.02。

2. 棉花各生育阶段吸收氮、磷、钾养分的特点

膜下滴灌棉花苗期，吸收氮、五氧化二磷、氧化钾分别占棉花一生吸收总量的 10%~13%。蕾期，吸收的氮、五氧化二磷、氧化钾分别占棉花一生吸收总量的 18.4%、25.0%、21.6%。开花期至盛铃期，吸收的氮、五氧化二磷、氧化钾数量分别占棉株一生吸收总量的 36.7%、38.2%、50.2%，是棉花养分的最大效率期和需肥最多的时期。盛铃期至吐絮期，吸收的氮、五氧化二磷、氧化钾数量分别占一生总量的 25.4%、23.0%、21.4%。吐絮期至采收期，棉株吸收的氮、五氧化二磷、氧化钾数量分别占一生总量的 10.0%、1.1%、5.6%，对磷钾养分的吸收强度也明显下降。

3. 氮磷钾养分的快速吸收期

膜下滴灌的高产棉株对氮的最大吸收强度出现在出苗后 92~93 d。磷的最大吸收强度出现在出苗后 82~83 d。钾的最大吸收强度出现在出苗后 83~84 d。出苗后 66~67 d，棉株对氮素吸收开始进入快增期；出苗后第 61~62 d 和 64~65 d，对磷素和钾素的吸收分别进入快增期。棉株对氮、磷、钾养分吸收的快增期，分别持续 52~53 d、41~42 d 和 38~39 d。

三、棉田土壤养分变化动态

棉花生长发育期间，土壤养分尤其是速效养分的供应状况，直接影响棉花的生长发育及产量。了解棉田土壤速效氮、磷、钾的变化，可以为合理施肥提供依据。

（一）滴灌棉田土壤碱解氮含量变化特征

土壤碱解氮含量代表土壤的供氮强度。它主要包括铵态氮、硝态氮、尿素、氨基酸、酰胺及易水解的蛋白质态氮，其中大多数遇水后会随水移动。高产棉田土壤氮素含量变化具有下列特征。

1. 土壤碱解氮水平分布特点

棉花滴头水前，滴灌带处各土层的碱解氮含量均较高，但距滴灌带 45 cm 处（棉苗根系集中区）的 0~10 cm 土层的碱解氮含量较低。滴第一水（不施肥）后，滴灌带处各土层的土壤碱解氮含量急剧减少，但距滴灌带 15~75 cm 的各点的碱解氮含量略有上升。这表明，在未带氮肥的情况下进行滴灌，土壤中氮将随水向外移动。

从第二次滴水（棉花盛花期）开始，每水均施氮肥。经多次滴灌后，0~10 cm 土层，距滴灌带 60 cm 处（地膜覆盖与裸地交界处）和 75 cm 处（宽行裸地的中间）的碱解氮含量较高。10 cm 以下各层土壤水平方向碱解氮含量变化幅度较小。

棉田停水后 15 d，0~10 cm 土层，距滴灌带 30~75 cm 处的碱解氮含量呈上升趋势。

2. 土壤碱解氮垂直分布特点

各生育期，棉田土壤碱解氮含量随着土层加深而逐渐减少。

3. 土壤碱解氮的时间变化特征

0~60 cm 土层碱解氮含量，从苗期至吐絮期，随着棉花生育进程的发展土壤碱解氮含量呈逐渐递减的趋势，但比常规灌溉缓慢。

（二）滴灌棉田土壤速效磷含量变化特征

1. 土壤磷素养分水平分布特点

棉花滴头水前（棉花苗期），垂直于滴灌带水平方向 0~75 cm 地段各层土壤速效磷含量变化为 0~10 cm 和 10~20 cm 土层速效磷含量波动幅度较大。其中，0~10 cm 土层距滴灌带 60 cm 处土壤速效磷含量明显降低。这表明，棉花苗期主要吸收的是表层速效磷；20~60 cm 土层水平方向的土壤速效磷波动幅度较小。滴第一水后（棉花盛蕾期），0~10 cm 土层土壤速效磷含量在滴灌带处（0 点）和未覆膜的裸露处（75 cm）较低。10~20 cm 土层的速效磷含量，在滴灌带 0~75 cm 处呈现缓慢下降的趋势。多次滴灌后，0~10 cm 土层从滴灌带处至 75 cm 处水平方向土壤速效磷含量波动幅度范围变小。

2. 土壤磷素养分垂直分布特点

棉花现蕾期、盛蕾期、盛花期和吐絮后的土壤速效磷垂直变化特点：0~60 cm 土层四个时期的平均值均是 10~20 cm 土层最高；其次是 0~10 cm 土层；20 cm 以下土壤速效磷含量迅速下降。

3. 土壤速效磷的时间变化特点

苗期至吐絮期，膜下滴灌棉田土壤速效磷的时间变化特点是：0~20 cm 耕层土壤速效磷含量从苗期开始上升，到现蕾至盛蕾期达最高峰，盛蕾期后基本呈直线缓慢递减。因此，盛蕾期前和盛铃期后，滴施一定数量的磷肥，有利于使土壤速效磷含量保持在一个较高水平，是获得棉花超高产的重要措施。

（三）滴灌棉田土壤速效钾含量变化特征

1. 土壤钾素养分水平分布特点

滴灌前，垂直于滴灌带水平方向 0~75 cm 处，土壤速效钾含量波动幅度较大的是 0~20 cm 土层，20~60 cm 的土壤速效钾含量变化较小。灌第一水后至停水，0~10 cm 土层土壤速效钾含量波动幅度较大，10~60 cm 各土层水平方向速效钾含量分布非常均匀，变化幅度很小。

2. 土壤钾素养分垂直分布特点

滴灌前（现蕾期），由于基肥的影响，土壤速效钾含量最高的是 10~20 cm 土层；盛蕾期至吐絮期，土壤速效钾含量 0~10 cm 土层最高，其次是 40~60 cm 土层，10~40 cm 土层较低。这是因为棉花根系主要分布在 10~40 cm 土层的缘故。

3. 土壤钾素养分的时间变化特点

从棉花苗期（5 月中旬）到盛蕾期（6 月中旬），为土壤速效钾含量逐渐上升阶段；盛蕾期后开始逐渐下降，到铃期（8 月上中旬）降至最低点；吐絮后，土壤速效钾含量又迅速回升。因此，进入花铃期后，高产棉田应适量补施钾肥。

四、测土配方施肥技术

棉花生长过程中需不断从土壤中吸收氮、磷、钾、硫、钙等大量元素及锌、锰、铁、铜等微量元素。因此，土壤中营养元素含量及元素含量间搭配的协调性，都影响着棉花的正常生长发育。因此，科学施肥是棉花获得高产优质栽培的重要途径。

棉花测土配方施肥是根据棉花生育特性、需肥规律、土壤养分状况及棉花产量目标，确定适宜的施肥种类、时间和用量的施肥技术。这项技术具有很强的针对性，可以针对不同气候、不同土壤、不同品种及不同的田间管理措施，制定相应的施肥技术方案。

（一）施肥原则

（1）依据土壤肥力状况和肥效反应，适当调整氮肥用量，增加花铃期施用比例，科学安排磷、钾肥的施用时期和数量。

（2）充分利用有机肥资源，增施有机肥，重视棉秆还田。

（3）施肥与高产优质栽培技术相结合，充分发挥水肥的调控作用。

（二）土壤样品的采集与养分测定（根据当地的土壤农化分析规范进行）

（三）施肥量建议

根据多年高产棉田的实践，提出下列施肥量建议（表3-3）。

表3-3　高产棉田施肥量参考表　　单位：kg/hm^2、t/hm^2

灌溉方式	皮棉产量水平	有机肥	氮肥（N）	磷肥（P_2O_5）	钾肥（K_2O）	微肥
膜下滴灌棉田	1 800~2 250	棉籽饼 750~11 275	300~330	120~150	75~90	根据缺肥情况补施
	2 250~2 700	棉籽饼 1 125~1 500	330~360	150~180	90~120	
沟灌棉田	1 350~1 650	棉籽饼 750 或优质有机肥 15~22.5	270~300	105~120	30~45	根据缺肥情况补施
	1 650~1 950	棉籽饼 1 125~1 500 或优质有机肥 22.5~30	300~345	120~150	45~90	

（四）滴灌棉田施肥方案建议

（1）氮肥　基肥占总量25%左右，追肥占75%左右（现蕾期15%，开花期20%，花铃期30%，棉铃膨大期10%）。

（2）磷肥、钾肥　基肥占50%左右，其他作追肥。

（3）全生育期追肥8次左右　前期氮多，磷、钾少，中期氮、磷、钾相当，后期磷、钾多，氮少。每次肥料都结合滴灌系统实行随水施肥。尽可能选用全水溶性肥料作追肥。若选用磷酸一铵等作追肥时，需配合1.5倍以上尿素追施。

五、水肥一体化与协同管理技术

水肥一体化技术是将棉花所需的肥料溶解于灌溉水中，通过灌水系统将肥水均匀、准确地补充到棉花根系附近的土壤，供棉花吸收、利用的高效施肥技术；是在应用滴灌技术的基础上，将滴灌专用肥（水溶性肥料）、滴灌施肥装置、测土配方施肥及水肥耦合等技术有机地结合在一起而形成的一项综合施肥技术。在该技术的基础上，把部分根区灌溉与水肥一体化技术有机结合，达到水肥协同高效，可以进一步实现提高节水省肥的效果，则是水肥协同管理的内涵。这项技术能有效、方便地调节施用肥料的种类、比例、数量及时期，具有节水、省肥、便于自动化管理等优点。

（一）滴灌专用肥

滴灌专用肥是一种水溶性肥料，是实现水肥一体化和节水农业的载体。水溶性肥料是一种可以完全溶解于水，容易被作物吸收利用的多元复合肥料。它不仅含有作物所需的氮、磷、钾等全部营养元素，还含有腐植酸、氨基酸、海藻酸、植物生长调节剂等。

1. 水溶性肥料的类型

按剂型可分为固体型和液体型。固体型水溶性肥料包括粉剂和颗粒，液体型包括清液型和悬浮型。固体型水溶肥较液体型养分含量高，运输、储存方便。液体型水溶肥配方容易调整，施用方便，与农药混配性好。

按肥料作用可分为营养型和功能型。营养型水溶性肥料包括大量元素、中量元素和微量元素类，主要含有多种矿质营养元素，可以针对性地补充作物各个生长阶段所需的营养物质，避免作物出现缺素症状。功能型水溶性肥料是营养元素和生物活性物质、农药等一些有益物质混配而成，满足作物的特需性，可以刺激作物生长，改良作物品质，防治病虫害等。如腐植酸类、氨基酸类水溶性肥料。

2. 滴灌专用肥的特点

目前，大田施用的滴灌专用肥具有以下特点。

（1）滴灌专用肥为酸性肥料，其 pH 值应小于 6.0，可以减少灌溉水和土壤中碱性物质对肥效的影响。

（2）能与各种中、酸性农药，植物生长调节剂混用。

（3）水溶性好（≥ 99.5%），含杂质及有害离子（如钙、镁等）少，不易造成滴头堵塞。

（4）养分配比可根据作物营养诊断和测土结果进行灵活调整，并可根据需要添加中、微量元素，为作物供给全价营养。

（二）滴灌施肥装置

1. 压差式施肥罐

适用于井水滴灌棉田。压差式施肥罐是肥料罐与滴灌管道并联连接，使进水管口和出水管口之间产生压差，通过压力差将灌溉水从进水管压入肥料罐，再从出水管将经过稀释的营养液注入灌溉水中。

该施肥装置操作简易，固体或液体肥料均适宜，是新疆膜下滴灌棉田应用最为普遍的一种施肥装置。施用的肥料先在施肥罐中充分溶解后再随水滴施。随水施肥时先滴清水 0.5～1.0 h，然后滴入充分溶解的肥料，并在停水前 0.5～1.0 h 停止施肥。

但是，压差式施肥装置不易控制加入肥料的浓度，无法从肥料加入量和施入时间上实现精量控制，因而存在灌溉施肥的养分分布不均匀问题。

2. 气泵式施肥装置

是通过肥料泵将肥料注入灌溉系统。这种方法可定量地控制加入肥料的数量。该滴灌施肥装置由于气泵质量问题和粗糙的操作环境，工作中容易出现故障，导致整套装置的整体寿命下降，从而增加了农业生产中在施肥环节上的成本。

3. 吸入式滴灌施肥装置

该装置仅限于在河水滴灌条件下使用。这套设备在施肥过程中，肥料中的杂质可能给滴灌首部过滤设备造成了一定程度的影响，增加了滴灌设备过滤环节的成本。

（三）水肥协同管理

改传统“水肥一体化”为“水肥协同管理”是新疆轻简化植棉技术的重要发展：一是改传统节水灌溉为部分根区灌溉，即将传统的“一管 3 行”改为“一管 1 行”或“一管 2 行”，灌水量在传统灌水量的基础上减少 15%左右，灌水 5～6 次改为 8～10 次，每次灌水量减少 30%～50%，比传统灌水终止日提前 7～10 d；二是改传统肥料为滴灌专用肥，并与灌溉自动化与智能化、棉株水分与营养信息监测等结合，实现了水肥协同高效，较传统水肥一体化技术节水减肥 10%～20%。

第四节　苗情诊断与综合调控技术

中医治病，首先看病人的各种病态表现，然后对症下药，才能药到病除。种植棉花也要根据棉花的长势长相（苗情），采取相应的调控技术，才能获得优质、高产。在棉花生产中，没有任何两块棉田的棉花长势长相是完全相同的，不同长势长相的棉花，对环境条件和栽培技术的要求不尽相同。因此，看苗管理是棉花栽培的核心和灵魂；调控的目标是建立优化成铃、集中收获的合理群体结构，实现高产优质高效。

一、苗情诊断方法与指标

1. 子叶期——一叶期

（1）子叶期长相　子叶肥厚、平展，微下垂；子叶节较粗为壮苗，子叶节细长或短小为弱苗。

（2）子叶期长势　子叶节长 5 cm 左右，子叶宽 4 cm 左右，红茎比 0.6 左右。

（3）一叶期长势　子叶节长 5.5 cm 左右，子叶宽 4.0~4.5 cm，红茎比 0.6 左右。

2. 2 叶期

（1）长相　二叶平，即主茎节间短、粗，两片真叶与子叶大体在一个平面上，叶面平展，中心稍突起，叶色浅绿为壮苗。真叶明显高于子叶，形成“两层楼”为高脚苗；而真叶叶柄间夹角小，叶片大，叶色绿为偏旺苗；茎干细弱，叶片瘦小，叶色黄绿为弱苗。

（2）长势　壮苗株高 1.0 cm 左右。

3. 5 叶期

（1）长相　四叶横，即株宽（两片叶的叶尖最大距离）大于株高，棉株矮胖，株宽/株高=2.5~3.0，顶 4 叶序为 4、3、2、1，为壮苗。顶心下陷深，叶片肥大、下垂，叶色深绿，茎秆嫩绿为旺苗；株宽等于或小于株高，叶片小，茎秆细为弱苗。

（2）长势　壮苗株高 5.0~6.0 cm，主茎日增长量 0.3~0.4 cm。

4. 7~8 叶期（现蕾期）

（1）长相　六叶亭，即 7–8 叶龄时，棉株呈“亭”字形，上下窄，中间宽，株高/株宽=2 左右，叶色亮绿，顶 4 叶序为（4、3）、2、1，顶心舒展为壮苗；棉株矮胖，叶色浓绿，为旺苗；棉株瘦高，叶色偏淡为弱苗。

（2）长势　壮苗株高 12.0~14.0 cm，主茎日增长量 1.0~1.4 cm，蕾上叶数为 2 片。

5. 10~11 叶期（盛蕾期）

（1）个体长相　株高 40 cm 左右，主茎日增长量 1.0~1.2 cm，红茎比 0.6~0.7，心叶直立，顶 4 叶序为（4、3）、2、1，蕾上叶数为 0，为壮苗。

植株高大，节间长（>5 cm），叶片肥大、浓绿、蕾小，顶心下陷，为旺苗。棉株瘦小，顶心上窜为弱苗。

（2）群体长相　壮苗棉田叶色深绿，小行似封非封；旺苗棉田小行封行。

6. 初花期（13~14 叶）

（1）群体长相　棉田小行封行，大行不封行；叶色转淡，为壮苗。大行似封非封，叶色鲜绿发亮，背着太阳看，棉田叶片反光，为旺苗。叶色灰绿，无生气为受旱苗。

（2）个体长势长相　花上叶数 8 片左右；顶心舒展，未展叶呈马耳朵状；叶包蕾；倒 5 叶节柄比±0.5。株高 55.0~60.0 cm，红茎比 0.65~0.70，主茎日增长量 1.1 cm 左右为壮苗。未展叶尖弯曲，顶心呈疙瘩状；大蕾包围顶心，且顶心不随太阳转；倒 1 叶明显小于倒 2 叶或倒 1 叶已大而无新叶展平；花上叶数少于 7 片叶为受旱苗。花上叶数多于 9 片，叶片大，中部节间长于 6.0 cm 为旺苗。

7. 盛花期

（1）群体长相　远看棉田呈覆瓦状（波浪形），大行似封非封；近看棉田大行下封上不封，中间一条缝；叶色继续褪淡；为壮苗。大行封严，地面漏光很少，远看棉田齐平；为旺苗。大行不封，漏光带明显为弱苗。

（2）个体长势长相　花上叶数 6~7 片，株高 60~65 cm，顶 4 叶序为（3、2、1）、4 或（3、2、）1、4 为壮苗；植株高大，枝叶繁茂，茎秆上下一般粗，红茎比<0.6，叶片肥大，叶色深绿，顶 4 叶序为（3、4）、2、1 为旺苗。

8. 盛铃期

长势长相　“八一”花上顶。即 8 月初棉田群体顶部可见白、红花，叶色转深，植株老健清秀为正常棉田。8 月初顶部不见花，叶色浓绿，群体封严、郁蔽，茎秆青绿，有的赘芽丛生为贪青晚熟棉田。7 月下旬红花盖顶，植株瘦小，大行不封行，8 月红茎比>95%，叶色淡绿，上部蕾小，盖顶桃少；叶斑病或红叶病较重为早衰棉田。

9. 吐絮期

长势长相　8 月下旬至 9 月初，绿叶托白絮，主茎落叶叶位低于吐絮叶位 1 叶左右为正常棉田。8 月下旬大量吐絮，主茎落叶叶位高于吐絮叶位 1 叶以上，叶片褪绿或出现红叶或叶片上有病斑为早衰棉田。9 月初未吐絮或吐絮不畅，植株高大，红茎少，田间郁蔽或出二次营养生长（棉株上部出现新枝或赘芽），铃小，下部有烂铃为贪青晚熟棉田。

二、棉田常用的调控技术

调控技术是棉花栽培的主体技术，是实现棉花高产高效的有效途径。它贯穿于棉花栽培的全过程。在棉花苗情的旺、壮、弱诊断之后，即可根据苗情及时确定和实施相应的调控措施：控旺苗，稳壮苗，促弱苗，以实现棉花优质、高产、高效的目标。

但是，要用好调控技术必须具备的知识，首先要掌握各项调控技术的特点、功能；第二要熟悉棉花的生育规律和器官的同伸关系。

（一）水调技术

水调的手段包括调节灌期、灌量和灌溉方式。其中，灌期决定调控棉株的器官和群体的发展阶段；灌量和灌溉方式决定调控的强度和时效。

1. 水调技术的主要特性

（1）适用时期　从生育期第一水直到最后停水。

（2）效应期　水促技术实施后，一般在3~5 d开始发挥作用，7~10 d促进作用最强，10 d以后作用逐渐减弱；水控技术实施后，一般在10 d以后开始发挥作用，控制的时间越长，强度越大。

（3）水调技术的调控强度　主要受灌水量或控水天数的影响，尤其是与肥结合后，其调控强度可以超过其他调控技术，是调控技术中强度最大的技术。

2. 水调技术的应用

（1）灌水期　根据调控的器官和水调的效应期，确定灌水期。例如，希望某弱苗棉田盛蕾期达到壮苗指标，根据棉株器官的同伸关系，盛蕾期为9~10叶龄期；水调技术的最大效应期大约在灌水后7~10 d（相当于2.5~3.0叶龄）。因此，灌水期应在6~7叶龄期进行。

（2）灌水量　根据苗情和灌水时期，确定灌水量。弱苗多灌，旺苗少灌或不灌，壮苗适量灌。苗、蕾期和铃期少灌，花铃期多灌。

（3）灌水次数　根据土壤、气候，确定灌水次数。沙土棉田和高温天气，两次灌水间隔天数少，灌水次数增多；黏土棉田和低温、多雨天气，两次灌水间隔天数多，灌水次数减少。

（二）肥调技术

施肥是调节棉花所需矿质营养丰缺的主要手段，也是影响棉花生长发育和产量形成最活跃的因素之一。肥调在棉田调控中的作用，是以促为主。它主要是通过施肥时期、施用品种和数量来调控棉花的个体和群体。由于肥料的品种繁多，其作用也各不相同。因此，不同肥料品种调控的部位、器官、强度、时效等均不同。施肥的数量直接影响调控强度。此外，施肥方法（沟施、基施、滴施、叶面施）对调控效应的发挥，调控时效的长短影响也很大。

1. 肥调技术的主要特性

（1）肥调技术的适用时期 包括棉花生长发育的全过程。

（2）肥调技术的效应期 依施肥方法不同而存在较大差异。基肥的效应期可以覆盖棉花生长发育的全过程；追肥，一般要在灌水后 3~5 d 开始发挥作用，7~10 d 促进作用最强，10 d 以后作用逐渐减弱；叶面肥发挥作用较快，但效应期较短。

（3）肥调技术的调控强度 主要受施肥品种、数量和施肥方法的影响。例如，追施氮、磷、钾肥，因数量大，调控强度也大；叶面肥的调控强度较小，但叶面喷施微肥的调控强度也较大。

2. 肥调技术的应用

（1）根据调控的时段和肥调的效应期，确定施肥期和施肥量 要防止旺长棉田盛花期继续旺长，可根据当时棉田的旺长程度，适当减少初花期的氮肥用量。又如，要保证有早衰趋势的棉田吐絮期“绿叶托白絮”，就要吐絮前 10~15 d，补施以氮肥为主的“盖顶肥”。

（2）根据苗情和施肥时期，确定施肥品种和数量 如花铃期缺氮，追施氮肥的量要大；后期早衰的棉田，追施氮肥的量则不宜大。缺微量元素的棉田，无论基施或是叶面施，量都不能大。

（3）根据土壤确定施肥方法 沙土棉田，少量多次，早施晚停（第一次施肥早于壤土和黏土棉田，最后一次肥晚于壤土和黏土棉田）；黏土相反；壤土居中。缺大量元素的棉田，以施肥入土为主；缺微量元素的棉田，叶面施肥和基肥相结合。

（三）化学调控技术

化学调控技术是应用植物生长调节物质调节植物体内激素的平衡关系，促进或抑制细胞的生长，或调节植物体内有机营养的分配方向，进而促进或抑制植物体的生长发育和群体发展的技术。化学调控具有用量小，调控速度快，强度适中，效果好等优点，因而备受棉农欢迎。目前在棉花生产中使用的植物生长调节物质主要有：植物生长促进剂（赤霉素）、植物生长延缓剂（矮壮素、缩节胺等）、催熟剂（乙烯利）和脱叶剂等。

各种调节剂的使用技术介绍如下。

1. 植物生长促进剂

植物生长促进剂的主要作用是促进营养器官的生长和生殖器官的发育，加快棉株生长速度，减少蕾铃脱落等。

用于棉花调控的生长促进剂主要有萘乙酸、吲哚乙酸和赤霉素等。这些生长促进剂的功能，主要是促进细胞伸长或体积增大。因此，它们常用于促进僵苗生长或解除除草剂、抑制剂等所造成的药害。其使用技术如下。

（1）施用时期　当棉花苗期出现僵苗，且这种僵苗并非因缺肥、水淹、根病等原因所致时；棉苗因施用除草剂或抑制剂过量而造成主茎生长缓慢或畸形时；棉花生育后期出现早衰症状时。

（2）施用量　赤霉素：叶面喷施浓度为 20 mg/L，用水量 300～450 kg/hm^2。萘乙酸或吲哚乙酸：叶面喷施浓度为 5～20 mg/L，用水量 300～450 kg/hm^2。

2. 植物生长延缓剂

植物生长延缓剂的主要生理作用是抑制植物体内赤霉素的生物合成，延缓植物的伸长生长，使植物节间缩短，植株矮化，但对叶片数目、节间多少和顶端优势的影响较小。目前应用最广泛植物生长延缓剂主要是缩节胺等。

（1）缩节胺的使用原则

早、轻、勤原则　早调：新疆种植的棉花品种多属早中熟、特早熟品种，一般在 2.5～3.0 叶开始花芽分化。早化调有利于促进果枝分化，降低始果节位，促进根系生长。根据缩节胺的调控效应期，第一次化调应在子叶至 2 叶期进行。旺、壮苗棉田可在现蕾前后进行第二次化调。轻调：苗、蕾期棉株日生长量较小，化调用量宜轻。施用肥水后，化调用量可适当加大。但若苗、蕾期使用缩节胺过量，往往造成棉株矮化，果枝台数明显减少，造成减产。勤控：为了能恰到好处地塑造理想株型，根据覆膜棉田早苗早发、群体发展快的特点，应实行“少食多餐”的“轻控、勤控”原则，使棉株始终按人们的调控目标生长。一般壮苗棉田头水前可化调 2～3 次。

分段化调，定向诱导原则　生育阶段不同，化调的目标不同。苗期：促进棉花根系生长和果枝分化，实现壮苗早发。蕾期：防止株棉旺长，搭好丰产架子，协调棉株营养生长与生殖生长的关系。盛花期：控制棉株中后期徒长，建立合理的群体结构，提高成铃强度，增强内围优质铃。

分段调控的指导思想：苗、蕾期以早调、轻调为主，实现壮苗早发；蕾、铃期调控前轻后重，以保持棉花稳健生长，促进营养生长与生殖生长协调发展。

根据缩节胺的调控效应：喷施后 3~5 d，主茎的生长量开始下降，7 d 药效达到高峰，7~10 d 是药效发挥的最大作用期，以后效应明显减弱。缩节胺的喷施时间，应在理论调控期前 3~5 d 实施，调控效果最好。例如，要想减慢初花期棉株的营养生长速度，促进开花，缩节胺就应在初花期前 3~5 d 喷施。

化学调控与肥水调控结合原则　化学调控与肥水调控相结合，更有利于对棉株的调控。为了使化调（控）效应期（5~7 d）与水肥（促）效应期（7~10 d）同步，实现棉花稳长，滴灌棉田可在滴水后 2~3 d（可进机车时）进行化调。

对于盛蕾期—花铃期长势过旺的棉田，可以水肥调控为主，配合化调，即适当推迟灌水期，减少氮肥用量，同时于滴灌后进行化调，以提高调控效果。弱苗棉田可采取早灌水，重施肥促生长后，再轻化调或不化调。

因地、因苗，分类调控原则　缩节胺化调要根据棉花品种特性、土壤肥力、气候情况、棉株发育进程和长势等灵活掌握，不能一刀切。

一般生育期较短的早熟品种对缩节胺敏感，用量宜轻；中晚熟品种和生长势强的品种缩节胺用量相应重些。肥力较高，棉株长势偏旺棉田，缩节胺用量相应增加；土壤瘠薄和沙性大的棉田，棉株长势差，化调次数要少，用量宜轻。

长势不均匀的棉田调控时，旺长的地段机车行走速度放慢，以增加喷药量；弱苗地段，机车行走速度加快，以减少喷药量或关闭喷头，空车行走。做到控旺不控弱，控高不控低，因地因苗，分类调控，以促进棉花均衡生长。

（2）壮苗棉田的化学调控技术　①苗期：膜下滴灌棉田，棉花出苗早，苗期生长速度快，长势较强，苗期的化调也要相应提早。在土壤水分充足条件下，一般于子叶期—二叶期进行第一次化调，缩节胺用量为 4.5~7.5 g/hm^2。弱苗可以不凋。②蕾期：棉花现蕾前后，生长逐渐加快，节间开始拉长。可在 5~7 叶期用缩节胺 7.5~15 g/hm^2 轻调，一般不超过 22.5 g/hm^2。盛蕾期，棉株的生长速度明显加快，营养生长与生殖生长并进。为了促进营养生长与生殖生长协调发展，必须及时进行调控，缩节胺 22.5~30 g/hm^2；若需灌水，滴灌后 2~3 d 化调，缩节胺用量根据苗情确定。③花铃期：棉花进入花铃期后，若水肥充足，温度较高，棉花生长势较强，必须及时调控。一般在二水前后，用缩节胺 30~60 g/hm^2。棉花打顶后 5~7 d，顶部果枝长 3~5 cm 时化调，一般用缩节胺 105~135 g/hm^2。近年，部分高产棉田为了多结盖顶桃，分两次化调：第一次化调于打顶后 5~7 d，用缩节胺 75~105 g/hm^2；再隔 5~7 d 进行第二次化调，用缩节胺 90~120 g/hm^2。

（3）喷施方法与器械　为了保证化调效果，化调的方法和喷药器械要根据化调的部位作相应调整。苗期对行喷叶；现蕾到盛花期，采取上部喷雾和侧面吊臂喷雾结合，以提高对下部油条和果枝的控制效果，更好地塑造理想株型。打顶后化调以喷施上部果枝为主。

3. 催熟剂

生长偏旺或晚播晚发的棉田，常常由于吐絮晚而影响棉花的产量和品质，同时还影响冬耕整地工作。为了解决这些问题，生产上常采用一些催熟技术。常用的催熟剂主要是乙烯利。但是，施用乙烯利对棉花种子的发育和成熟有一定的影响。因此，种子田不宜使用乙烯利。现将乙烯利的使用技术简介如下。

（1）地块的选择　乙烯利只宜在发育晚，秋桃比例大，贪青晚熟的棉田施用。

（2）用药时间　棉田喷洒乙烯利，既要考虑棉铃的发育情况，又要考虑当时当地的气温变化。最适宜的喷药时间，一般应在当地枯霜期之前 20~30 d 左右，且连续几天内日最高气温达到 20℃ 以上时，及时喷洒效果最好。正常年份，在 9 月下旬至 10 月上旬。如果喷药过早，由于气温偏高，会使叶片过早衰老脱落，棉铃干枯而造成减产。

（3）适宜的施药量　在适宜的喷药时间内，有效成分为 40% 的乙烯利，一般用量为 1 500~2 250 g/hm^2，加清水 750~900 kg/hm^2。如果喷药时气温较高，棉株长势较弱，可适当减少用药量；如果喷药时间晚，气温低，棉株长势较强，则可以适当加大用药量。

（4）施药要求　由于乙烯利喷在植株叶片上，被叶片吸收后向棉铃的运输极少，所以要求喷洒均匀，尽可能喷在棉铃上。为了实现喷洒均匀，应使用雾点小的机动喷雾器或超低量喷雾器。同时，将棉株上部新长出的嫩枝全部剪掉，以改善棉田通风条件，使其他棉铃早成熟，早吐絮。

（5）注意事项　①喷药后 6 h 内遇雨，需重喷。②注意安全。乙烯利有强酸性，用时应注意防止药液接触皮肤、衣服等，喷药后要及时用肥皂水洗净手、脸、皮肤、衣物，刷洗喷雾器的金属部件，以防腐蚀受损。③用前要检查产品是否失效。④乙烯利遇碱性物质会迅速分解失效。因此，要随配随用，不宜久存；严禁与碱性农药混配，也不能用碱性较强的水稀释。

4. 脱叶剂

棉花化学脱叶剂具有加快棉花叶片脱落的功能。对于棉花后期群体过大，贪青晚熟的棉田或准备实施机械采收的棉田，通过喷施脱叶剂，使部分或全部叶片脱落，改善棉田通风透光条件，促早熟或便于机械采收。脱叶剂的施用技术，请查看本章第五节。

（四）膜调技术

新疆的地膜植棉技术始于20世纪80年代初。80年代末，随着地膜植棉技术的推广，新疆棉区的“矮、密、早、膜、匀”栽培技术体系初步形成。21世纪初，地膜植棉技术又进一步与膜下滴灌结合，又形成了新疆棉区特有的现代植棉技术体系。

1. 地膜棉田的生态系统

与传统的露地棉田生态系统相比，地膜棉田增加了一个“膜下层子系统”，它具有四大功能：一是对土体起增温作用。二是通过塑膜及附着在膜面下的水珠，将部分光能反射到植被层，从而增加了植被层的有效辐射量。三是阻止土体水分向大气蒸发，起到保墒作用。四是通过膜下层与土体不断进行水分交换，提高了上层土壤的含水量，起了提墒作用。这四大功能改变了棉田物质、能量传递与交换方式，是地膜棉田高产、优质主要因素，也是膜调技术的理论依据。

2. 膜调技术

膜调就是通过增、减膜下层子系统或改变膜下层子系统的状态，改变棉田生态环境的温、光、气、湿等因子，从而实现对棉花的生长发育与群体发展的调控。

（1）覆膜调控　棉田覆膜后，由于膜下层子系统的增温、保墒、提墒、增光、抑盐、灭草的生态效应，对棉种的萌发和棉苗的生长发育起了很好的促进作用。

覆膜时间：春季，与播种同时进行或先覆膜后播种。

膜宽选择：膜宽选择根据配套的技术确定。机采棉田一般选用2.1~2.2m的超宽膜，一膜覆盖6个种子行（高密度棉田），或3个种子行（单行稀植棉田）。

（2）揭膜调控　揭膜的调控原理与覆膜相反。它是将地膜棉田的四层次结构改变为露地棉田的三层次结构，从而对棉苗的生长发育起到“控”的作用：减慢棉株的营养生长，促进生殖生长。

具体做法：壮苗棉田，于初花期（灌头水时）前5~7 d揭膜；旺苗，适当提前揭膜或与壮苗同时揭膜，但推迟灌头水，揭膜至灌水间隔天数8~12 d（间隔天数还可根据调控效果适当缩短或延长）；弱苗或受旱苗，可提前揭膜和灌水，揭膜到灌水间隔天数以不超过4 d为宜。

（3）切膜调控　切膜是通过改变膜下层的存在状态，弱化膜下层的主要功能，达到对棉苗的生长发育适量调控的目的。

对于苗、蕾期出现旺苗的棉田，可以通过切膜中耕来调控。其具体做法是：在中耕器的部位改装一个圆片，将覆膜大行上的膜，由中间切破，部分打破地膜棉田的膜下层子系统，起到一定的散墒、降温作用，从而达到控制旺苗的目的。若切膜控苗的力度不够，也可于切膜后揭去大行的膜，然后中耕降温、散墒，以加大调控的强度。

切、揭膜时应注意两个问题：①沙壤土和弱苗棉田不宜采用此项技术；②此项技术只宜在5月下旬至6月上旬实施，不宜过早。

（五）整型调控

整型调控就是通过人工整枝或化学调控，改变棉花各器官的空间分布，改善群体的生态条件，调节棉株体内的养分分配，促进生殖器官的正常发育的调控技术。其实质是控营养生长，促生殖生长。

整型调控技术主要用于棉花苗期至花铃期。它以控为主，控促结合（控营养生长，促生殖生长）。调控效应发挥快，调控时效较长。如打群尖后，棉田群体内的生态环境立即改善。而其生态效应一般可维持10 d以上，有的可维持到吐絮期。

常用的整型调控技术主要是人工打顶心和化学封顶。

1. 人工打顶心

（1）打顶心的时间　新疆棉区由于棉花生长后期气温下降快，一般棉田在7月上旬打顶。高密度栽培棉田，北疆一般在7月5日前打顶结束；南疆在7月10日打顶结束。稀植棉田打顶期可适当推迟。杂交棉生育期偏长，可适时偏早打顶。

（2）人工打顶方法　打顶前期，摘“一叶一心”，即摘去顶尖带一片刚展开的小叶；打顶后期，可打二叶一心。打顶的顺序：“旺苗早打，弱苗晚打，壮苗适时打”。为了减少棉田虫源，打顶时带花袋，把打下的顶心带出田外深埋。

2. 化学封顶技术

棉花化学控顶整枝技术是利用植物生长调节剂抑制棉花株高生长，塑造棉花株型，代替人工打顶的技术。它具有工效高、用工少、成本低等优点，也是实现棉田全程机械化的配套技术之一。

（1）药剂　在几年的试验、示范、推广中，25%的氟节胺与缩节胺配合使用的化学封顶效果最好。

（2）施药技术　喷药时间：根据棉花的长势、高度、果枝数以及打顶时间确定施药时间，全生育期使用 2 次。第 1 次施药标准：当机采棉的株高达到 50~55 cm（手摘棉的株高达到45~50 cm）或果枝达到 4~5 个时，时间在6 月15—25 日（高度、台数和时间只要其中有一个达到要求即可施药）。第 2 次喷药标准：当机采棉的株高达到 65~70 cm（高密度棉田）手摘棉的株高达到60~65 cm 或果枝台数在 7~8 台时即可施药，时间在 7 月 5—15 日。

施药量：第一次亩用氟节胺 80~100 ml，亩配水量 30~35 kg，旺长的棉田加缩节胺 3~5 g；第二次亩用量 120~150 g，加水 35~40 kg，旺长的棉田加缩节胺 8~10 g，亩配水量 35~40 kg。

配药方法：先在喷雾器罐内加入半罐清水，然后将配成好的母液倒入罐中。再加满清水搅拌均匀即可田间作业。

施药方法：第一次施药，用机械顶喷方式（喷头在棉田群体之上，由上向下喷洒）。喷杆高度离棉株顶端20 cm，喷雾压力 0.4 MPa，喷药机作业速度 4 km/h，喷头以扇形喷头实行全覆盖喷雾。第二次施药，用顶部喷施加吊管喷施。

（3）注意事项　氟节胺必须两次施药，两次施药的配方不同，要严格按瓶口上标识使用：标识①属第一次施用，标识②属第二次施用，请勿混淆。氟节胺只抑制棉株顶端优势，起到替代人工打顶作用。而缩节胺主要抑制细胞拉长，起控制节间长短和株高的作用，所以氟节胺和缩节胺可混用，但不能互相替代。为保证使用效果，两次施药后 5~7 d 内最好能控制进水肥，严禁与含有激素类的农药和叶面肥（芸薹素内酯、胺鲜酯、磷酸二氢钾、尿素等）混用，可与微量元素（硼、锰、锌）混合使用。施药后 4 h 内下雨，要减量重新补喷。

（4）化学封顶技术的效益分析　使用化学封顶技术，提高劳动生产率 70 倍，每亩可节约劳动力 0.35~0.4 个，亩降低生产成本 30 元；亩增产 5%~

8%，具有较好的经济社会效益。

（5）由于棉花化学封顶技术的技术性强，需要看天、看地、看苗灵活确定氟节胺和缩节胺的用量、喷施时期及与水肥调控技术的配合等，难度较大，因此在推广过程中需要扎实做好相关试验、示范和培训工作。

（六）其他调控技术

棉田调控技术，除了上述五大类之外，品种、种植方式、密度等也有一定调控作用。

1. 品种的调控作用及其利用

品种的调控作用主要是利用不同品种的特征、特性来调控棉花的生育进程和群体发展，使之尽可能与高能期同步，从而提高光能利用率，实现早熟、优质、高产的目标。

（1）利用品种的生育特性　根据当地的气候特点，利用品种的生育特性调节棉花的生育进程。如无霜期短的棉区，种植早发、早熟品种；无霜期较长的棉区，种植生育期较长的中熟、高产品种。

（2）利用品种的株型特征　株型直接影响棉田的群体结构和群体内光照强度的分布。因此，利用不同株型的品种，与密度、行株距等技术配合，可以建立不同的高光效的群体结构来实现优质、高产。如利用紧凑型品种通过密植增加群体；利用早发型品种来加快生育前期群体发展速度，提高群体光合生产力；植株高大、株型松散、果枝长的品种与低密度配合，延长高能同步期。

（3）利用叶片形态特征　叶片是群体结构中对群体生态影响最大的器官。利用棉花的叶形、叶姿（伸展角度）等可以有效调控群体结构和群体生态。如利用鸡爪叶型的透光性来增大叶面积指数；利用上举叶姿来调节叶面积的空间分布等。

2. 密度的调节作用及其利用

在棉花产量构成因素中，单位面积上的总铃数是影响产量高低的主要因子之一，而种植密度是影响总铃数的最直接，并且能通过人为控制的因素。制定密度指标的依据有气候条件、品种特征特性、土壤肥力和栽培管理水平等。

（1）不同气候条件下，种植密度的调节作用　气候条件是确定棉花种植密度的前提。北疆棉区热量条件相对不足，宜适当加大种植密度，以利于加快棉田前期群体的发展。南疆棉区热量条件相对充足，宜适当减少种植密度，以利于控制棉田的群体结构，提高群体的光能利用率。

（2）不同土壤条件下，种植密度的调节作用　棉田的土壤条件是棉花生长发育和产量形成的基础。土壤肥力较高或肥水条件较好的棉田，棉株生长快，植株高，叶片大，果枝多，群体发展快。较低的密度有利于推迟个体与群体矛盾激化的时期。相反，土壤肥力低的棉田，棉株生长较矮小，适当密植可以加快群体发展速度来弥补个体生长量小的不足。

（3）根据品种特征特性调节种植密度　生育期较长，果枝长，株型松散，叶片宽大的品种，个体截获光能多，但群体光照条件易恶化，宜稀植；生育期短，植株矮小，株型紧凑的品种，个体截获光能少，但群体漏光多，光能利用率低，宜密植。

（4）根据栽培条件调节种植密度　栽培条件对棉花的个体发育和群体发展影响很大。栽培条件好，水肥供应充足的棉田，群体发展快，适当稀植；栽培条件差，水肥供应没有保障的棉田，适当密植。

3. 株行距配置的调控作用及其利用

棉花行株距配置方式对棉田群体的通风透光条件有重要影响。棉株的自动调节能力是利用种植方式对棉田群体进行调控的理论依据。株行距配置的调控效应较慢，但调控时效长。

常用的棉花种植方式有两种：等行距和宽窄行。等行距种植方式，前期个体发育好，单行封行时间较晚，但一次性封行后，群体自动调节的空间小。宽窄行种植方式是两次封行：窄行封行早，宽行封行晚，棉田总体封行时间较等行距方式晚，群体自动调节的空间较大。

三、看苗调控技术

（一）看苗调控的基本程序

（1）根据棉花的叶龄或生育期，确定调控的时间、调控技术的种类和实施方法　例如，苗、蕾期以化调、中耕和叶面肥为主要调控技术。花铃期以水肥调控为主，配合化调、整型等调控技术。

（2）根据棉花长势的旺、壮、弱，确定调控技术的组合及其强度　例如根据苗情预测，5 叶期可能出现旺苗，即可确定于 4 叶期实施“控”。而此期内比较简便有效的“控制”技术有化调和中耕。再根据预测的旺长程度确定具体的调控技术及其强度：偏旺苗用中耕；旺苗用化调；过旺苗则用“中耕+化调”组合。

（二）苗期的看苗调控技术

根据棉花的叶龄或生育期，确定调控的时期、调控技术的种类和实施方法。棉花苗期主要是根、茎、叶的分化和生长，同时分化果枝和叶枝。这个时期，一般不灌水、施肥。因此，调控技术以化调、中耕和叶面肥为主。根据棉花长势的旺、壮、弱，确定调控技术的组合及其强度。

1. 诊断指标

苗期诊断指标组合，以株高指标为主，参照个体长相、红茎比指标。下面是壮苗棉田的诊断指标。

（1）株高　诊断指标见表 3-4。

表 3-4　苗期相对株高（%）指标

叶龄	1	2	3	4	5	6	7	8
15 叶	2.0	3.5	5.5	8.2	11.6	15.9	21.3	27.6
13 叶	2.7	4.7	7.4	11.1	15.7	21.5	28.7	37.2
17 叶	1.7	3.3	4.6	6.3	9.0	12.3	16.5	21.3

注：表中数值为最终株高的百分数值。普通棉的最终株高一般为 60～70cm，杂交棉的最终株高一般为 70～85cm。表中第 1 列表示打顶时保留的主茎叶数（下同）

（2）个体长相　二叶平，四叶横，六叶亭。

（3）红茎比　0.2～0.4。

2. 调控技术及其组合

（1）化学调控技术　壮苗棉田：子叶～2 叶期，喷洒缩节胺 4.5～7.5 g/hm^2。3～5 叶期的旺苗棉田，喷洒缩节胺 7.5～15.0 g/hm^2。

（2）叶面施肥技术　弱苗，叶面喷洒尿素 1 500～2 250 g/hm^2+磷酸二氢钾 1 500 g/hm^2。缺锌僵苗，用 0.2%的硫酸锌溶液叶面喷洒两次，两次间隔 7～10 d。

（3）中耕　壮苗棉田，中耕 1～2 次。低温多雨天气应早中耕，勤中耕，增加中耕深度。

（4）调控技术组合　子叶—2 叶期：以化调为主体技术，根据苗情配合中耕和叶面肥。3 叶—8 叶期：以中耕为主体技术，根据苗情灵活配合化调和叶面肥。

（三）蕾期的看苗调控技术

根据棉花的叶龄或生育期，确定调控的时期、调控技术的种类和实施方法。蕾期是棉花由营养生长向生殖生长的过渡时期。此期虽然开始灌水、施肥，但一般只进行一次。因此，蕾期的调控技术以化调为主，结合水肥和中耕。同时，根据棉花长势的旺、壮、弱，确定调控技术的组合及其强度。

1. 诊断指标

蕾期的苗情诊断指标，以株高和蕾上叶数为主，结合红茎比指标。下面是壮苗棉田的诊断指标。

（1）株高　见表3-5。

表3-5　蕾期相对株高指标

叶龄	9	10	11	12	13	14
15叶	34.9	43.2	52.5	62.8	74.1	86.4
13叶	47.1	58.3	70.9	84.8	100	
17叶	27.0	33.4	40.6	48.6	57.3	66.8

（2）蕾上叶数　见表3-6。

表3-6　蕾上叶数指标

现蕾叶位	6	7	8	9	10	11	12
蕾上叶数	2.0	1.3	0.6	0.0	-0.6	-1.3	-2.0

注：蕾上叶数的负值，为叶片展平位低于现蕾叶位的叶龄

（3）红茎比　0.5~0.6。

2. 调控技术及其组合

（1）化学调控技术　旺长棉田在灌水前需用化调技术控制营养体过快生长。

（2）水肥调控技术　蕾期，高产棉田最容易发生旺长，因此，滴灌棉田要适当推迟头水，一般蕾期滴水1~2次，头水的灌水量宜大些，浸润深度应大于30cm；同时控制蕾期的氮肥用量（不应超过总氮量的15%）；喷施硼肥，促进花粉发育，提高成铃率。

（3）中耕　蕾期中耕1~3次，中耕深度14~18cm，逐次加深。

（4）技术组合　8~11叶期的技术组合。以水肥调控为主，根据苗情配合中耕、化调和叶面肥。12~14叶期的技术组合。以水肥调控为主，根据苗情灵活配合化调和防治病虫。

（三）花铃期的看苗调控技术

根据棉花的叶龄或生育期，确定调控的时期、调控技术的种类和实施方

法。花铃期是实施水肥管理措施最密集的时期，所以，这个时期的调控技术是以水肥调控为主，配合化调、整型等调控技术。同时，根据棉花长势的旺、壮、弱，确定调控技术的组合及其强度。

1. 壮苗棉田的苗情诊断指标

（1）群体长相　盛花期：大行下封上不封，中间一条缝，地面可见零星光斑。光斑面积不小于5%。盛铃期：北疆7月25—28日，南疆8月1日前后“红花上顶”。吐絮期：随吐絮铃位的上升，叶片逐渐落黄或脱落，但“落叶位，不过絮”（落叶的叶位，不超过吐絮的叶位）。

（2）花上叶数指标　见表3-7。

表3-7　花上叶数指标

开花叶位	6	7	8	9
花上叶数	8.0	7.5	7.0	6.5

（3）红茎比　0.6~0.8。

2. 主要调控技术及其组合

（1）水调控技术　花铃期是棉花一生中需水、需肥最多的时期，也是水肥调控技术应用最多的时期。滴灌棉田，花铃期灌水6~9次，每次灌水量300~450 m^3/hm^2，两水间隔天数7~10 d，8月下旬（北疆）或9月上旬（南疆）停水。

（2）肥调技术　滴灌棉田，施N量占总N量的50%~60%，施P量占总P量的20%~25%，施K量占总K量的20%左右。旺苗棉田，初花—盛花期适当减少N肥量；贪青晚熟棉田，8月中旬停止施用N肥。开花期前后，叶面施用硼肥1~3次。

（3）化调技术　①抑制剂——缩节胺的使用。花铃期旺长的棉田于初花期—盛花期用缩节胺重控1~2次，用量45~75 g/hm^2。打顶后的化调，可进行1次或2次。对于生长稳健，中下部座铃好，田间通风透光条件也好的棉田，于打顶后一周左右（顶部果枝伸长5cm左右时）用缩节胺90~135 g/hm^2，进行一次化调。对于生长势较强，中下部成铃达不到高产指标要求，需要争取足够的盖顶桃的棉田，可分两次化调：打顶后5~7 d，用缩节胺75~105 g；一周后再用缩节胺90~120 g/hm^2 进行第二次化调。②催熟剂——乙烯利的使用（详见本节二）。③脱叶剂的使用（详见本章第五节）。

（4）整枝技术（参考本节二）。

（5）技术组合　以水肥调控为主体技术，以打顶和打顶后化调为必要技术，根据苗情配合病虫防治和化学脱叶、催熟等技术。

第五节　机械采收技术

在棉花生产的全过程中，棉花采收是需要劳动力最多，劳动强度最大的作业。要实现轻简化栽培，实现机械采棉是必须要解决的技术难点。棉花的机械采收主要包括化学脱叶技术、机械采收作业和采收后的清田工作三部分。

一、化学脱叶技术

化学脱叶一般是通过施用具有抗生长素性能的化合物、促进棉株体内乙烯发生，叶柄基部产生离层而达到使棉叶自行脱落的目的。

为了减少机械采收棉花的含杂量，提高机采棉的纤维品质，机械采收前必须对棉株进行化学脱叶。脱叶效果越好，采净率越高，棉叶的叶绿素对棉纤维的污染越少。

（一）脱叶剂的施用时间

脱叶催熟效果与喷施脱叶剂的时间与外界气温、脱叶剂的用量有直接关系。最佳喷施时间：一是棉田吐絮率达到40%以上，二是上部棉铃铃期达到35 d以上。当地平均气温稳定在16℃以上，最低温度12℃以上，施药后3~7 d，无大幅度降温和降雨过程。土壤含水率≤20%且空气相对湿度≤65%。

北疆以8月底至9月上旬为宜；南疆棉区以9月中旬（秋季气温下降慢的年份，可延迟到9月下旬）为宜。

（二）脱叶剂的品种与用量

（1）脱叶剂剂型　当前新疆脱叶剂应用面积较大的剂型主要有：54%噻苯隆·敌草隆悬浮剂（脱吐隆）、80%噻苯隆可湿性粉剂（瑞脱龙）、50%噻苯隆悬浮剂（逸采）、540g/L敌草隆·噻苯隆悬浮剂（棉海）。助剂可增强药液在叶面上的渗透能力，在低温或干旱条件下，可提高药效，一般配合脱叶剂施用。

（2）脱叶剂使用剂量

①脱吐隆：第一次亩使用量13~15 ml/亩+1：4助剂伴宝+乙烯利70~100

ml/亩，第二次 10~12 ml/亩+1：4 助剂伴宝。

②瑞脱龙：第一次使用量 20 g/亩+专用助剂 20 ml/亩+乙烯利 70~100 ml/亩；第二次用药剂量：10g /亩+专用助剂 10 ml/亩。

③棉海：第一次亩使用量 13~15 ml/亩+1：4 专用助剂+乙烯利 70~100 ml/亩，第二次 10~12 ml/亩+1：4 专用助剂。

④逸采：第一次亩用量 30~40 ml+50%敌草隆粉剂 4~5 g+植物油助剂 30~40 g+乙烯利 70~100 ml，第二次 20 ml+50%敌草隆粉剂 2.4 g+植物油助剂 20 g/亩。

（3）脱叶剂施用原则　根据棉花长势、气候条件、种植模式等决定使用次数，用药原则为：密度小、早熟棉田建议喷施一次；长势偏旺棉田、晚熟品种、密度大棉田建议喷施两次，在第一次喷施后 5~7 d 喷施第二次。

（三）药械选择

为了使药液能均匀地喷洒在全部叶片上，最好选用袖筒式喷雾器或类似的具有鼓风功能的喷雾器。

（四）使用脱叶剂的技巧

（1）根据气象预报确定施药期　机采棉田脱叶剂的药效与施药后的日平均温度和气温变化动态密切相关。因此，当地的中、短期气象预报可以作为确定施药期的重要依据。一般来讲，在棉田吐絮率达到 40%的前提下，当气温将会稳定在 16℃以上时，或气温将由低温期持续回升时，是最佳施药期。切忌在将有寒流入侵前的高温期施药。

（2）根据施药期确定施药量　通常所说的施药量指标，是在适宜的施药期条件下提出的。但是，由于棉田的吐絮情况不同及药械的限制，施药期有先有后。一般来讲，早施药的，药后气温较高，药量可取低限；晚施药的，药后气温较低，药量可酌情增加。

（3）根据群体大小确定施药次数　脱叶剂在棉株体内的传导作用很小，通常只对着药的叶片起作用。采用地面机械施药或飞机航喷时，药液多是由上向下喷施的。当棉田群体过大或倒伏时，上层叶片着药较多，下层叶片着药较少，脱叶率较低。因此，群体大的棉田宜采用分次施药：第一次施药期可比正常施药期提前 5~7 d，药量为正常药量的 50%~70%；10 d 以后（多数叶片已脱落时），进行第二次施药，药量不低于正常药量的 70%。

二、机械采收技术

（一）采收前的其他准备工作

（1）揭膜、收管　棉田机采前必须揭膜，收净残膜和滴灌带。

（2）人工破除毛渠、田埂，拔出杂草，尤其是含水率较大的杂草，清除影响采棉机工作的障碍物。

（3）对于机械难以采收，又必须通过的地段，如地头、地角和不规则地边的棉花，须人工采摘清理通道，人工采摘宽度25 m。

（4）查看道路、桥梁。通往机械采收棉田的道路、桥梁宽度不能少于4 m，高度不少于4.5 m。同时，查看通往条田的道路及条田内有无障碍物影响通行，无法清除的障碍物必须做明显的标记。

（5）查看地块墒度是否适宜，是否有影响机车行走因素。

（6）查看棉田的脱叶率、吐絮率是否达到规定要求。

（7）严重倒伏的棉田不宜机械采收，应改用人工采摘。

（二）机械采收

1. 采棉机

目前，新疆推广使用的滚筒式水平摘锭采棉机的主要机型是约翰迪尔（9970型自走式4~5行）摘棉机、7660型自走式（6行）棉箱摘棉机、7760型自走式打包摘CP690自走式打包摘棉机、凯斯（Cotton Express 620采棉机、Module Express 635自走式采棉机）和贵航平水（4MZ-5五行自走式采棉机）等几种水平摘锭采棉机。

2. 技术要求

（1）保持采棉机的最佳工作状态，调整好与棉田种植方式相适宜的设置（如间隙等）。

（2）采收时间的合理安排　先收早熟品种，后收晚熟品种；先收中产早熟田，后收高产晚熟田；先收土壤水分少的棉田，后收土壤水分多的棉田；先收脱叶早、脱叶效果好的棉田，后收脱叶晚、脱叶效果差的棉田。

（3）要求在无露水条件下采收　一般在11—19时进行采棉作业，籽棉回潮率大于12%时应停止作业，严禁在下雨和有露水的夜间作业。

3. 采收质量要求

采净率≥95%，总损失率≥5%；含杂率≤12%，含水率≤11%，作业速度3~4 km/h。严禁混入残膜、化学纤维等非棉纤维物质。

4. 机械采收的安全技术要求

（1）非机组人员不得随意上机车进行作业（包括拉运棉机车）；不得随意靠近运转的机组或爬上机车。

（2）在作业区内任何人不得躺卧休息。

（3）作业时，严禁人在收割台前和拖拉机前活动。

（4）任何人不许在作业区内吸烟，夜间不许用明火照明。

（5）拉运棉机车上不许乘人。

（6）在作业区内的任何人必须服从机组安全人员对违反安全行为的劝阻行动。

三、清田工作

（1）机械采收完毕后，要进行人工清田，回收落地花、挂枝花和机械采收时尚未完全吐絮的花。

（2）人工或机械回收残膜、滴灌带等。

（3）棉秆粉碎还田。

第六节　棉花全程机械化关键技术

棉花全程机械化关键技术主要应用在“66+10cm”或“76cm 等行距”种植模式下的棉田，其技术路线如下：

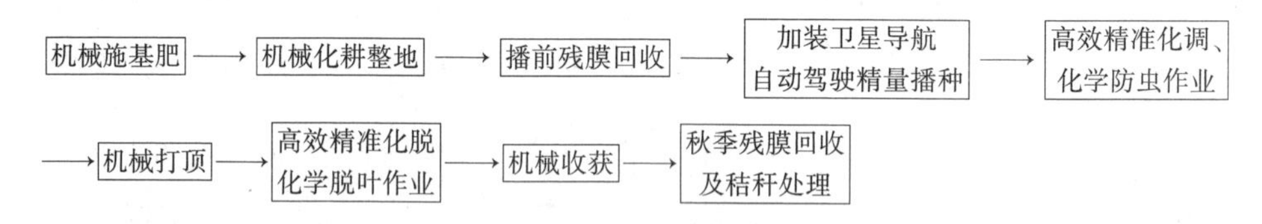

近年来，新疆围绕落实国家“一控两减三基本”政策、提升棉花质量及按照农业农村部《关于开展主要农作物生产全程机械化推进行动的意见》（农机发〔2015〕号）文件要求，2015 年起结合棉花生产区域特征持续开展了先进适用农机化技术及信息化、自动化、智能化装备在棉花生产上的引进试验示范，重点对加装卫星导航自动驾驶系统精量播种、高效精准喷雾、残膜回收及秸秆处理等农机化技术在棉花生产上进行了小规模田间性能试验

示范，效果良好。

本节包括机械施基肥、机械耕翻、机械整地、加装卫星导航自动驾驶精量播种、高效精准喷雾、机械打顶、机械收获、残膜回收及秸秆处理等机械化关键技术。

一、机械施基肥技术

机械施肥，即采用撒肥机将土壤基肥撒施到农田，将规定数量的化肥用撒肥机均匀撒入待耕地中，有利于将化肥深翻入土壤下层。

1. 施肥机械

目前，主要推广应用的秋季施基肥的机械为撒肥机，试验的有“卫星导航+分层施肥”机械化技术，将卫星导航自动驾驶技术应用到分层施肥机械上，实现精准施肥。

2. 作业时间

机械施基肥作业时间一般在棉田耕翻作业之前，基本在10月中下旬，南疆推后一周时间。

3. 作业质量要求

各行排肥量一致性变异系数≤13%，总排肥稳定性变异系数≤7.8%，施肥均匀性变异系数≤60%，断条率≤2%。

二、耕翻机械化技术

耕整地机械化技术，是春季或秋季使用联合整地机或动力驱动耙对棉田进行耙地、平地和镇压等整地处理，做到因地制宜，适墒整地。确保播种前田间整地达到“齐、平、松、碎、墒、净”标准，达到土壤上虚下实的农艺技术要求。

1. 机械耕翻

机械耕翻，即使用大马力拖拉机挂接铧式犁适墒耕翻，耕深一致，垡片翻转良好。目前新疆主要推广应用耕翻机械为铧式犁，有四铧犁、五铧犁、六铧犁等，拖拉机根据铧式犁的铧数确定动力，四铧犁一般与120~160马力拖拉机挂接，五铧犁一般与180~220马力拖拉机挂接，六铧犁一般与240~300马力拖拉机挂接。

2. 作业时间

机械耕翻作业时间一般在秋季机械施基肥作业后，基本在10月下旬、11

月上旬左右，南疆推后一周时间。

3. 作业技术要求

耕深在 25~28 cm，植被覆盖率≥85%，碎土率≥65%、耕深变异系数≤10%，深浅一致，垡片翻转良好，地表植物残株、肥料等全部覆盖严密，要犁直，耕后地表平整，土壤松碎，不重耕，不漏耕，地头整齐，地脚尽量耕到、耕好。

三、整地机械化技术

1. 整地前土地准备

根据气温回升和土壤墒情适时整地，整地前喷施除草剂，并在喷药后 6 h 内完成整地作业。一般整地对土壤墒情的要求：宜干不宜湿，尤其是干播湿出的棉田。

2. 整地机械

整地机械一般采用联合整地机械，能一次完成翻地、旋耕、灭茬、起垄作业，可以提高效率 2 倍、降低作业成本 20%，具有作业质量好、作业效率高、经济效益显著等优势。目前新疆主推的联合整地机械分有 1ZL-4.6、1ZL-5.4、1ZL-5.8、1ZL-6.2、1ZLZ-7.2 型联合整地作业机，其作业幅宽分别依次为 4.6 m、5.4 m、5.8 m、6.2 m、7.2 m。

3. 作业方式

春季或秋季使用联合整地机或动力驱动耙对棉田进行耙地、平地和镇压等整地处理，做到因地制宜，适墒整地。确保播种前田间整地达到“齐、平、松、碎、墒、净”标准，达到土壤上虚下实的农艺技术要求。有条件的地方可采用激光平地机进行精平作业，提高田间土地平整的精度，精度可达到 2 cm。

4. 作业质量要求

地表平整、土壤松碎、上虚下实；达到“墒、平、松、碎、净、齐”的六字标准。“平、松、碎”的关键在于整地时要掌握好土壤的宜耕期，黏性土壤尤为重要。不同的土壤条件选择不同的整地机械和整地方式。整地作业先黏土后沙壤土，力争作业连片，以利于系统设施滴水。整地作业以钉齿式联合整地机械作业为主，配标准双轮胎，卸下前后配重铁。

技术指标：作业速度每小时≤7 km。到头到边到角，不拉沟、不漏耙。45°角行走作业方式。深度适宜（一般在 6~8 cm），整地深度稳定性变异系数≤15%，碎土率（≤5cm 土块）≥80%，整地后地表平整度标准差≤2.5 cm。

四、加装卫星导航精量播种机械化技术

加装卫星导航精量播种机械化技术，即是将卫星导航自动驾驶技术应用在棉花精量播种机械化作业上，实现提高作业精度、作业效率、节约土地的目的。

（一）“北斗”卫星导航自动驾驶技术

目前，新疆主推的“卫星导航+精量播种”机械化技术是应用北斗、GPS卫星导航定位系统的自动驾驶系统。“北斗”卫星导航系统是中国自行研制的全球卫星导航系统，是继美国全球定位系统（GPS）、俄罗斯格洛纳斯卫星导航系统（GLONASS）之后第三个成熟的卫星导航系统，具有速度快、精度高、成本低、操作简单等特点。

1. 技术应用优势

“北斗”卫星导航自动驾驶技术在棉花精量播种作业上应用具有五大优势：一是提高作业精度。采用“北斗”卫星导航自动驾驶技术的棉花精量播种机组机械化作业千米播行直线度精度不大于2.5 cm，衔接行距精度不大于2.5 cm；二是提高机车利用率。传统人工驾驶棉花精量播种作业为了保证质量播行平直，人要从地头一个一个标杆查到地尾，一趟下来要走1~2 km，既费时又费力。现在只要在播种机卫星定位移动接收机上输入播种机地理坐标，就可以进行无人驾驶播种作业，播行平直，间隔距离相等；三是提高采棉机的采净率。采用“66+10”机采棉种植模式的棉田在收获时，一般为一膜六行，采棉机分为六行采棉机和五行采棉机，当使用五行采棉机进行机收作业时播行端直就尤为重要，相比人工驾驶拖拉机播种作业采棉机的采净率一般能提高2%~3%，亩增加收入60~90元；四是提高土地利用率。以前播种是人工机械打起落线，精确度不高，误差也大，现在应用“北斗”卫星导航技术播种精度高，播行端直；可提高土地利用率0.5%~1%；五是降低劳动强度。在作业过程中，驾驶员要时刻掌握方向盘，既要看左边又要看右边，不能重播也不能漏播，北斗卫星导航自动驾驶技术在棉花精量播种作业上的应用可以实现自动控制减轻了驾驶员的劳动强度，提高了作业效率。

2. 应用现状

加装卫星导航系统精量播种机械化技术在棉花生产上推广应用具有播行端

直、接行准确的优势，在美国、澳大利亚等国外主要植棉产区加装卫星导航系统精量播种机械化技术早已普遍应用，黑龙江、湖北等内地省加装卫星导航系统精量播种机械化技术也已进入大面积推广阶段。2014 年起新疆兵团全面开展了“卫星导航+精量播种“机械化技术的试验示范工作，截至 2018 年 6 月底累计推广卫星导航系统 5 797台，占播种拖拉机保有量的 50%以上。

3. 作业质量要求

卫星导航自动驾驶技术在棉花精量播种机械化作业上质量要求：千米播种作业直线度精度不大于 2. 5 cm，千米衔接行间距精度不大于 2. 5 cm。

（二）精量播种机械化技术

精量播种机械化技术是采用精量播种机，一次完成膜床整形、铺放滴灌带、铺膜、精准投种、膜上打孔、膜边覆土、膜孔覆土并镇压等 8 道工序。包括作业前准备、播前残膜回收、精量播种等三阶段。

1. 作业前准备

（1）种子处理与选择　用于精量播种的棉种应是适应当地土壤气候条件的优良品种，种子必须经过精选，籽粒饱满而完整，充分成熟，种子处理主要为脱绒、清选、烘干等过程。首先棉花种子脱绒。主要脱去棉花种子上绒毛，使种子光洁顺滑便于机械播种；其次棉种清选。通过色选、风选、比重选等机械方法对种子进行初次清选去杂，对破碎种籽、瘪籽进行筛除；最后棉种精选烘干或晾晒贮存。棉花种子用机械方法和化学方法脱绒时对种子都有一定的损伤，造成有烂种或破皮的种子，需应用种子精选机械进行进一步的精选，去除破籽、坏籽、杂质，然后烘干或是晾晒后入库贮存。

棉种技术要求：健籽率 99%以上，纯度 99%以上，净度 98%以上，发芽率 92%以上，种子含水率不高于 12%。

（2）土地准备　整地质量应符合农艺技术要求。水分太大的条田整地后应晾晒一至两天。待表土有 10~20 mm 干土层时方可精播。播种前按要求及时喷洒除草剂，喷洒后应立即耙地。影响作业质量的地表残留物，如残膜、残根、残株、石块等应予清除干净。平好地头渠埂及田间入口处，使其符合机组进地和地头转弯的要求。条田内凡属永久障碍物，例如电杆及拉线、水井、石堆等，都应做出明显标志。凡属临时性障碍物，均应排除。

2. 机具选择

播种机具的选择根据采棉机的采收行数确定，播种行数应与采收行数配套一致，严禁跨交接行作业，目前主要推广应用为 2 膜 12 行、3 膜 18 行棉花播种机具，气吸式播种机具较少，机械式播种机具较多。

3. 作业时间

适时早播，主要棉区在地表5cm深土层温度稳定达到8~10℃时，即可播种。一般播种在3月下旬、4月上旬，南疆较北疆早。

4. 作业方式

选配2膜12行、3膜18行的大型铺膜铺管精量播种机进行棉田播种作业。在播种作业前应先行按播种规划插指示标杆，播种作业应按指示标杆行走。有条件的地方可采用加装卫星导航自动驾驶技术，实施精准播种，保证播行端直，行距一致，千米播种作业直线度精度不大于2.5 cm，千米衔接行间距精度不大于2.5 cm；地头铺膜播种整齐起落一致，不漏播，不重播。选用地膜符合技术要求，一膜6行应选用地膜宽度为200~205 cm，厚度均为0.008 cm以上地膜。作业中地膜两侧埋入土中5~7 cm，铺膜平展，紧贴地面，埋膜严实，覆盖完好，膜孔全覆土率达90%以上，膜边覆土厚度和宽度合格率均在95%以上。

5. 作业质量要求

下籽均匀，播深1.5~3 cm，播深合格率大于85%；膜孔与种孔的错位率不大于3%，飘籽率不大于1%，种籽机械破损率不大于0.5%，种子覆土厚度合格率达90%以上，空穴率不超过4%。播行端直，行距一致。播种后遇雨土壤板结，要及时破壳，助苗出土。铺设的滴灌管不应有拉伸和弯曲，铺设时应注意滴管方向，迷宫流道凸面向上，并按农艺要求的位置铺设在膜下。铺设滴灌管后的膜床，应不影响铺膜质量。

五、高效精准机械化关键技术

喷雾机械在整个棉花生产过程中发挥着至关重要的作用，从土壤处理到田间管理直至收获，均需要通过喷雾机械的高效运用，以防治病、虫、草对棉花的为害，使化学调控和化学脱叶催熟技术得到了有效实施。因此，喷雾机械的性能对各项技术的实施效果起着决定性的作用。包括化除、化控、化防和化脱等环节。

（一）化除、化控、化防机械化技术

化除、化控、化防机械化技术，即采用高效精准喷杆式喷雾机械或是高架自走式喷雾进行机械喷施农药、叶面肥、生长调节剂等，合理开展化除、化控、化防等作业。

1. 作业方式及机具性能要求

（1）作业方式　根据不同的作业项目选择药剂，并根据喷液量确定喷头孔径和工作压力，正确调整喷头的角度，确定施药方法。选择性能可靠、技术成熟、功能齐全的喷雾机械。

（2）机具性能要求　推广的高效精准喷雾机具应具备四点功能：一是药箱应有明显的容量标示线，能随时观察药箱内药液量。操作者给药箱加液时，应能清楚地看到液面的高度。药箱盖不应出现意外开启和松动现象。应加装高精度回水搅拌装置（含节流阀），提高药液的均匀性和稳定性；二是具备四级过滤功能，一级过滤：50 目、蓄水池抽水泵过滤网；二级过滤：80 目、药箱加药口过滤网；三级过滤：100 目、药箱出水口与药泵进水口之间；四级过滤：120 目、药泵出水口与主管路之间，确保滤网目数准确，质量可靠；三是药液泵应具有调压、卸荷装置。主管路上设置调压装置，配备压力表，工作压力为 0.03~0.035 MPa；四是采用防滴漏高性能喷头，雾化好，确保使用性能可靠，拆装、维护方便；五是安装自动平衡机构，喷雾机作业时喷杆远端上下摆动小于 10 cm，喷杆向平衡机构后平行移动 40~50 cm；五是拖拉机和喷雾机具行走轮安装分禾器。分禾器前端应为圆弧状，不能出现棱角，分禾器的角度（前部的圆弧母线与地面的夹角）应小于 60°，有利于将棉花枝条向上部分开。底部距地面高度 25 cm，顶部距地面高度 80 cm（即分禾器高度 55 cm）。吊杆的弹力要适中，吊杆下部喷头升高 10 cm 时弹力控制在 0.6~0.8 kg。弹力过小吊杆易漂浮于棉株上，弹力过大吊杆易挂掉棉枝或棉桃。

2. 作业质量要求

喷洒在作物上的雾粒数≥30 粒/cm^2，喷雾机喷头应有防滴性能，在正常工作时，关闭截止阀 5 s 后，允许有 2~3 个喷头滴漏（喷幅≥12 m 为 3 个；<12 m为 2 个）。额定工作压力下，喷杆上各喷头喷雾量变异系数≤15%。

（二）化脱机械化技术

化脱机械化技术，即高效精准喷雾机械进行棉花化学脱叶催熟剂喷施机械化作业。机械采收前必须喷施化学脱叶催熟剂，以保证机械采收作业质量。其作用一是施药后使棉叶在枯萎前脱落，以降低籽棉含杂率；二是改善棉花成熟条件，抑制贪青，促秋桃早熟，提高棉花吐絮一致性，以保证产量水平。

1. 作业方式

棉花化学脱叶催熟剂主要通过渗透发挥作用，没有传导作用，采用雾化好、雾滴小，喷水适宜、喷洒均匀的高效精准喷杆式喷雾机械，使棉株上、中、下部及棉叶正、反面均能着药。

2. 机具选择及性能要求

（1）机具选择　喷施棉花化学脱叶催熟剂的高效精准喷雾机械作业前需要安装吊杆和分禾器，机具可选择静电式喷雾机、袖筒式喷雾剂等。目前新疆兵团试验推广的“高效精准+定量喷雾”机械为加装智能喷雾控制装置的新型喷杆式喷雾机组，在机械喷施化学脱叶催熟剂上喷液量由原来 50~80 L/亩降低至 25~30 L/亩，亩喷液量误差 3%之内，实现了高效精准作业，达到《新疆生产建设兵团机采棉脱落叶剂喷施作业技术规程》中脱叶剂 90%以上的技术要求。

（2）机具性能要求　喷雾机械在满足化除、化控、化虫机械化性能之外，在其机具的吊杆上需安装分禾器。伞形分禾器安装在吊杆中下部，高度 45 cm，最佳倾斜角为 15°，分禾器前倾角度和位置高度可调。分禾器最佳离地高度 25 cm，利于将遮挡喷头叶片分开，叶片与喷头保持一定空间距离，使药液有一定雾化空间，以利于增强穿透力，提高中下部叶片着药量。

3. 作业时间

根据气候和棉花成熟度确定，最佳喷施化学脱叶催熟剂的气候为 10 d 内平均气温应高于 20℃，3 d 内应无无中量以上的雨。最佳喷施化学脱叶催熟剂的棉花长势为吐絮率在 40%~60%。一般根据区域气候特征，喷施化学脱叶催熟剂机械化作业有一遍和两遍，其中采用一次喷施的时间：北疆在 9 月 5—10 日；南疆应在 9 月 10—15 日。采用两次喷施的时间：北疆在 9 月 1—5 日/9 月 8—13 日；南疆在 9 月 6—10 日/9 月 14—19 日。

4. 作业质量要求

机亩喷液量 25~30 kg/亩，喷后叶片受药率不小于 95%，脱叶率 90%以上。

5. 检查作业效果方法

作业结束后，分别于第 7 d、第 10 d 对吐絮率、落叶率进行测定。如果脱叶质量和吐絮效果差，应进行人工点片补喷。

六、棉花打顶机械化关键技术

棉花打顶机械化关键技术是采用红外线仿形棉花高低控制旋转切刀机械式切除棉花花蕊的一种机械化作业技术。包括机械打顶农艺技术要求、机具选择、作业质量要求等三部分。

（一）机械打顶农艺技术要求

适时开展机械化打顶作业，当棉花果枝台数达到9~10台时，就可以采取棉花打顶机械进行打顶机械化作业，时间一般在7月5日左右，打顶标准是将棉花蕊部切除，坚持先打高、后打低的原则。

（二）机具准备

目前主要试验示范是石河子大学机械电气工程学院研制生产的新型棉花仿形打顶机械，主要是在前期研制生产的3MD-12、3MDY-12、3MDZK-12型棉花打顶机械的基础上，针对仿形机构和打顶装置进行了进一步改进完善。机械打顶较人工打顶相比具有效率高、降低生产成本和不受气候、早晚的时间限制的优势。

（三）机械打顶技术要求

切顶过高或漏切不超过5%；由于切顶过低而造成的损失不超过3%；花蕾损失不超过3%，茎叶损伤不超过5%。一次打顶率≥70%，二次打顶率≥90%。

七、棉花收获机械化关键技术

棉花收获机械化关键技术也称机采棉技术。机采棉技术是一项综合技术应用的系统工程，其关键核心技术主要有机采棉品种选育技术、机采棉栽培技术、化学脱叶催熟技术，棉花收获机械化关键技术、机采籽棉初加工技术等。本节主要介绍机采棉技术的农业要求、作业前准备、机具选择、作业质量要求等内容。

（一）农艺要求

一是合理配制棉花种植行距，便于机械采收作业及丰产。依据目前几种主要机型的作业技术要求，棉花种植行距基本为66cm+10 cm或76 cm等行距的种植模式，株高一般控制在65~85 cm，第一果枝节位距地面15 cm以上为宜；二是适时采收。脱叶率达到90%以上，吐絮率达到95%以上，即可进行机械采收；三是合理制定行走路线，以减少撞落损失。四是脱叶催熟剂必须在采收前18~25 d进行，且气温一般稳定在18~20℃期间的前期进行较为适宜；五是机械采收完毕后，要进行人工清田，以便减少损失浪费。

（二）作业前准备

1. 作业前田间准备

首先收获前5~7 d对田间进行实地调查：首先查看通往被采收条田的道

路、桥梁宽不小于 4 m，机具通过高度不小于 4. 5 m。棉花的脱叶率、吐絮率是否达到规定要求。条田毛渠、田埂是否平整，达到技术要求。地块墒度是否适宜，是否有影响机车行走因素。彻底清除田间残膜；其次对田边地角机械难以采收但又必须通过的地段进行人工采摘；最后查看通往条田及条田内有无障碍物影响通行，桥梁宽不少于 4 m，通过高度不少于 4. 5 m，确定进出棉田机具行走路线。

2. 机具准备

（1）采棉机选择　棉花收获机械根据采摘部件采摘棉花的工作原理可分为水平摘锭式采棉机、软摘锭采棉机和梳齿式采棉机等类型，水平摘锭式采棉机性能先进、技术成熟，是目前推广应用的主要机型。目前，新疆推广使用的滚筒式水平摘锭采棉机的主要机型是约翰迪尔（9970 型自走式（4~5 行）摘棉机、7660 型自走式（6 行）棉箱摘棉机、7760 型自走式打包摘棉机、CP690 自走式打包摘棉机）、凯斯（Cotton Express 620 采棉机、Module Express 635 自走式采棉机）和贵航平水（4MZ-5 五行自走式采棉机）等几种水平摘锭采棉机，其中 CP690 自走式打包摘棉机较为先进，可一次完成田间采棉和机械打包，能实现连续不间断的田间采棉作业。

（2）采棉机配套设备准备　根据条田棉花产量、运输距离和采棉机工作效率等因素合理配置运棉车数量，一般每台采棉机配 4 辆运棉车，以保证籽棉及时装卸。每辆运棉车配驾驶员 1 人，卸棉助手 1 人。运棉车驾驶员应持证上岗。运棉车须经有关部门进行质量、防火设施等验收，取得运输作业证。

（3）采棉机准备技术要求　一是当采棉头处于工作状态时，采摘头前滚筒应低于后滚筒。在正常状况下，凯斯采棉机前滚筒低于后滚筒约 51 mm，迪尔采棉机前滚筒应低于后滚筒 19 mm；二是根据不同的棉株条件调整压紧板，切勿使压紧板与摘锭接触，始终保持压紧板与摘锭的间隙。迪尔采棉机为 3~6 mm，凯斯采棉机为 6. 4 mm；三是脱棉盘调整。工作时，由于棉花品种或采摘条件不同，需经常调整脱棉盘。棉箱装满待卸或条件允许时，要检查脱棉盘；四是润湿器压力、清洗刷的调整。润湿器清洗液的压力应设置为 138 kpa；清洗刷板在水平方向上，第一翼片与摘锭套防尘圈中部对齐在垂直方向上，保证所有翼片与摘锭刚好接触；五是皮带轮调整。工作中，应经常检查传动皮带的张紧度，一般保持皮带挠度 7 mm；六是定期清洗，每卸载两次棉箱必须清洗脱棉盘、采摘头、输棉道及淋润器清洗滤网。

(三) 作业时间

适时采收，棉花经化学脱叶催熟处理后，吐絮率达到95%以上，脱叶率达到90%以上，即可进行棉花收获机械化作业。一般在10月中下旬，南疆较北疆晚一周左右。

(四) 作业质量要求

采棉机行距可调，最小采收行距76 cm，配置5或6组采摘部件，配套动力186 kW或224 kW，作业幅宽3.8 m或4.56 m，作业速度4~5 km/h，作业效率26~30 亩/h，采净率达95%以上，总损失率不超过4%，含杂率在12%以下，籽棉含水率11%以下，使用可靠性≥90%。

八、残膜回收及秸秆处理机械化技术

残膜回收机械化作业分为春季播前残膜回收和秋季残膜回收及秸秆处理机械化技术。

(一) 春季播前残膜回收机械化技术

1. 机具选择

耙地后，播种前再次用弹齿式残膜回收机进行残膜回收作业，将地表残膜及耕层10 cm内的残碎膜搂起或捡拾清理。及时做好田间的“三捡三平”工作，即犁前、犁后、播前认真搞好平高包、平犁沟，拾净残膜、残茬工作。

2. 作业时间

春季播前残膜回收机械化作业时间一般在棉田播种作业前，基本在3月下旬、四月上旬。

3. 作业方式

春季播种前，在待播状态下的棉田应用弹齿式耧膜耙进行土壤表层残膜回收机械化作业，有条件的地方可试验示范春季播前耕层残膜回收机械，但该类型机具机型少，作业效率有待提高。

4. 作业质量要求

表层拾净率≥80%，深层拾净率≥70%。(表层拾净率是指地表及土壤深度0~100 mm内残地膜的拾净率；深层拾净率是指土壤深度100~150 mm内残地膜的拾净率)。

(二) 秋季残膜回收及秸秆处理机械化技术

残膜回收及秸秆处理机械化关键技术，即秋后在作物收获后机械回收地膜和秸秆粉碎还田，收膜的对象主要是当年铺放的地膜，由于地膜老化、作物秸秆的影响，残膜回收难度大。因此目前试验示范了加强型地膜和全回收机械化技术，并且与秸秆粉碎还田机配套作业。

1. 机具选择及技术难点

（1）机具选择 目前推广应用的残膜回收机具主要分为两种形式，一种是专用型，例如弹齿式残膜回收机、链耙式残地膜回收机、残膜回收与秸秆粉碎联合作业机等；另一种是辅助型，如平土框+弹齿、整地机+扎膜辊等。秋季残膜回收及秸秆处理机械化作业上较为先进的机具为残膜回收与秸秆粉碎联合作业机，该机具能一次完成茎秆粉碎还田与残膜捡拾收集一体化作业，收净率达到80%以上。与传统搂膜机相比具有收净率较高，能将作物茎秆、残膜进行有效分离的优势，可为后期残膜回收再利用创造条件。

（2）技术应用优势 主要有四点：一是改善土壤各种理化状况，增加土壤有机质，减少土壤残膜量；二是增加土壤中有效成分，进行机械化秸秆粉碎还田后，秸秆中的含有大量营养元素又回到土壤中；三是缓冲土壤酸碱度，秸秆腐化分解后形成的有机胶体物质具有两性胶体作用，对酸碱有较强的缓冲能力；四是可净化土壤，减少土壤残膜量，提高肥料利用率，秸秆腐化经微生物分解生成的腐植酸对土壤中有毒物质具有吸收、溶解、溶和等作用，秸秆在腐解过程中生成的有机物、生长素和激素等活性物对改善土壤、提高肥料利用率和促进作物生长具有重要作用。

2. 作业方式及时间

（1）作业方式 秋季在棉花收获后采用残膜回收及秸秆处理联合作业机进行机械化残膜回收、秸秆粉碎还田作业。

（2）作业时间 在棉花收获后，一般时间为10月下旬和11月上旬，南疆比北疆一般晚一周左右。

3. 作业质量要求

作业速度3~6 km/h，地表当年残膜回收率≥80%，秸秆粉碎长度合格率≥85%，棉花秸秆粉碎长度≤200 mm，收膜深度2~5 cm。

附录

3-1 南疆机采棉优质高效栽培技术规程

3-2 北疆机采棉优质高效栽培技术规程

3-3 卫星导航自动驾系统棉花精量播种作业操作说明

附录 3-1 南疆机采棉优质高效栽培技术规程

本规程规定了机采细绒棉的秋耕冬灌、播种准备、生育期管理、化学脱叶催熟、机械采收等方面的技术准备工作。

本规程适用于南疆集约化水平较高的机采棉区。

1 秋耕冬灌（10 月底至 12 月初）

1.1 残膜捡拾

秋季棉花收获后，及时粉碎棉杆，100%捡拾残膜，确保残膜回收率达到 95%以上，方可进行秋耕作业。

1.2 秋施肥

秋耕前深施农家肥 0.8～1 m^3/亩或油饼 100～150 kg/亩，复合肥 35 kg/亩（复合肥品种及含量详见附表 1）。

1.3 秋耕

100%实施秋耕，因地制宜地推广深松、深翻和激光平地技术，增加土壤通透性，提高土地平整度。

1.4 冬灌

100%实施冬灌春不水，灌量 200 m^3/亩，充分洗盐压碱，蓄足底墒水。推广冬灌后及时扒埂，为翌年早铺膜做好准备。

2 品种准备（9 月下旬至翌年 3 月底）

2.1 品种选择

按照“高产、优质、机采”的原则，选择中早熟（生育期 125～135 d）、株型紧凑、抗逆性、抗病性强、内在品质好的品种。按“一主一辅一示范”进行布局，主、辅两个品种面积占比不低于 80%，品种数量不超过 3 个。

2.2 种子处理

100%推广种子机械分选、人工粒选和种衣剂包衣技术，确保种子发芽率达到 92%以上，增强出苗期的抗逆性和抗病性，提高出苗率。

3 适期播种（3 月底至 4 月上旬）

3.1 播前整地

3.1.1 整地时间 先铺膜后播种模式选择在 3 月上旬地表 5 cm 土壤开始化冻时进行整地；选择在 3 月底至 4 月上旬，5 cm 地温连续 5 d 稳定在 12℃以上时开始整地。

3.1.2 质量标准 严格执行“墒、碎、平、齐、松、净”六字标准，防止因偏湿整地而破坏土壤团粒结构，加重土壤板结。

3.2 播前化学除草

土地平整后，选用33%二甲戊灵乳油（菜草通）150~180 g/亩或40%二甲戊灵悬浮液（草环通）130~150 g/亩对全田表层土地进行喷雾，施药后立即浅混土 2~3 cm，进入待播状态。

3.3 铺膜播种

3 月下旬至 4 月初膜内 5cm 地温连续 5 d 稳定在 12℃以上再进行点播种工作。

3.4 株行配置

推广使用行距 66 cm+10 cm 或 72 cm+4 cm，株距 11 cm 的播种模式，理论株数 15 900株/亩，收获株数 13 000~13 500株/亩，充分发挥其在提高脱叶效果和棉花品质方面的优势。

3.5 播种质量

（1）精量播种，空穴率低于 2%，播种深度 1.5~2 cm。

（2）播行端直，接幅准确，推广卫星导航播种。

（3）覆土合理，种孔处覆土严实。

（4）采光面好，覆盖膜面光洁，增温效果好。

4 苗期管理（4 月上旬至 5 月中旬）

4.1 压土防风

播种后及时在膜上按一定间距压适量土堆进行防风。

4.2 连接滴灌带

播种后及时连接滴灌支管和毛管，并根据土壤墒情和出苗情况，因地制宜地滴灌适量的出苗水。

4.3 中耕

播种后及时中耕，现蕾前一般中耕 2~3 次，耕深 18~22 cm，增温保墒。

4.4 解放棉苗

当棉田出苗 80%时，要及时解放棉苗，确保棉田保苗率达到 90%以上。

4.5 查苗补种

解放棉苗后，及时进行查苗补种工作，确保棉田保苗率在 85%以上，碱斑或断条面积占比在 5%以下。

4.6　化调

分别在子叶至2叶期、4~5叶期进行两次化调，控制始果节位，促进花芽分化。

4.7　除草

4月下旬至5月初及时采用农达等内吸性农药涂抹三棱草。

4.8　病虫害防治

4月下旬至5月上旬及时铲除地边杂草，喷施地边保护带，减少虫源基数，防止蚜虫、棉蓟马、叶螨迁移棉田为害。

5　蕾期管理（5月中旬至6月20日）

5.1　化调

分别在7~8叶期、10~11叶期进行两次化调，有效控制节间长度，控制始果高度在20~22 cm，防止棉花旺长。

5.2　灌水

坚持促进壮苗早发、头水不旱不灌的原则。弱苗和滴水春灌棉田可适当提前灌溉。头水灌溉量要到位，确保浸润深度达到40 cm，增强主根的发育，促进根系下扎。灌溉周期6~7 d，每次灌量20 m^3/亩。

5.3　施肥

轻施蕾肥。根据棉花生长发育情况，蕾期一般分两次随水滴施尿素8~10 kg。

5.4　病虫害防治

及时查找棉蚜、棉蓟马等害虫中心株，并采用艾美乐1~2 g/亩或20%康福多乳油2 000倍液人工喷雾进行点片防治。

6　花铃期管理（6月20日至7月底）

6.1　灌水

花铃期是棉花水肥需求高峰期，需加大水肥投入，灌溉周期适当缩短至5~6 d，灌溉量增加至25 m^3/亩。

6.2　施肥

重施花铃肥。棉田见花后（6月20日前后）开始追施棉花专用滴灌肥1号肥，确保每天1~1.5 kg/亩；盛花期后（7月10以后）追施棉花专用滴灌肥2号肥，确保每天1.5~2 kg/亩；花铃后期（8月1—15日）追施尿素10 kg，防止棉花早衰。

6.3　打顶

坚持“枝到不等时，时到不等枝”的原则。打顶最佳时间范围是6月25至7月5日，确保果枝台数符合相关指标。

6.4　化调

在初花期、打顶后3 d和打顶后两周分别进行一次化调，控制棉花株型为筒型或塔型，最终株高75~80 cm，顶部果台长15~20 cm，7月25日前后黄花到顶，防止倒三角株型和后期贪青晚熟。

6.5　病虫害防治

加强对蚜虫、棉叶螨、棉蓟马的防治，对为害地块分别用20%啶虫脒和专用杀螨剂进行点片防治，或提前滴施20%康福多乳油40 g/亩，控制其蔓延扩散，注意保护天敌。

7　后期管理（8月初至9月中旬）

7.1　停水停肥

为防治棉花贪青晚熟，根据棉铃发育情况应当在8月15—20日停止施肥，8月25日前停止灌水。

7.2　脱叶催熟

7.2.1　药剂选择　脱吐隆（36%塞本隆+18%敌草隆）、瑞脱龙（80%塞本隆）、棉海（36%塞本隆+18%敌草隆）等三种药剂可供选择。

7.2.2　喷药时间　最佳时期是9月5—15日。坚持“絮到不等时，时到不等絮”的原则，喷药时对吐絮的最低要求是40%以上，对温度的最低要求是施药后7 d内日平均温度在18℃以上，夜间最低温度不低于12℃。

7.2.3　喷施质量　药液要均匀喷到棉株上、中、下部，叶片受药率不小于95%。

8　机采收获（9月下旬至11月初）

8.1　采前准备

棉田地头地边进行人工捡拾，确保采棉机地头转弯和卸棉。

8.2　适时机采

当棉田脱叶率达到90%以上，吐絮率达到95%以上，及时进行采收；采收后15~20 d，根据剩余吐絮情况再进行一次复采。

8.3　采收质量要求

采棉机正常采收作业速度控制在3~5 km/h，不得高于5 km/h。采净率达到95%以上，总损失率不超过4%，其中：挂枝损失0.8%，遗留棉1.5%，撞落棉 1.7%，含杂率在 10%以下。

8.4　有序交售和堆放

采收后，根据籽棉的水杂含量确定储运和交售方式。对水分和杂质含量均低于 10%的籽棉可以直接进入棉花加工厂进行堆放；对水分或杂质超过 10%的籽棉要堆放在符合相关条件的临时场地，进行摊晒和人工清杂。

附录 3-2　北疆机采棉优质高效栽培技术规程

本规程规定了机采细绒棉的播前准备、精量播种、生育期管理、化学脱叶催熟技术和机械采收前的准备。

本规程适用于北疆集约化水平较高的机采棉区。

1　主要技术指标

1.1　株行配置

采用宽膜（2.05 m 膜宽）机采棉配置：二膜十二行“66+10”膜上精量点播，采用 13 或 14 穴点种器，理论株数 1.5 万~1.6 万株/亩，收获株数达到 1.3 万~1.4 万株/亩，一膜两管或三管。

1.2　产量结构

每亩收获株数 1.4 万株

单株果枝台数 6~7 台

每亩果枝台数 9 万台左右

每亩铃数 8 万~9 万个

单铃重 5 g

每亩产 400~450 kg

1.3　长势长相

苗期：主茎日生长量 0.3~0.5 cm，红茎比为 50%，株高 18 cm 左右。

蕾期：初蕾期主茎日生长量 0.6~0.8 cm，盛蕾期主茎日生长量 1~1.2 cm，红茎比为 60%，株高 40 cm 左右。

花铃期：主茎日生长量 1.2~1.5 cm，株高 60~65 cm。

1.4　打顶后植株控制高度

打顶后棉花高度控制在 65~75 cm，果枝始节高度 20~22 cm。

1.5　品种选择及种子质量

1.5.1　品种选择　在品种选择上既要考虑早熟性、抗逆抗病抗虫性，又特别要注重纤维长度和衣分等内在品质（纤维长度 29 mm 以上、断裂比强度 29 cN/tex以上），充分满足机采棉技术要求。确定一个主栽品种，一个搭配品种，杜绝品种多、乱、杂现象，确保主栽品种的覆盖率在 90%以上。

1.5.2 种子质量及处理

1.5.2.1 种子质量要求 棉种纯度达到97%以上，经过硫酸脱绒精选后的棉种净度不低于99%，加工精选后的棉种发芽率93%以上，健籽率95%以上，含水率12%以下，破碎率3%以下。

1.5.2.2 种子处理 播前每100 kg种子使用种衣剂福多甲，按种子量50：1拌种包衣，处理后晾晒3~5 d使用。

2 主要栽培技术

2.1 播前准备

2.1.1 土地准备 秋收后清理残膜，及时秋耕冬灌或茬灌秋耕，茬灌亩灌水量60 m^3左右，冬灌亩灌量80~100 m^3，做到灌水均匀，不重不漏。

2.1.2 全层施肥 翻地前亩深施尿素10 kg、三料磷12 kg，为保证施肥质量必须做到不重不漏，耕翻深度28~30 cm，犁后土地平整。

2.1.3 整地 早春解冻后清洁田间秸杆、杂草，搂膜耙搂膜，整修地头地边，化除后及时耙地，耙深3~3.5 cm。耙地机械必须带扎膜辊搂捡田中残膜，达到耙后土地平整、细碎、无杂草、无残膜的整地标准。

2.1.4 化学除草 每亩用48%氟乐灵100~120 g或33%二甲戊灵150~180 g进行土壤处理，程序是插线——打药——对角耙——直耙后收地边一圈——待播。

2.1.5 机械准备 对精量播种机械进行检修、保养和调试，达到可使用状态。

2.2 播种

2.2.1 适时播种 当膜下5cm地温稳定通过12℃时即可播种，正常年份在4月初进行试播，4月10日大量播种，4月20日前结束播种。

2.2.2 播量及播深 采用精量（1穴1粒）播种技术。播深1.5 cm，种行膜面覆土厚度1~1.5 cm。

2.2.3 播种质量要求 播行端直，膜面平展，压膜严实，覆土适宜，错位率不超过3%，空穴率不超过2%。

2.3 田间管理

2.3.1 补种 播种时出现的断垄地段插上标记，播后及时补种，并在播后补齐地头地边。

2.3.2 滴水出苗 播后及时布管滴水，4月25日前结束滴水出苗工作。

2.3.3 破除板结 下雨后及时破除板结，以利于棉苗出土。

2.3.4 适时中耕 中耕做到“宽、深、松、碎、平、严”，要求中耕不拉沟、不拉膜、不埋苗，土壤平整、松碎，镇压严实。中耕深度 12~14cm，耕宽不低于 22cm。

2.3.5 清余苗 及早清理余苗，培育壮苗。

2.3.6 化调 化调必须综合考虑品种、地力、水肥、棉花长势长相、密度、气候条件等因素，因地制宜确定化调时间及用量，原则上应采用如下办法：

第一、第二次化调：第一次化调，在棉苗出齐现行后用甲哌鎓（缩节胺）0.5~1 g 进行化调，确保果枝始节高度控制在 20~25cm；第二次化调在两片真叶时用甲哌鎓（缩节胺）2~3 g 进行化调，控制棉株节间长度和促进花芽分化。

第三次化调：在打顶后 8~10 d 进行（待顶部果枝伸长 6~7cm 时进行化调），亩用甲哌鎓（缩节胺）6~8 g。对于长势偏旺的棉田打顶后要进行两次化控，第二次在第一次化控后 10 d 进行，亩用甲哌鎓（缩节胺）6~8 g。防止上部果枝过度伸长造成中部郁蔽，控制无效花蕾和赘芽生长，忌用一次性大剂量甲哌鎓（缩节胺）化控。

2.3.7 水肥运筹

2.3.7.1 施肥指标 坚持以地定产、以产定肥的施肥原则，按 400~450 kg/亩籽棉目标产量确定每亩地施标肥总量 180~190 kg。$N:P_2O_5:K_2O=1:0.30:0.25$。

全层施肥：尿素 10 kg，三料 12 kg（含纯氮 4.6 kg，纯磷 5.52 kg）。

生育期追肥：尿素 42~43 kg；滴灌肥（N、P_2O_5、K_2O、螯合态 B、螯合态 Zn、螯合态 Mn 含量分别为 6%、12%、42%、0.08%、0.08%、0.04%）15 kg（生育期追施纯氮 20.22~20.68 kg，纯磷 1.8 kg，纯钾 6.3 kg）。

2.3.7.2 棉花全生育期滴水次数及灌水量。生长期滴水 8~10 次，亩总滴水量为 230~280 m^3。

2.3.7.3 具体滴水量及滴肥量如下。

4 月：出苗水 30~35 m^3/亩。

6 月：滴水 2~3 次，正常年份第一次滴水在 6 月上旬开始，滴水量 30 m^3/亩；第二次、三次滴水量 20~25 m^3/亩。从 6 月 10 日开始计算，按照每日施用滴灌肥 0.15 kg、尿素 0.35 kg 的标准，6 月共亩滴施滴灌肥 3 kg、尿素 7 kg。

7 月：滴水 3~4 次，每次滴水量 25~30 m^3/亩。从 7 月 1 日开始计算，按照每日施用滴灌肥 0.4 kg、尿素 1kg 的标准，7 月共亩滴施滴灌肥 12 kg、尿素

30 kg。

8月：滴水2~3次，每次滴水量20 m^3/亩，共滴施尿素5~6 kg/亩（此期滴水量和供肥量应呈每次递减趋势，前多后少。8月20日停肥，8月25日停水）。

2.3.8 打顶 坚持“枝到不等时，时到不等枝”的原则，适期早打顶。棉花打顶7月1日前结束。打顶后单株平均保留果枝台数6~7台，棉株自然高度控制在65~75cm。

2.3.9 病虫害防治 指导思想：进一步加强秋耕冬灌基础工作，切实做好病虫调查监测，抓早治，合理利用天敌，综合防治，严格指标，选择用药，不随意普治。

2.3.9.1 棉铃虫防治。防治原则：严防一代“降基数”，主防二代“降虫口”，不放松三代“保产量”，坚持做到“药打卵高峰，治在二龄前”。主要措施有：①频振灯诱蛾；②早春铲埂除蛹；③杨枝把；④种植诱集带诱杀；⑤控制棉花徒长，喷施磷酸二氢钾，降低棉铃虫落卵量；⑥将打顶后的顶尖带出田外处理；⑦达到防治指标时应用选择性药物防治。

2.3.9.2 棉叶螨防治：一是早春渠道、林带、地头地边早防治；二是棉田早调查，做到治早、治少，防治在点片，采取“查、抹、摘、拔、除、打”综合措施；三是达到防治指标，选择用药。

2.3.9.3 棉蚜防治：一是开展冬季室内花卉灭蚜；二是早调查，做好中心株、中心片防治工作；三是防治棉花徒长；四是利用、保护好天敌，选择用药。

2.3.9.4 病虫防治考核目标：棉蓟马：为害多头率在3%以下。棉铃虫：直径2cm以上蕾铃虫蛀率在2%以下。棉蚜：棉花卷叶株率不超过10%。棉叶螨：红叶不连片，严重红叶株率10%以下。病虫害损失不超过3%。

2.4 收获

2.4.1 棉花后期管理 一是要做好贪青棉田促早熟工作，除净田间杂草；二是做好采收前各项准备工作；三是严格采摘质量，籽棉含水率不超过10%；四是适期采摘，快采快交。

2.4.2 化学脱叶、催熟

2.4.2.1 脱叶剂选择 54%脱吐隆或80%噻苯隆可湿性粉剂（瑞脱龙）。

2.4.2.2 脱叶时间 坚持“絮到不等时，时到不等絮”的原则，棉花田间吐絮率达40%时开始喷施脱叶剂，9月12日前结束，喷后要求连续3~5 d晴好天气。

2.4.3 机械采收

2.4.3.1 采收时间 脱叶后田间脱叶率93%以上、吐絮率95%以上时便可机械采收。

2.4.3.2 采收质量要求 采棉机正常采收作业速度控制在3~5 km/h，不得高于5 km/h。采净率达到95%以上，总损失率不超过4%，其中：挂枝损失0.8%，遗留棉1.5%，撞落棉1.7%，含杂率在10%以下。

附录 3-3　卫星导航自动驾驶系统棉花精量播种作业操作说明

一、系统主界面介绍

开机之后，进入警告界面，选择，到最后，点击“是”进入主界面。

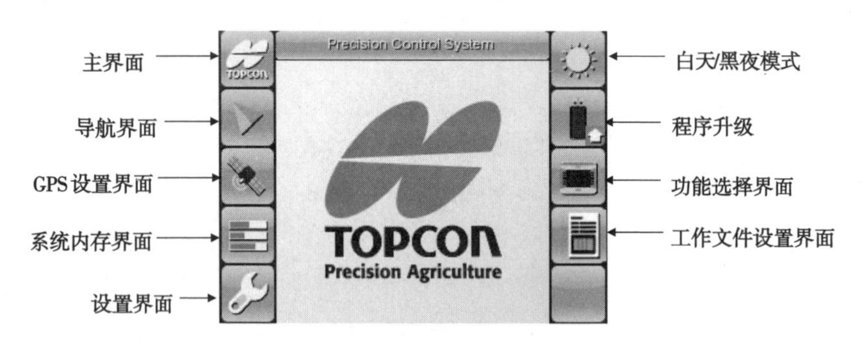

附表　各图示名称及功能

图示	名称	功能
	主界面	通过这个按键返回主界面
	导航界面	进入该界面，从而设置导航线路和进行导航工作
	GPS 设置界面	进入该界面，并进行 GPS 及 RTK 端口的设置
	系统内存界面	进入该界面，检查系统内存情况

（续表）

图示	名称	功能
	设置界面	进入该界面，进行车型及农具的选择和相关参数的量取和调整，并设定系统其他的一些参数
	白天/黑夜模式	调整屏幕的亮度
	程序升级	程序的升级
	功能选择界面	进入该界面，选择所要使用的功能，并在该功能下，进行相关参数的调整和校正
	工作文件设置界面	进入该界面，进行工作文件属性的设置

二、车辆设置界面介绍及操作步骤

（一）车辆设置界面介绍

选择 ，进入到设置界面

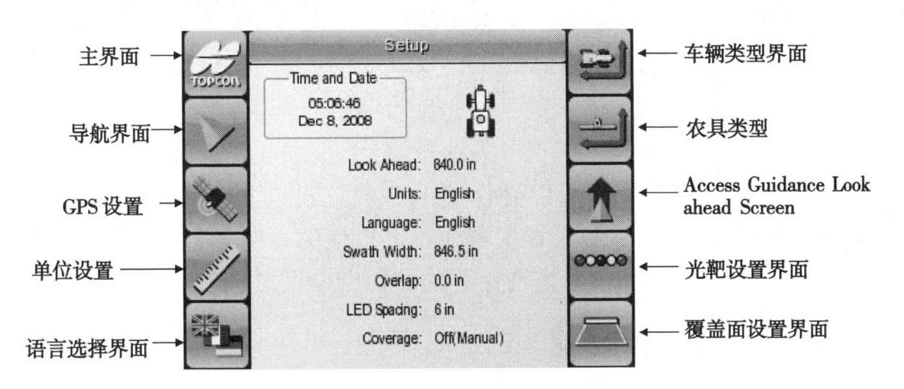

然后选择，进入车辆设置界面（下图）

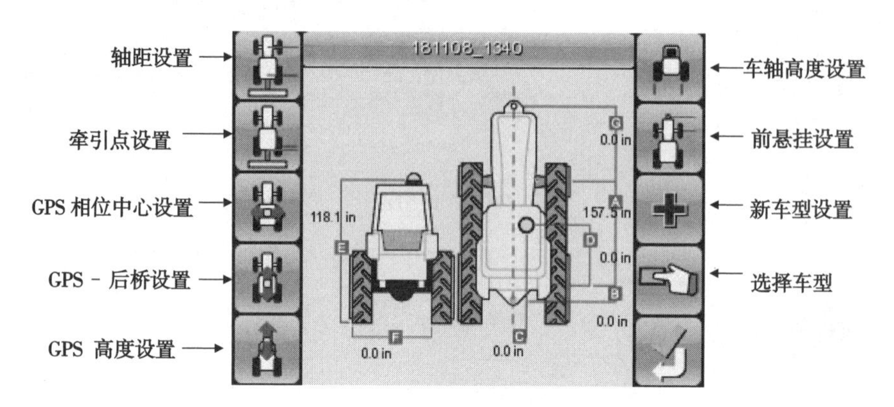

（二）操作步骤

1. 选择，选择一种车型（根据自己的车型来选择），如下图：

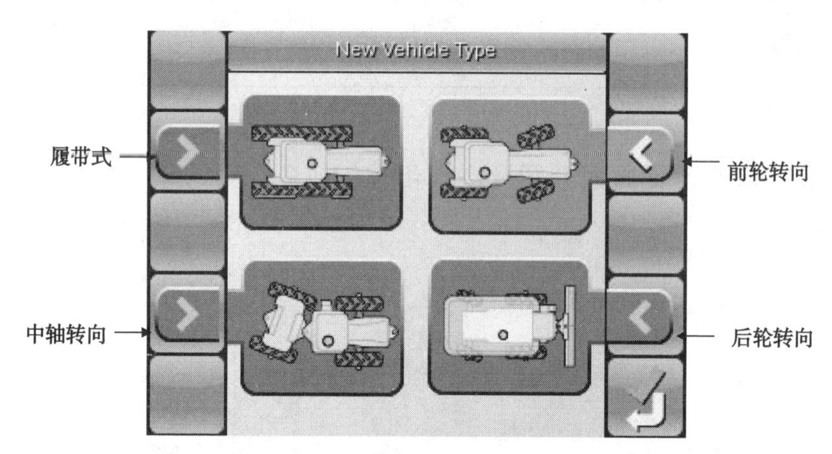

然后，点击，出现下图界面，您可以自己设定该车辆的名字，也可以使用系统默认的名字（系统是根据当前设定车辆的日期命名的，例如前轮转向_ 230413_ 1128，表明该车辆设置是在 2013 年 4 月 23 日 11 时 28 分建立的前轮转向车型），然后点击。

2. 选择，量取前轮中心和后轮中心之间的距离，并输进去（下图）

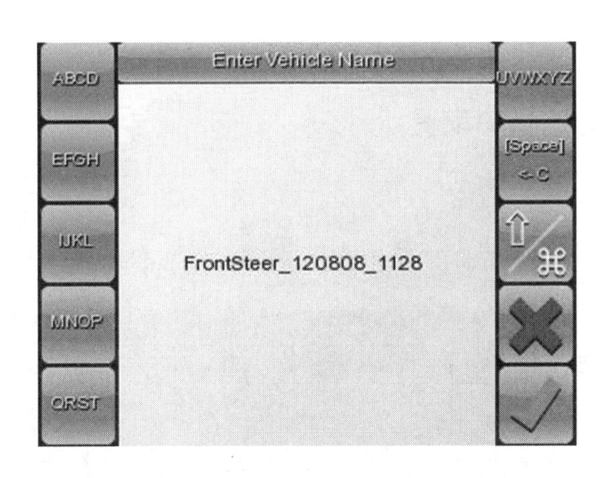

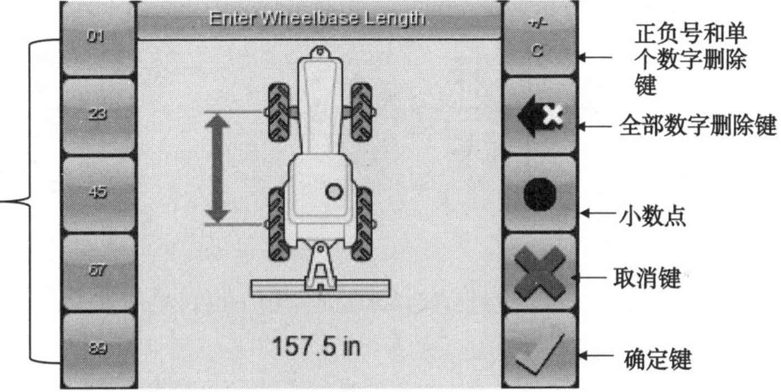

3. 选择，量取后轮中心距离后置牵引点之间的距离，并输入。

4. 选择，量取 GPS 偏离车体纵轴线之间的水平距离（左负右正），并输入。

5. 选择，量取 GPS 距离后轮中心的水平距离（前正后负），并输入。

6. 选择，量取 GPS 天线到地面的垂直高度，并输入。

7. 选择，量取后轮中心距离地面的高度，并输入。

8. 选择，量取前置牵引点和前轮中心的距离，并输入。（如果没有前置牵引点则不输）

9. 选择，确认设置。

三、农具的选择和配置

（一）农具界面的介绍

选择进入设置界面，然后选择，进入农具界面

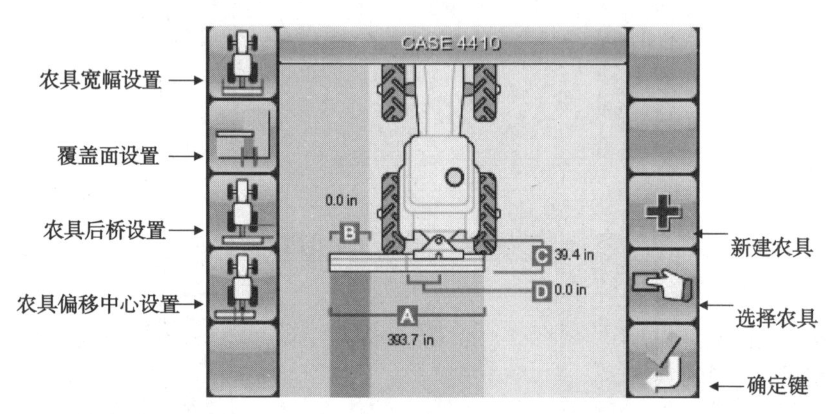

（二）操作步骤

1. 选择，根据自己农具来选择相应的农具类型（下图）

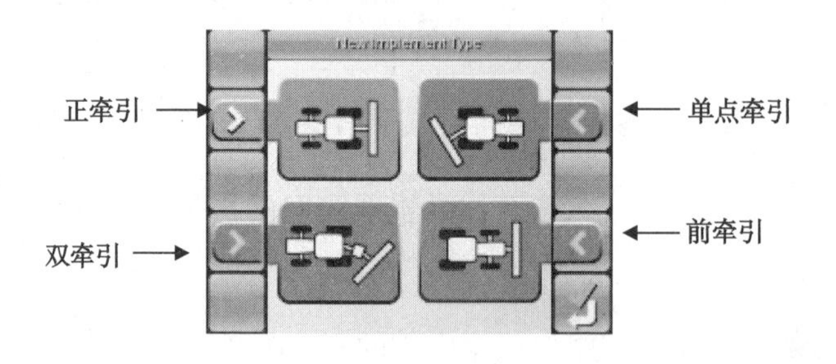

选择之后，点击，出现一个新的界面，这界面是来命名农具的名称，也可以使用系统默认的名称，其含义和设置车辆名称的一样。然后点击。

2. 选择，量取农具的播幅（农具宽度+交接行的宽度），并输入。

注意：1）在没有特殊的播种情况下，不要选择，如有需要请与厂商联系。

2）农具中心偏离设置，不要通过设置，用物理的方法是农具的中心和车体的中心保持一致，如有需要请与厂商联系。

四、导航界面介绍

选择进入导航界面（下图）

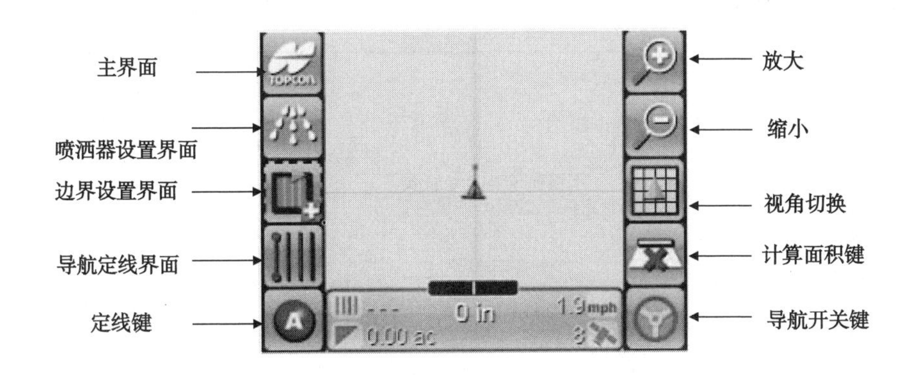

图示			名称	功能
			主界面	返回主界面
			喷雾器设置界面	进入到喷雾器设置界面（如果该功能已经启用）
			建立边界	记录/暂停/完成/创建一个边界
			导航线型选择界面	进入该界面，选择车辆所要自动行驶的线型
			定线	根据选择的线型，通过此按键来定线，并且定线之后也可以通过此按键进行线偏移

（续表）

图示			名称	功能
			放大	屏幕图示的放大
			缩小	屏幕图示的缩小
			视角切换	图示视角的切换
			面积计算开关	开启面积计算功能，并在图中显示，车辆运动的轨迹

（一）车辆行驶信息界面

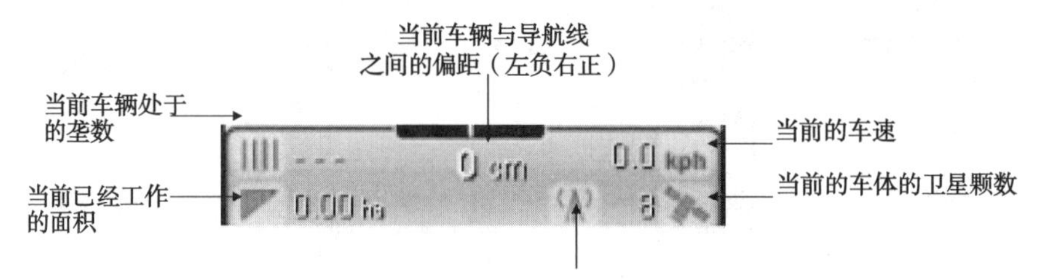

（二）AB 线的选择及定线的步骤

选择 进入导航界面，然后选择 ，进入导航线型选择界面（下图）

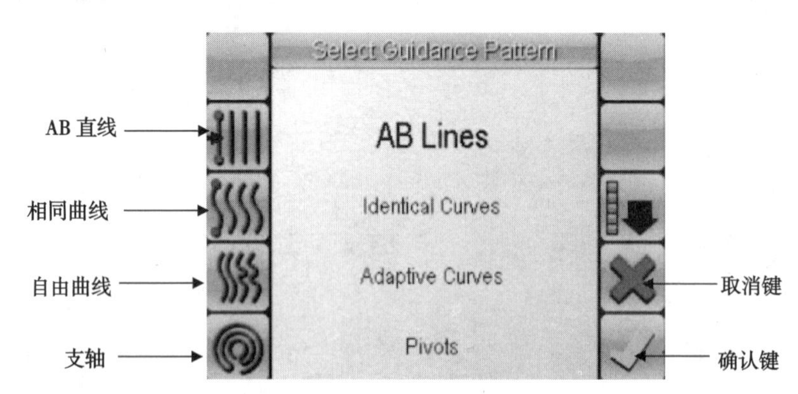

1. 选择，然后选择，进入下面的界面。

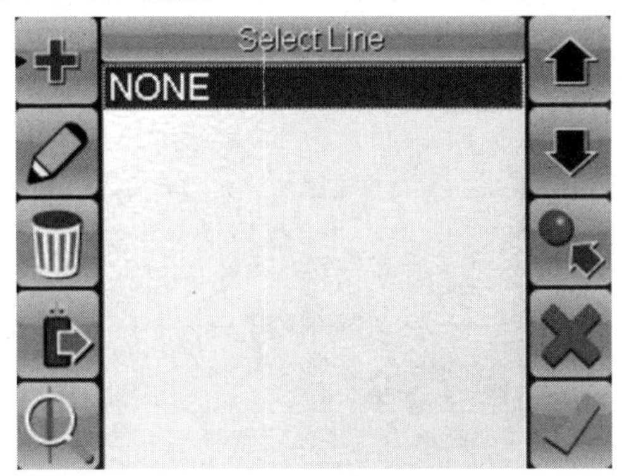

2. 选择，创建新的导航 AB 线，进入下面的界面。

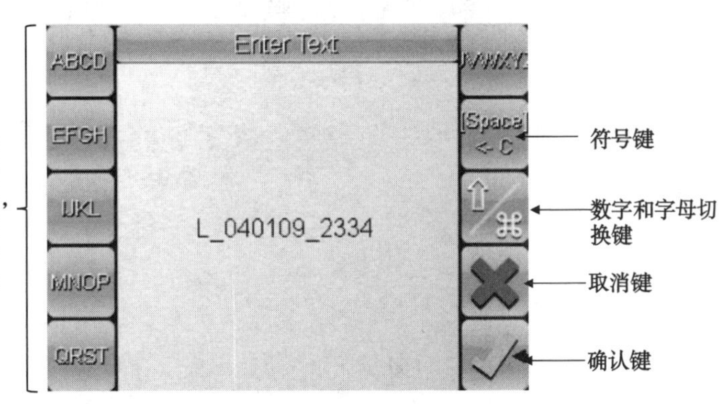

3. 您可以给这条 AB 线命名一个新的名字，也可以使用系统默认的名字，系统默认的名字是当时新建 AB 线的时间（和车辆设置名字及农具名字含义一样），确认这条线名字之后，点，出现下面的界面。

4. 摆正车辆走到要开始作业的田地一端，按定 A 点，到田地的另一端作业的位置，摆正车辆停车，按定 B 点。这时 AB 定线就结束，就可以开始导航了。

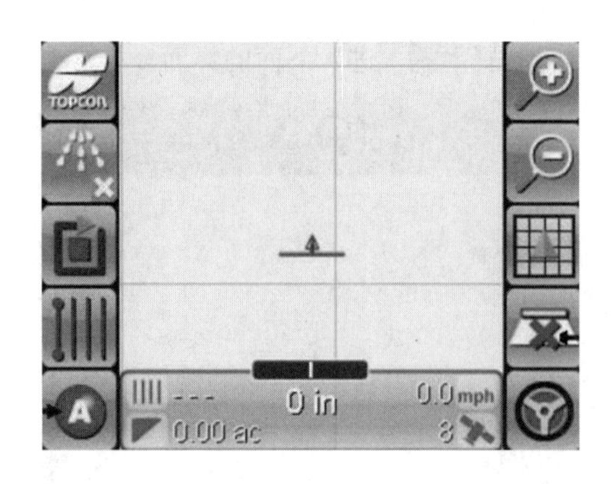

（三）开启导航

选择 进入导航界面，选择 ，进入到下面的界面

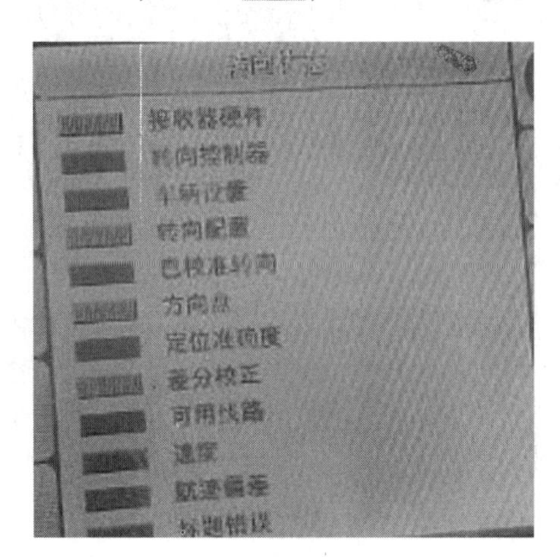

除了“速度”是红的之外，其他的全变成绿，这样，我们的设备连接才正常，才能正常的开启导航。如果是连接正常，那么点击 ，回到导航界面，然后车体缓慢的启动，等到 变成 之后，点击 ，这时 变成 ，这时导航就启动了。如果，你要停止自动，让车辆停止就可以了。

第四章
黄河流域棉区绿色轻简化植棉技术

黄河流域棉区是中国三大主要产棉区之一。该区种植制度和种植模式复杂多样，既有一年一熟的纯作棉花，也有一年两熟甚至多熟的套种、连种棉花，还有多种形式的间作棉花。长期以来，该区采取分散经营的方式和精耕细作的栽培管理技术生产棉花，种植管理复杂烦琐，用工多、投入大、效益低的问题日益突出。近年来，该区对棉花轻简化栽培技术的研究和应用十分重视，在种植制度与种植模式改革优化，轻简化、机械化生产技术创新与实践等方面取得很大进展。本章重点论述该区不同熟制棉花的轻简化栽培技术。

第一节　纯作春棉轻简化栽培技术

我国经济社会发展进入一个崭新的阶段，农村、农业、农民出现了一系列新情况和新需求。实现党和国家建设现代化农村的新目标，满足农民增收的新需求，解决农业面临的新问题，对规模化、机械化和轻简化等植棉技术提出了越来越迫切的要求。面对新形势、新要求，依据棉花具有无限生长习性、超强自身调节和补偿能力的生物学特性，通过简化管理工序、减少作业次数，农机农艺融合、良种良法配套，实现棉花生产的轻便简捷、节本增效。

一、传统纯作春棉栽培技术及其弊端

长期以来，包括山东在内的黄河流域一熟棉区一直采取早播早发、适中密度、中等群体为标志的棉花高产栽培技术路线：于4月中下旬播种，种植密度4.5万~6万株/hm^2，大小行种植（大行90~100 cm、小行50~60 cm），株高120~150 cm，精细整枝，人工多次收花。这一传统栽培技术为该区棉农普遍接受。试验研究和生产实践证明，现行栽培技术通过地膜覆盖提高地温实现早播种，显著延长了棉花的生长发育期，满足了棉花作物无限生长特性的要求，使个体生长发育和产量品质的潜力得到较好发挥；同时，中等密度形成中等群体，便于棉田管理，棉花产量也比较稳定，特别是采用大小行种植，地膜覆盖小行，大行裸露，不仅节省地膜，还十分便于在大行中进行农事操作。

但是，这一栽培路线也存在一系列限制棉花产量、品质和效益进一步提高的问题：一是早播棉花易受低地温的影响，较难实现一播全苗，这在鲁北植棉区的滨海盐碱地更为困难，缺苗断垄现象时有发生；二是受棉花单株载铃量的限制，在中等群体条件下，单位面积的总铃数较少（一般75万个/hm^2以下），很难进一步提高；三是中等群体下早播早发棉花的结铃期很长，伏前桃易烂、伏桃易脱、秋桃较轻，导致全株平均铃重较低；四是早发棉花极易早衰，一旦早衰则导致大幅度减产；五是这一栽培路线棉花结铃分散，不仅需要精耕细作，管理繁琐，而且需要多次采摘，费工费时。可见，按照这一技术路线，实现棉花产量和效益新突破和轻简化栽培的难度很大。

二、纯作春棉轻简化栽培的技术

实现纯作春棉“种、管、收”全程轻简化，核心是建立“增密壮株型”群体结构，走“晚密优”的路子，实现优化成铃、集中吐絮。其技术路线是采用早发型中早熟抗虫棉品种，如鲁棉研37、K836等品种；播种期由4月中旬推迟到4月底至5月初，通过适当晚播减少伏前桃数量，相应地减少烂铃；提过提高密度、科学化控免整枝，种植密度由每公顷4.5万株左右提高到9万株左右；加大化控力度，株高控制在100cm以下，促进棉花集中成铃，最终使棉花结铃期与黄河流域棉区最佳结铃期吻合同步，使棉花多结伏桃和早秋桃，夺取高产。

（一）简化中耕除草

中耕除草是棉田管理的重要技术措施，过去通常由人工完成，环节多而复杂，费工费时。现代植棉技术条件下进一步精简中耕和除草次数，并提倡用化学除草剂和机械代替人工中耕除草。

1. 化学除草

当前化学除草剂的种类很多，由于应用时间不同和农药性能不一，应用方法也不一样。适宜播种前土壤处理的除草剂有氟乐灵等；播后苗前土壤处理可以选择氟乐灵、拉索、乙草胺、丁草胺、敌草隆、地乐胺等除草剂；进行茎叶除草时，可以选择稳杀得、精稳杀得、盖草能、禾草克、克芜踪、草甘膦等除草剂；棉花成株期定向喷雾的如龙卷风、草甘膦、二甲戊灵等。

（1）播前土壤处理　播种前用化学除草剂处理土壤是棉田最常见的除草剂施用方法。黄河流域棉区在棉花播前采取先灌溉再耕地、耙地，然后播种，除草剂应在耕地以后耙地以前喷施，可用48%氟乐灵乳油每公顷1 500~2 250 ml对水750 kg后均匀喷雾，施药后马上耙地混土。采用先耕地再灌溉、耘地、耙地，然后播种的棉田，在耘地以前喷施除草剂，可以使用48%氟乐灵乳油2 250 ml/hm^2 对水750 kg后均匀喷雾，施药后马上耘地、耙地混土。喷除草剂时一定要注意：一是喷药时要先平好地再喷药，地头少喷，以防耙地时把药土带到地头上，造成药害。二是由于氟乐灵等除草剂具有挥发性，水溶性低，易光解，要随喷药随耙耢，不要间隔时间太长。三是不同土壤掌握不同施药量，沙质地可适当少一些，黏质土含有机质多的地块，可适当多一些。四是若灌地后不耘地而用旋耕犁旋地，除草剂应加量。氟乐灵等除草剂混土对禾本科杂草及小粒阔叶杂草有较好的防效，有效期为50~60 d。

（2）播后苗前土壤处理　在混土的基础上，再采用播后苗前喷施，具有更好的防治杂草的效果，这种方式多用于地膜下除草。

一种方法是人工喷药后再人工或机械盖膜，播种覆土后出苗前，每公顷用90%乙草胺450~600 ml加水750 kg或用50%乙草胺乳油1 500 ml加水750 kg，也可用60%丁草胺乳油1 500~1 600 ml加水750 kg均匀喷雾。随喷随盖膜，薄膜边要压实，以防风吹破膜，挥发了膜内的除草剂气体，盖严膜气体挥发不走，杂草萌发后遇着气体也会死亡。

另一种方法是机器喷药后机械盖膜，也用以上两种除草剂。一定注意掌握好药液流量，机器行走要均匀，不要忽快忽慢，以防喷药量不匀，停机时和地头要关上喷药开关，以防药害。

（3）苗期茎叶处理　没用除草剂处理的土壤或者除草剂使用不当，往往播种后棉田内出现杂草，特别是在放苗孔处，杂草和棉花一起生长，用锄很难除掉，一不小心就会伤棉株，可用25%盖草900~150 ml/hm^{2}或用拿扑净4 500~6 000 ml/hm^2，在棉花四叶期后杂草3~5叶期茎叶喷雾，一般5 d后杂草就会死掉。

（4）成株期定向喷雾处理杂草　采用灭生性的除草剂，如龙卷风4 500~6 000 ml/hm^{2}或10%草甘膦900~1 500 ml/hm^2，行间定向喷雾或加保护装置，压低喷头，不要让药液喷在棉叶上或嫩茎上。这样能解决全生育期的杂草。

总之，施用化学除草剂并结合中耕可以有效防除棉田杂草，是棉花轻简化栽培的重要措施。但务必注意：一是除草剂要严格按施用说明要求的剂量施用，不能随意加大用量，以防引起药害，尤其是沙地和瘦地，要采用下限剂量。若是有效成分用量的，要按有效成分含量进行换算，以防用量过小，达不到除草的目的。用药量指的是实际除草面积，如果只喷膜下，不喷膜间，应减去膜间面积来计算用量，以防超量。二是忌重喷或漏喷，如喷后有剩液，不要补喷在地头地边草多处，以防局部受害；如采用机械喷药又不够一幅宽时，余下的用人工补喷，以防重喷或漏喷。如果在播棉前已经足量用药，播种时不能再在膜下加喷除草剂，以防药害。务必使各喷头药量一致，忌各喷头药量不匀，或一个喷头两侧不匀，致使局部或隔行受害。喷药进行中停机，必须关闭喷药阀门。三是需要混土的除草剂，其喷施时间离播种期近较好，需要混土的除草剂一般有易挥发、易光解的特性，喷药耙地混土后，仍有少部分药留在表面，会因日晒而减效，所以喷除草剂的时间，离播种期近除草效果好。

2. 精简中耕

20 世纪 80 年代及以前，棉花全生育期需要中耕 7～10 次，分别是苗期中耕 4～5 次，蕾期中耕 2～3 次，开花以后根据情况中耕 1～2 次。之所以中耕这么多次，主要有以下几个原因：一是受当时机械化程度低的影响，棉田整地质量较差，需要多次中耕予以弥补；二是没有广泛应用除草剂，需要结合中耕进行人工除草；三是当时多数棉田不进行地膜覆盖，便于中耕，加之人多地少的国情，更促进了这一技术的普及。20 世纪 90 年代以后，随着机械化水平的提高，整地质量也随之提高，特别是化学除草剂和地膜覆盖技术的广泛应用，使棉田中耕次数大大降低，黄河流域棉区已由过去 7～10 次减少至 3～5 次，并有进一步减少的趋势。根据试验研究和生产实践，棉田中耕仍是必要的，但可以由现在的 4～5 次减少为 2 次左右。也就是说可以根据劳力和机械情况，将棉田中耕次数减少到 2 次左右，分别在苗期（2～4 叶期）和盛蕾期进行，也可根据当年降雨、杂草生长情况对中耕时间和中耕次数进行调整。但是，6 月中下旬盛蕾期前后的中耕最为重要，一般不要减免，可视土壤墒情和降雨情况将中耕、除草、施肥、破膜和培土合并进行，一次完成。

（1）苗期中耕　棉花自出苗至现蕾前为苗期，一般为 30～35 d，这一阶段棉田管理的重点之一就是中耕。苗期中耕的作用，一是提高地温。4 月气温和地温都是逐步上升的，但由于早晚气温低，昼夜温差大，日平均气温稍低于 5cm 平均地温。到了 5 月，由于气温上升快，又高于地温，而且越往地下，升温越慢，因此 5 月地温偏低是棉苗迟发的主要原因。地膜覆盖解决了被覆盖部分土壤的升温问题，但未覆盖的行间仍然要靠中耕提高地温。二是保墒。播种前多数棉田造墒，贮墒充足。随着 5 月气温升高，土壤中的水分会沿毛细管蒸发到大气中。中耕可将土壤毛细管切断，阻止或减少水分蒸发。上层水分少了，下层水分却保存住了。如做得好，可缓解蕾期干旱威胁，甚至可节省一次蕾期浇水。三是破除板结。当苗期遇雨土壤板结后，可使苗期土壤环境逆转变劣，影响棉苗生长，要靠中耕破除板结。四是促根下扎和扩展。中耕造成土壤上层干燥环境，胁迫棉根下扎来吸收下层水分，将表根划断促其多次分枝并下扎。所以，中耕是促使棉株强大根系形成的重要手段。五是防治棉苗立枯病。立枯病是威胁棉苗的主要病害，土壤不通透、低温、高湿是发病的主要诱因。在 5 月多雨的情况下，常造成棉苗立枯病暴发，严重时大片死苗，甚至毁种。在棉种药剂包衣的基础上再进行中耕很有效果。六是促进土壤养分释放。土壤中并不缺棉株需要的大量元素和微量元素，而是缺乏能被棉根吸收利用的速效营养元素。由于中耕增加了土壤温度和透气性，能促进土壤养分释放，把本来棉株不能利用的营养转化为可利用状态，尤其是能改善钾素的供应状态。此外，中耕还可除草、预防枯萎病、利于深追肥等。

鉴于中耕有以上益处，在当前棉田管理状况下，这项苗期作业不能被完全"简化"掉。应根据劳力、降雨和杂草发生情况，在苗期行间中耕 1 次：若 2~4 叶期中耕，中耕深度 5~8cm；若 5~7 叶期中耕，中耕深度可达 10cm 左右。为确保中耕质量，提高作业效率，最好用机械中耕，以便把握最佳作业时机，尤其是黏性地，土壤过干过湿都影响中耕质量和效果。

（2）蕾期中耕　蕾期中耕的作用很多，一是促根下扎，保证棉花稳长；二是去除杂草；三是结合中耕，去除塑料薄膜并培土防倒伏，但最重要的还是促根下扎。因此，蕾期中耕一定要深。为减少用工，提倡采用机械，于盛蕾期把深中耕、锄草和培土结合一并进行。中耕深度 10cm 左右，把地膜清除，将土培到棉秆基部，利于以后排水、浇水。行距小和大小行种植的棉田可隔行进行。

为使根系有一个良好的活动环境，保持根系活力，可根据情况，在花铃期雨后或浇水后及时中耕 1 次。但此时中耕与蕾期相反，宜浅不宜深，否则会伤根，导致后期早衰。通常情况下这次中耕可以减免。

（二）精量播种减免间苗定苗

近年来，随着棉花生产机械化程度的提高，黄河流域棉区棉花播种已实现了开沟、施肥、除草、播种、覆土、覆膜机械一体化操作，仅播种用工就从传统的每公顷 60~75 个减少到 15~30 个，且播种效率大幅度提高。但是棉花出苗后，放苗、间苗、定苗及之后的整枝、收获等工序仍较烦琐，用工较多。在劳动力逐渐向城市转移的今天，减轻劳动强度、简化栽培方式、降低生产成本是迫切要求。经过近几年的试验和实践，黄河流域棉区也基本上形成了精量播种减免间定苗的技术，播种工序和用工大大减少。

1. 精量播种的技术要求

精量播种是选用精良种子，根据计划密度确定用种量，通过创造良好种床，并配置合理株行距，使播下的种子绝大多数能够成苗并形成产量的大田棉花播种技术。采用精量播种技术，不疏苗、不间苗、不定苗，保留所有成苗并形成产量。棉花精量、半精量播种可使苗匀、苗齐、苗壮，免除间苗和定苗作业，节约种子，促进种子良种化。精量播种技术已成为发展棉花生产及保持经济高质量增长的迫切需要，也是进一步提高农业劳动生产率，实现农业现代化必须解决的关键问题。

2. 精量播种的技术流程

在整地、施肥、造墒的基础上，在适宜播种期，采用精量播种机，按预定行距和株距每穴播种 1~2 粒，每公顷用种 15~22.5kg，然后喷洒除草剂，覆盖地膜。播种后及时检查。全苗后及时放苗，放苗时适当控制一穴多株。以后不再间苗、定苗，保留所有成苗形成产量。

以“单粒穴播、肥药随施，免除间定苗”为特点的精准播种栽培技术。基本方法是，采用精播机，将高质量的单粒棉花种子按照预定的距离和深度，准确地插入土内，同时种行下深施肥、表面喷除草剂，覆盖地膜，使种子获得均匀一致的发芽条件，促进每粒种子发芽，达到苗齐、苗全、苗壮的目的。技术要点如下。

（1）播前准备　一是种子处理，种子经过脱绒、精选后，用抗苗病防蚜虫的种衣剂包衣，单粒穴播的种子质量应达到：健子率≥90%，发芽率≥90%，破子率≤3%；一穴播种 1~2 粒的种子质量应达到健子率≥80%，发芽率≥80%，破子率≤3%；二是精细整地并喷除草剂，棉田耕翻整平后，每公顷用48%氟乐灵乳油 1 500 ml，对水 600~750 kg，均匀喷洒地表后耘地或耙耢混土；三是选择适宜的精量播种机械，要求能够一次性地精确定位精量播种、盖土、种行镇压、喷除草剂、肥料深施、铺膜、压膜、膜边覆土等一条龙作业任务。

（2）适时播种　传统认为在膜下 5 cm 地温稳定通过 15℃后就可以播种。基于控制烂铃和早衰、促进集中结铃的需要，可以较传统播种期推迟 5~10 d，黄河流域西南部 4 月 20—30 日播种，中部和东北部 4 月 25 日至 5 月 5 日比较适宜。参考这一播种其范围，结合品种特性、当时天气和墒情灵活掌握。

（3）技术要求　每穴 1 粒时用种量 15 kg/hm^2 左右，每穴 1~2 粒时用种量 22.5 kg/hm^2，盐碱地可以增加到 25 ~30kg/hm^2。播深 2.5cm 左右，下种均匀，深浅一致；种肥或基肥（复合肥或控释肥）施入播种行 10 cm 以下土层，与种子相隔 5 cm 以上的距离，然后盖土后，每公顷再用 50% 乙草胺乳油 1 050~1 500 ml，对水 450~750 kg 或 60% 丁草胺乳油 1 500~1 800 ml，对水 600~750 kg 均匀喷洒播种床防除杂草，然后选择 0.008 mm 及以上厚度地膜，铺膜要求平整、紧贴地面，每隔 2~3 m 用碎土压膜。

（4）及时放苗　覆膜棉田齐苗后立即放苗，盐碱地沟畦播种在齐苗后 5~7 d 打小孔，炼苗 5~7 d 选择无风天放苗。精准播种棉田不间苗、不定苗，保留所有成苗。雨后尽早中耕松土，深度 6~10 cm。棉花苗期不浇水。

综上所述，只要保证较高的收获密度，实行精量播种减免间定苗就可以实现产量不减，在黄河流域棉区是完全可行的。但采取该项技术必须注意以下 3 点：一是种子质量和整地质量必须要高，单粒穴播时种子发芽率要在 90%以上，否则提倡每穴 1~2 粒并有配套的精量播种机械，以确保较高的出苗率和收获密度；二是在人工放苗时可以适当控制一穴多株，以解决棉苗分布不均匀的问题；三是按照稀植稀管、密植密管的原则进行大田管理。减免间定苗，通常情况下密度会有相应增加，必然导致植株群体长势增强，必须通过合理化调，控制株高和营养生长，搭建合理群体，才能实现产量不减或增产的目标。精量播种是一项先进农业技术措施。扎实做好了会给农业生产带来显著效益。但是，如果措施不当，方法不对，作业质量达不到规定要求，也会给生产带来损失。因此，要加强各项运行、管理工作，切实运用好这项措施，确保棉花一播全苗。还要注意，精量播种减免间定苗只是棉花轻简化栽培的一个环节，只有和高质量种子生产加工技术、一次施肥、简化整枝、减少中耕次数及机采棉技术等有机结合起来，才能实现真正意义上的轻简化栽培。

（三）合理密植与简化整枝

简化整枝的主要内容包括控制或利用叶枝，也就是用化学或机械方法控制棉花顶端生长优势，减免抹赘芽、去老叶、去空果枝等传统整枝措施。要实现简化整枝而不减产、降质，需要适宜品种、化学调控与合理密植等技术措施与物化成果的密切配合。

1. 叶枝的生长发育特点

叶枝也称营养枝或假轴分枝，一般着生在主茎基部第 3~7 片真叶之间，是不能直接着生棉铃的枝条。叶枝多少和强弱与品种有关，一般生育期长的晚熟、中熟棉品种叶枝多（强）于生育期短的短季棉，杂交棉品种多（强）于常规棉品种；叶枝多少和强弱受环境条件和栽培措施的显著影响，其中种植密度的影响最为突出，密度越高，叶枝越少、越弱。

棉花植株真叶和子叶叶腋内皆可出生叶枝，但以真叶叶腋出生的叶枝的优势强；不整枝时，棉花植株出生的叶枝一般可达 1~6 条，以 3~5 条的概率最大。下部叶枝出生早，但长势弱，生长速率较慢，结铃率低，是劣势叶枝；上部叶枝出生虽晚，但长势旺，生长速率较快，结铃率高，是优势叶枝。

叶枝叶的比叶重小于主茎叶和果枝叶；叶枝上着生的二级果枝的单枝生长量远远低于主茎果枝。叶枝现蕾开花时间晚于主茎，但与主茎同时达到高峰期，终止时间先于主茎，这就是留叶枝棉花叶枝的打顶时间要比主茎提前 5~7 d的原因。总体上叶枝的成铃率低于果枝，叶枝铃的铃重一般比果枝铃低 10%左右，衣分略低于果枝铃，一般低 5%左右。叶枝铃的纤维品质指标大部分略低于果枝铃（表 4-1）。

表 4-1　叶枝铃与果枝铃棉纤维品质比较

种植密度（株/m²）	处理	上半部纤维长度（mm）	整体度（%）	短纤维（%）	纤维强力（cN/tex）	马克隆值
3	叶枝	29. 48b	85. 9b	5. 6b	28. 6b	4. 3b
	果枝	30. 44a	88. 3a	4. 9c	31. 1a	4. 2bc
6	叶枝	29. 42b	84. 2b	6. 3a	28. 5b	4. 6a
	果枝	30. 32a	86. 7a	5. 1bc	31. 0a	4. 4b
9	叶枝	29. 31b	83. 9b	6. 4a	28. 3b	4. 7a
	果枝	30. 28a	86. 0a	5. 2bc	30. 7a	4. 5b

注：同列数值标注不同字母者为差异显著（$P \leq 0.05$）

2. 合理密植控制叶枝

通过提高密度控制叶枝的生长发育是简化整枝的有效途径。棉花密度超过 7.5 万株/hm² 时，棉株中下部遮阴程度加大，会改变棉株体内相关激素含量和比例，抑制叶枝的生长发育，导致叶枝很弱；加上缩节胺化控调节，叶枝只形成较少产量甚至基本不形成产量，完全可以减免整枝。过去没有化控，高密度会引起顶端生长加剧；现在依靠化控可以较好地解决这个问题。这一途径是世界各国，特别是发达植棉国家普遍采用的栽培模式，也是发展机采棉的必然要求。

中早熟棉花品种全生育期需要≥10℃的活动积温 3 800℃以上，需光照 1 540 h 以上，采用中早熟春棉品种于 4 月底至 5 月初播种，虽然比常规栽培推迟播种 10~20 d，生长季节减少 10~20 d，但通过适当提高密度，减少单株果枝数，完全可以弥补晚播的影响。进一步分析发现，采用适当晚播、合理密植可带来一系列有利效应：一是由于晚播，气温和地温已明显升高，病害较轻，不仅比较容易实现一播全苗和壮苗，还可以减免地膜的使用，避免残膜污染；二是由于播种期推迟，现蕾、开花时间相应推迟，这就使结铃盛期与该区的最佳结铃期自然地较好地吻合，伏桃和早秋桃比例加大，伏前桃大大减少，烂铃自然减少；三是由于密度加大，在化调措施的保证下，虽然单株结铃数有所减少，但单位面积的总铃数显著增加；四是棉花晚播密植，使棉花自始至终处在一个相对有利的光温条件下进行生长发育，完成产量和品质的建成过程，为棉花优质高产创造了有利条件，容易实现高产优质；五是合理密植加化学调控有效控制了叶枝的生长发育，免整枝（保留叶枝），节约了用工，不失为一熟棉田有效的高产简化栽培技术。

根据试验、示范结果，并参考生产经验，制定黄河流域棉区控叶枝栽培技术。

一是品种选择。由于种植密度较大，在栽培上宜选用株型较为紧凑的棉花品种，当前常规抗虫棉品种可选用中早熟类型“鲁棉研 37 号”“K836”等。

二是适期晚播。为使棉花结铃期与山东棉区的最佳结铃期相吻合，并适当控制伏前桃的数量，减少烂铃，播种要适当拖后 10~15 d。春棉品种于 5 月 5 日前后播种。仍然提倡覆膜栽培，但要特别注意及时放苗，高温烧苗。

三是合理密植。根据试验和示范情况，密度以 7.5 万~9.0 万株/hm^2 较宜，过低，起不到控制叶枝生长发育的效果，过高，则给管理带来很大困难。在 7.5 万~9.0 万株/hm^2 的密度下，控制株高 100cm 以下，以小个体组成的合理大群体夺取高产。

四是免整叶枝。不去叶枝，7 月 20 日以前打主茎顶，以后不再整。

五是科学化控。该项技术由于密度加大，棉田管理特别是化学调控技术的难度也相应增加，在使用缩节胺调控时要严格控制株高，这是该技术能否成功的关键。在应用缩节胺时要坚持“少量多次、前轻后重”的原则，自 5 叶期开始轻控，根据天气和长势，每 7~10 d 化控 1 次，棉花最终株高 90~100 cm。

总之，控叶枝栽培技术栽培是指把播种期由 4 月中下旬推迟到 5 月初，把种植密度提高到 7.5 万~9.0 万株/ hm^2，通过适当晚播控制烂铃和早衰，通过合理密植和化学调控，抑制叶枝生长发育，进而减免人工整枝。这一栽培模式由于减免了人工整枝，节省用工 2 个左右；通过协调库源关系，延缓了棉花早衰，一般可增产 5% ~ 10%，节本增产明显，具有重要的推广价值。

3. 化学封顶技术

棉花具有无限生长的习性，顶端优势明显。打顶是控制株高和后期无效果枝生长的一项有效措施。研究和生产实践证明，通过摘除顶心，可改善群体光照条件，调节植株体内养分分配方向，控制顶端生长优势，使养分向果枝方向输送，增加中下部内围铃的铃重，增加霜前花量。我国几乎所有的植棉区都毫无例外地采取打顶措施，因为不打顶或者打顶过早过晚都会引起减产。基于打顶的必要性，探索化学封顶等人工打顶替代技术是棉花简化栽培技术的重要内容。

（1）打顶的类型　目前，棉花打顶技术有人工打顶、化学封顶和机械打顶等3种。

人工打顶和机械打顶的原理一样，按照“时到不等枝，枝到看长势”的原则，于7月20日前通过手工或机械去掉主茎顶芽，破坏顶端生长优势；化学封顶是利用化学药品强制延缓或抑制棉花顶尖的生长，控制其无限生长习性，从而达到类似人工打顶调节营养生长与生殖生长的目的。黄河流域棉区目前仍以人工打顶为主。人工打顶掐掉顶芽及部分幼嫩叶片，费工费时，劳动效率低，是制约棉花生产轻简化和机械化作业的重要环节。由于棉花种植方式主要是一家一户分散经营，目前尚少见黄河流域棉区开展机械打顶的研究和示范。近年来，黄河流域棉区开始化学封顶技术的研究和示范，多数研究证实化学封顶比不打顶增产，与传统打顶产量相当或略低，展现出较好的推广利用前景。

（2）化学封顶技术　就目前各地开展的化学封顶试验效果而言，多数试验证实化学封顶可以基本达到人工封顶的效果，棉花产量与人工打顶相当或略有减产，也有比人工打顶显著增产或显著减产的报道。

当前国内外使用最多的植物生长调节剂是缩节胺和氟节胺，也有两者配合或混配使用的报道。缩节胺在我国棉花生产中作为生长延缓剂和化控栽培的关键药剂已经应用了30多年，也比较熟悉。在前期缩节胺化控的基础上，棉花正常打顶前5 d（达到预定果枝数前5 d），用缩节胺75~105 g/hm^{2}叶面喷施，10 d后，用缩节胺105~120 g/hm^{2}再次叶面喷施，可有效控制棉花主茎和侧枝生长，降低株高，减少中上部果枝蕾花铃的脱落，提高座铃率，加快铃的生长发育。

氟节胺（N-乙基-N-2′，6′-二硝基-4-三氟甲基苯胺）则为接触兼局部内吸性植物生长延缓剂，其作用机制是通过控制棉花顶尖幼嫩部分的细胞分裂，并抑制细胞伸长，使棉花自动封顶。25%氟节胺悬浮剂用药量为150~300 g/hm^2，在棉花正常打顶前5 d首次喷雾处理，直喷顶心，间隔20 d进行第二次施药，顶心和边心都施药，以顶心为主。可有效控制棉花主茎和侧枝生长，降低株高，减少中上部果枝蕾花铃的脱落，提高座铃率，加快铃的生长发育。

氟节胺和缩节胺用量要视棉花长势、天气状况酌情增、减施药量。从大量生产实践来看，缩节胺比氟节胺更加安全可靠，化学封顶宜首选缩节胺。用无人机喷施缩节胺进行化学封顶较传统药械喷药省工、节本、高效，封顶效果更佳，值得提倡。

（四）一次性施肥

施肥是棉花高产优质栽培的重要一环，用最低的施肥量、最少的施肥次数获得最高的棉花产量是棉花施肥的目标。要实现这一目标，必须尽可能地提高肥料利用率，特别是氮肥的利用率。棉花的生育期长、需肥量大，采用传统速效肥料一次施下，会造成肥料利用率低；多次施肥虽然可以提高肥料利用率，但费工费时。从简化施肥来看，速效肥与缓（控）释肥配合施用是棉花生产与简化管理的新技术方向。对于滨海盐碱地，更应提倡施用缓（控）释肥，以提高肥料利用率，降低成本。

1. 速效肥

在施足基肥的基础上，一次性追施速效肥，每公顷基施 N、P_2O_5 和 K_2O 分别为 105 kg、120 kg 和 210 kg，开花后追施纯 N 90~120 kg。

2. 控释肥

采用速效肥与控释氮肥结合，一次性基施。每公顷 95 kg 控释 N+105 kg 速效 N，P_2O_5 90~120 kg，K_2O 150~210 kg，种肥同播，播种时施于膜内土壤耕层 10 cm 以下，与种子水平距离 5~10 cm，以后不再追肥。

3. 配套措施

实行棉花秸秆还田并结合秋冬深耕是改良培肥棉田地力的重要手段。若用秸秆还田机粉碎还田，应在棉花采摘完后及时进行，作业时应注意控制车速，过快则秸秆得不到充分的粉碎，秸秆过长；过慢则影响效率。一般以秸秆长度小于 5 cm 为宜，最长不超过 10 cm；留茬高度不大于 5 cm，但也不宜过低，以免刀片打土增加刀片磨损和机组动力消耗。山东棉花研究中心试验站自 2000 年起每年坚持棉花秸秆还田，秋冬深耕，每 3~5 年施用一定量的有机肥，30 多公顷试验田的地力逐年提升，至 2015 年，有机质含量比 2000 年提高了 35%，碱解氮、有效磷和速效钾含量分别提高了 58%、299%和 11.7%，培肥效果十分明显。

（五）集中采摘

以上部棉桃发育 40 d 以上、田间吐絮率达到 60%时（一般为 9 月 25 日至 10 月 5 日），且施药后 5 d 日均气温≥18℃并相对稳定。开始喷洒脱叶剂脱叶。

要求脱叶性能好、温度敏感性低、价格适中，以噻苯隆（thidiazuron）和乙烯利混用效果较好。一般每公顷用50%噻苯隆可湿性粉剂300~450 g和40%乙烯利水剂2.25~3.0 L混合施用。

喷施脱叶剂2周后人工集中摘拾，2~3周后再摘拾一次。有条件的地方可采用采棉机一次收花。

第二节　套作棉花轻简化栽培技术

在同一块地上于前季作物生育后期在其株行间播种一季作物的种植方式称为套种。黄河流域棉区套作棉花的种植模式主要有麦套棉和蒜套棉，这两种模式下套种棉花的密度通常都比较小，主要依靠棉花单株形成产量，所以通常选用杂交棉（F1）或单株产量较高的大株型常规棉品种。套作棉花走“精稀简”栽培的路子，即精量播种、适当稀植、简化管理。苗期管理抓“早、壮、均”，以实现早苗壮苗早发，均衡生长；蕾期抓“壮株足蕾”，要稳长发棵，搭好丰产架子，实现早现蕾，早开花，保留叶枝；花铃期抓“同步生长多结桃”，提高光热水富裕期资源的利用率，增结伏桃，实现伏桃满腰。吐絮期“抓后劲”，既要防早衰，也要防贪青晚熟，以增秋桃，增铃重，实现秋桃盖顶，早熟而不早衰，后劲足而不旺，足而不晚。

一、精量播种或轻简育苗

棉麦套种和棉蒜套种是黄河流域棉区两种重要的套种模式。前者一般在麦田预留棉花套种行，后者则是满幅种植，因此前者多采用直播，后者多采用移栽。

（一）麦套棉精量播种

棉麦套种技术是一项重要的农业增效技术，它可以充分利用光、热资源，提高复种指数，提高土地产出率。麦棉套种模式下在麦田预留棉花套种行，这既是为了减少小麦对棉花生长发育的影响，也是为了播种或移栽时的方便。由于套种模式不利于机械化，特别是随着小麦机械化收获和棉花机械化播种技术的普及，麦棉套种技术的应用受到了一定限制，种植面积严重萎缩。近年来，各地农业、农机部门采取农机农艺相结合，良种良法相配套，通过改进小麦收获机械、研制麦垄棉花铺膜播种机械，在麦棉套种模式下实现了小麦机械收获、棉花机械化播种，使该技术又焕发了新的生机。以麦套棉小麦机械化收获、棉花机械化播种为核心内容的栽培技术要点如下。

1. 小麦

（1）整地　播前可旋耕整地，旋耕深度要达到15cm以上。对连续2~3年旋耕的地块要深松耕一次，松土深度要达到25cm以上。深松耕后耙地、耢地，做到上虚下实，土地细平。结合播前整地，按照当地的农艺要求底肥深施。

（2）播种　选用晚播早熟优质品种，播前要用杀菌剂和杀虫剂包衣或拌种。适墒播种，墒情不足时浇水造足底墒，然后进行整地播种。对于黏土地，采取先播种，播后立即浇水的方法，待出苗时进行锄划，破除板结。

规范的小麦播种模式是棉麦套种实现机械化的关键。以棉花种植模式为基础，兼顾小麦种植。一般采用一畦小麦间隔两行棉花。两畦小麦的总幅宽应小于小麦收获机的作业幅宽。为保证小麦基本苗不减少，可采用宽苗带播种，苗带宽8 cm左右，行距26~27 cm。地头播1.5~2个小麦收获机机身长度的横头，以备小麦收获时开地头之用。横头与中间麦垄间应留出棉花铺膜播种的机耕道，宽度与棉花种植行宽度相当。

选用带施肥及镇压器的精量、半精量播种机，根据当地农艺要求适期、适量播种。播种深度为镇压后3~5 cm。播种时机手应控制拖拉机匀速行走，保持2~4 km/h的速度，确保播种均匀，深浅一致，不漏播、不重播。播后视土壤墒情，用镇压器进行镇压。

（3）田间管理　小麦返青后应进行中耕锄划，起到增温保墒、促苗早发的作用。对播种过早、播量过大的旺长麦田，返青期及时镇压控旺。可采用机动喷杆喷雾机和风送式喷雾机防治病虫草害。

（4）小麦收获　小麦收获也是棉麦套种的关键环节，要做到既收获了小麦，又不损伤棉苗。收获机作业幅宽应与两畦小麦的总幅宽相匹配。小麦收获时棉花已长至30~50 cm的高度，为不伤棉苗应将收获机割台适当抬高，并将中间部分的动刀片用薄板护住，作业时被护住的割台部分仅将棉苗推倒而不伤苗，收获机过后棉苗自动复位，其长度应大于棉花行距15~20 cm。作业时先开出地头，再顺垄收获。收获时，收获机中心与棉垄中心对正。收获完后及时用移苗器补栽地头缺种的棉花或改种其他适宜作物。

2. 棉花

（1）整地　无需整地的地块可直接播种，播前确需整地的地块可用田园管理机等小型机械对麦垄间的棉花种植行旋耕整地，耕深要达到15 cm以上，整后地表土块直径不得大于 3 cm 且地表平整，土层上虚下实。结合整地深施基肥。

（2）播种　选用早发型中早熟棉花品种，以充实饱满、发芽率高的脱绒包衣种子为最佳（健籽率 80%以上，发芽率 80%以上）。结合小麦春管造足底墒或棉花串种行单独造墒，确保棉花足墒播种。按照当地的农艺要求适期播种。一般棉花播种行距为两畦麦垄间小行 40cm，宽行由两畦麦垄间的总幅宽计算得出，株距由平均行距和密度要求确定。

（3）提高机械播种铺膜质量　机械铺膜播种可采用“先播后铺”或“先铺后播”两种方式。“先播后铺”时，膜下出苗后及时破膜放苗。铺膜播种的技术要求是，铺膜平展，紧贴地面；埋膜严实、膜边入土深度 5cm±1cm，漏覆率小于 5%，破损率小于 2%，贴合度大于 85%；穴播播量每穴应在 1~2 粒；孔穴覆土厚度 1.5~2 cm，漏覆率小于 5%，要求下籽均匀，覆土良好，镇压严实；施肥要达到规定的施肥量和施肥深度，排肥均匀一致；深施种肥要求在播种的同时，将化肥施到种子下方或侧下方，肥种之间有 3~5 cm 厚度的土壤隔离层，达到种肥分层。机具作业中，人工将膜头压好后再起步。为防止大风吹起地膜，需人工在地膜表面每隔 2~3m 压一条“土腰带”。

杂草及病虫害防治在苗期可采用机动喷杆喷雾机，封垄后可采用风送式喷雾机。

（二）蒜套棉轻简育苗移栽

蒜棉套种模式下大蒜一般满幅种植，不为棉花预留套种行，为缩短共生期，减少大蒜对棉花生长发育的影响，棉花一般采用育苗移栽。过去采用传统营养钵育苗移栽，人工制钵和移栽，费工费时。近些年来，两熟和多熟制棉区发展起轻简育苗，有些地方甚至发展起工厂化育苗、机械化移栽，大大节省了用工成本，工作效率也大幅度提高。

轻简育苗的方式很多，比较常见的有苗床育苗裸苗移栽、穴盘育苗带土移栽、水浮育苗裸苗移栽。在黄河流域棉区，推广最多的是苗床育苗裸苗移栽和穴盘育苗带土移栽。采用基质育苗并裸苗移栽方式，一方面由于所用基质材料如蛭石、草炭、椰粉、花生壳、腐熟植物秸秆、珍珠岩等多具有体积大难运输、不可再生、价格高等缺点；另一方面裸苗移栽的缓苗期较长，使得棉花工厂化育苗技术在生产上的应用受到了很大限制，目前倾向于采用穴盘育苗带土移栽。

1. 苗床育苗并裸苗移栽

即用棉花专用的育苗基质和干净的河沙按一定的比例混合后填入苗床进行育苗，苗期配合使用棉花促根剂、保叶剂，从而育出健壮而又不带土的棉苗，然后采取裸苗移栽。该技术与营养钵育苗相比不需要人工制钵，移栽过程简单、快速。据毛树春等的研究，促根剂、基质和保叶剂的使用使成苗率达到91%以上，比营养钵育苗少用种子50%~80%，幼苗健壮无病，且防早衰效果好。采用无钵土裸苗移栽方式种植的棉苗，前期生长慢，中期生长快，后期长势旺，地下部分比地上部分生长快，现蕾前节间紧凑，果枝着生节位低，秋桃比大。

2. 穴盘育苗并带土移栽

该技术是用专用育苗穴盘，并以过筛的好土作为营养土培育棉苗并带土移栽。基本程序是，选择532 mm×280 mm、每张具50~300个穴孔的育苗盘，3月底以冷尾暖头晴好天气为适宜播期。采用机械播种生产线进行播种，用过筛的散土和精选种子，在播种生产线上依次完成装盘、镇压、播种、覆盖等工作；也可人工播种，将过筛的散土直接装盘至盘孔的2/3处，用另一育苗盘对准镇压后，将小麦种子和棉花种子播入同一孔穴内，覆0.5 cm左右厚的过筛散土后，将其放入苗床中。

待棉苗长至移栽标准时，取出育苗盘，在地面上轻轻抖动摔打，之后一手轻捏穴孔底部，一手提苗茎基部即可取出带土棉苗，然后打捆包装。包装时用保鲜袋定量分装，然后装箱启运。运输时应避免阳光直射引起车厢内温度升高而导致烧苗或捂苗。

生产实践证明该技术有如下优点：①育苗基质可就地取材，育苗技术简单，成本大幅降低；②两苗互作使土壤团根好，无需打钵，不散钵，钵体小，移栽轻便，且适合机械化移栽，栽后无需马上浇水；③作物根系自毒作用减弱，种苗素质得到提高，可以育成6片叶以上的大苗；④种苗离床可以存活1周多，便于工厂化育苗后种苗的储放和运输；⑤可以一家一户育苗，也可以工厂化育苗。

穴盘育苗虽然劳动强度小，但操作并不简单。棉花穴盘育苗作为一种现代化育苗技术，其省工、省力、效率高的优点主要体现在机械化育苗移栽的生产过程中。散户棉农分散种植选用这种方法虽然可以省力，但育苗成本并不低，而且技术要求高。穴盘育苗适合工厂化育苗，产业化操作，大棚穴盘育苗如果实施工厂化育苗和专业化的统一管理，可以减轻植棉者的劳动强度，比较适合农村在缺少强劳动力情况下植棉的需要。降低成本，主动适应市场，才能发展棉花工厂化育苗产业，实现其应有的经济效益。

（三）套作棉花机械化

近些年来，棉田套种面积呈减少趋势，原因固然是多方面的，但是缺少能在麦林和棉林中穿行作业的成套适用机械化技术及机具是重要因素，致使适于套作的自然资源优势还远未得到充分利用；适于套作的生态环境还远未得到完善和提高；棉麦套作区的劳力结构和产业结构还远未得到合理调整，棉麦生产的最佳经济效果还远未得到充分发挥。促进棉麦套作棉花种植机械化发展要从以下几个方面入手。

一是农机与农艺相融合。一方面，农艺研究应与农机技术研究紧密结合。现阶段我国棉麦套作种植方式形式多样，黄河流域棉区麦套春棉种植方式有“3-2 式”“4-2 式”“6-2 式”和“3-1 式”，长江流域棉区麦套棉的模式更是多种多样。种植方式不统一使得适合棉麦套作棉花播种的机械研制方向不明确，农艺研究应对现有种植方式进行比较，保留少数几种较好的种植方式，进而针对这几种种植模式开发适合棉麦套种棉花种植的机械。另一方面，农机研究应紧密与育种、栽培和土肥研究相结合，使开发的农机具满足棉花农艺要求。例如，合理地确定株距、行距、农机具作业幅宽等技术参数，并科学地确定种、肥、水的施用量等。

二是大力发展多功能联合作业技术。棉麦套作制下的每块棉田空间有限，尤其是宽度比较窄。作业机械多次进地对棉田本身和麦田种植的小麦都会产生不利的影响。未来的机械应可以集多种作业功能于一体，一次完成多项作业，提高作业效率，保证及时播种，提高产量；充分利用配套动力，节省能源，减少机组进地次数，使土壤免受机具的过度压实。

三是采用“产—学—研—推”运作模式。除了引进和吸收国外先进的种植机械技术和设备，加快我国棉花种植机械的研制步伐之外，还可采用政府管理部门、技术研究机构、机具生产企业、技术试验推广单位等多部门相结合的“产—学—研—推”运作模式，加快棉花生产机械化适用技术的研发和推广应用，促进农业工程技术和生物技术的结合。通过建立适合棉麦套作棉花种植机械化生产技术和装备的核心示范点，进行技术和装备的试验与示范，同时加强对各级技术人员的培训，以核心示范县为轴心，向周边地区示范和推广。

二、合理密植

（一）麦套棉

合理密植是棉花增产的中心环节，密度过低，单株枝节量虽然可充分发展，但群体总量不足；密度过高，群体枝节量过大、有效率降低，产量和质量都会受到影响。密度合理的棉田，棉株生长纵横均衡发展，个体和群体枝节量适当。因此只有建立一个从苗期到成熟期都较为合理的动态群体结构，才能充分利用光热资源，实现高产优质。棉花种植密度与产量密切相关，合理密植可获较高的产量，但不同茬口密度所获得的产量又会有所不同。麦套棉由于小麦遮光，株高较矮，生育期推迟，单株性状、经济性状和产量均不如纯作棉，因此，需要比纯作棉花的密度高一些。然而，密度过高也会带来一系列不利因素，特别是产量和早熟性都会受到影响。在本试验条件下，麦套杂交棉以4.0株/m^2左右时棉花产量构成因素较协调，子棉产量和皮棉产量均最高。综合来看，高肥水条件下杂交棉的合理密度为2.7万~3.0万株/hm^2，中肥水条件下杂交棉的合理密度为3.0万~3.75万株/hm^2。若采用常规棉品种，密度宜相应提高20%~30%。

（二）蒜套棉

蒜套棉多采用育苗移栽，因为密度越高，物化和用工成本就越高，因此在不降低棉花产量的前提下尽可能地降低密度是蒜套棉合理密植的基本原则。

1. 采用传统营养钵育苗移栽

据谢志华等（2014）报道，正常整枝条件下（去叶枝），3.3万株/hm^2的皮棉产量最高，其次为3.9万株/hm^2处理，分别比传统的整枝×低密度（2.7万株/hm^2）增产10%和4.3%；简化整枝条件下（保留叶枝）也以3.3万株/hm^2的产量最高，比传统的整枝×低密度（2.7万株/hm^2）增产20.4%。处理组合间比较，以3.3万株/hm^2×不整枝皮棉产量最高，其次是2.7万株/hm^2×不整枝，再次是3.3万株/hm^2×整枝，这3个处理组合皆比传统的低密度（2.7万株/hm^2）×精细整枝显著增产（9%~20%）。其余整枝和密度处理组合与传统栽培方式相比增产不大甚至减产。该研究结果表明，精细整枝条件下，蒜套棉的种植密度以3.3万株/hm^2为宜；简化整枝条件下以2.7万~3.3万株/hm^2为宜，考虑到棉苗生产和移栽的成本，在简化整枝条件下以2.7万株/hm^2较好。

另外，研究发现，试验点、整枝方式和种植密度对铃数、铃重和衣分没有显著的互作效应，但整枝和密度处理对铃数有互作效应，对铃重和衣分没有互作效应；衣分也不受地点、整枝和密度的效应影响。这一方面说明各因子及其组合对产量构成因素的效应更为复杂多变，棉花具有很强的自我补偿调节能力和对生态环境及栽培措施的适应能力；另一方面说明在产量构成因子中衣分是相对稳定的。整枝方式和种植密度对铃数有显著的互作效应，且 3 个试验点各处理组合间的差异趋势大致相同。留叶枝条件下以 3.3 万株/hm^2 的铃数最多，其次为 2.7 万株/hm^2 和 3.9 万株/hm^2，比传统的低密度去叶枝分别提高 18.6%、9.3%和 7.3%；去叶枝条件下 3.3 万株/hm^2 和 3.9 万株/hm^2 的铃数较多，比传统的低密度去叶枝分别提高 10.3%和 9.3%。其余整枝和密度理组合与传统栽培管理方式相比，铃数上没有优势。

2. 采用裸苗移栽

刘子乾等（2009）通过棉花裸苗移栽密度试验，比较了棉花裸苗移栽时不同种植密度下的生育进程与土钵育苗常规密度下的异同，探讨了棉花无土育苗、裸苗移栽时种植密度与产量的关系。通过对试验数据的计算分析，模拟出了反映棉花裸苗移栽时产量（Y）与种植密度（X）之间关系的曲线方程：

$$Y = -136.6075X^2 + 588.78X - 429.8814$$

当种植密度为 32 325 株/hm^2 时，棉花籽棉产量最高。据此，结合在山东省金乡县的实践，基质育苗裸苗移栽时的密度以 2.7 万~3.75 万株/hm^2 为宜。

以上分析可见，无论是麦套棉还是蒜套棉，合理密植都十分重要。本着产量不减、成本降低、效益最大化的原则，确定以山东为主的黄河流域棉区麦套棉的适宜密度为 2.7 万~3.75 万株/hm^2，其中高肥水田杂交棉的合理密度为 2.7 万~3.0 万株/hm^2，中肥水田杂交棉 3.0 万~3.75 万株/hm^2。传统营养钵育苗移栽条件下，蒜套杂交棉的适宜密度为 2.7 万~3.3 万株/hm^2，其中精细整枝条件下以 3.3 万株/hm^2 为宜，简化整枝条件下以 2.7 万株/hm^2 为宜；采用基质育苗裸苗移栽时的密度以 2.7 万~3.75 万/hm^2 为宜。若采用常规棉品种，密度宜相应提高 20%~30%。

三、科学配置行株距

种植密度=单位面积株数÷（行距×株距），当种植密度一定时，行距与株距成反比，行距宽，株距则应缩小；反之，行距窄，株距应扩大。由于群体由个体组成，通过栽培措施可以调节个体的生长发育。

合理配置株行距的方法：通过研究，“宽行密株”有利于改善群体光分布，改善通气条件，田间作业操作也很方便。行宽是否合适以棉株最终高度来确定，行宽一般为自然高度的2/3。杂交棉一般最终高度150 cm左右，所以，株行距一般为行距90~100 cm，株距40~45 cm。

四、采用肥促化调技术

采用科学施肥促进个体发育，采用化学调控协调群体与个体的关系。科学施肥应结合全生育期棉花的营养吸收规律，施肥技术上要掌握“底肥足、花肥重、桃肥保”的原则。施足底肥。在棉花播种或棉苗移栽前或移栽后覆膜前，施足底肥，结合整地施复合肥或控释肥。重施花铃肥。花铃期是棉花需肥水最多的时期，必须重施。一般每公顷施尿素300 kg。施肥时间一般在6月下旬至7月上中旬。如果施肥之后遭遇大雨冲洗、洪涝，要适当补施一些。保施桃肥。壮桃肥是棉桃壮大成熟的必要保证，8月中下旬正是棉株中下部棉铃成熟，上部仍是花蕾累累的时候，此时花肥已被吸收完，必须补充肥料以利壮桃。结合棉株长势，每公顷施尿素150 kg左右。施肥时间一般在7月底，进入8月不能根际施肥。

灵活应用化调技术。化学调控技术要掌握“少量多次、前轻后重”的原则。一般自现蕾期开始施用，盛蕾期、初花期、盛花期各喷施1~2次，每公顷用缩节胺5~10 g、15~22 g、30~45 g至打顶，最后一次在打顶后一周内，缩节胺45 g/hm^{2}左右。

棉花对缩节胺的反应不是以浓度来衡量的，而是以有效成分和总量来衡量，所以各时期缩节胺加水量每公顷用10桶水（约150 kg，使用时，晶体缩节胺先用有刻度的盐水瓶稀释再使用）。

五、适当晚拔棉柴

拔柴过早严重降低棉花产量和品质是蒜套棉生产中存在的突出问题。为此，研究人员于2009—2010年在金乡县的两个乡镇，从9月上旬开始设置5个拔柴时间，4个种蒜时间，以产量和效益最大化为目标，研究了拔柴、种蒜时间的效应。结果表明，拔柴时间对棉花产量的影响很大，种蒜时间对大蒜产量也有一定的影响。从9月10日至10月30日，随着拔柴时间的推迟，棉花的吐絮率、单铃重、子棉产量及衣分明显增加，但在10月10日以后拔柴处理间棉花产量差异不显著；不同时间拔柴种蒜，对大蒜产量也有较大影响，以10月10日拔柴种蒜的蒜薹产量及蒜头产量最高，播种过早极易引起蒜蛆的为害，产量较低，而过晚由于蒜苗冬前发育不良，产量也显著降低。综合考虑棉花和大蒜的产量及效益，本着不影响大蒜产量、尽可能减少棉花产量损失的原则，鲁西南蒜套棉拔棉柴时间应以 10 月 10—20 日为宜，比原来推迟了 15~20 d，棉花产量可减少损失 15%~20%。

第三节　蒜（麦）后直播早熟棉轻简化栽培技术

棉田复种是提高植棉效益的重要手段，其中棉花与大蒜一年两熟种植是综合效益较高的模式之一，能够有效提高植棉效益，辐射带动棉花和大蒜优势区域建设。蒜（麦）套春棉是鲁西南及附近棉区普遍采用的高效种植模式，但用工多、机械化程度低，不适合棉花轻简化、机械化生产的需求。改革传统棉花种植方式，实行棉花轻简化生产是破解当前棉花产业困境的重要技术途径。针对轻简化、机械化生产的要求，山东省棉花研究中心与河北省相关科研和生产部门协同攻关，研究建立了蒜（麦）后直播短季棉栽培技术并开始规模化示范推广。

一、发展蒜（麦）后直播早熟棉的背景

（一）传统蒜（麦）套种技术及其弊端

鲁西南是山东省三大产棉区之一，光热资源丰富，棉田土壤肥沃，适宜植棉，但人多地少，粮棉、棉菜争地矛盾突出。棉蒜套种是该区棉花生产的一大特色，以金乡县、鱼台县、成武县、巨野县等为主的鲁西南棉区也是全国最大的大蒜产区之一，大蒜面积常年稳定在 10 万 hm^2 以上，蒜套棉连续多年占蒜田面积的 90%以上。蒜田套种棉花，不仅可以提高土地复种指数，而且两者在生态、价格上互补。因此，蒜棉套种成为该区农民最为青睐的套作模式。

但传统蒜（麦）棉两熟种植多采用育苗移栽和稀植大棵的栽培管理模式其弊端在于：一是前中期的漏光情况，如果缺苗或者个体发育不充分，漏光情况会更严重，必然导致减产，因此产量不太稳定。二是基础群体小，单株果枝多，加之叶枝发达且间接结铃多，结铃相当分散，吐絮期常达到 70 多天，必须多次采摘，费工费时。三是果枝铃与叶枝铃、棉株内围铃与外围铃、上下部铃与中部铃纤维品质差别大，纤维品质的一致性差。最为不利的是，主要依靠人工操作，不适宜机械化生产。随着我国经济社会的发展，劳动力转移和用工

成本逐年增高，传统蒜套棉模式越来越不适应蒜、棉产业的发展。改革种植方式，实现轻简化、机械化植棉是该区蒜棉产业发展的必由之路。

（二）发展蒜（麦）后棉的思路

套种实现轻简化、机械化植棉的障碍。改套种为茬后直播早熟棉，并通过增加密度，矮化并培育健壮植株，建立“直密矮株型”群体结构，不仅省去了棉花育苗移栽环节，也为集中收获提供了保障，是实现两熟制条件下棉花生产轻简化的重要技术途径。

蒜（麦）后棉获得高产优质高效的核心是建立“直密矮株型”的群体结构，其基本思路：一是适宜选用适宜品种。适宜（蒜）麦后直播的棉花品种必须是早熟品种或短季棉品种，出苗快，苗期长势强，生育期 105 d 以内。株型紧凑，主茎和果枝的节间短、夹角小，叶枝弱、赘芽少，开花结铃吐絮集中，铃期短，吐絮畅，高抗枯萎病、耐黄萎病，高抗棉铃虫。二是抢时播种，密植控高，种植密度 9 万~12 万株/hm^2，最终株高 80~100 cm。通过调控株高和叶面积动态，确保适时适度封行。三是合理化控，构建适宜的最大叶面积系数和动态。麦（油、蒜）后早熟棉构建“直密矮壮型”群体结构的最大叶面积系数为 3.5~4.0。苗期以促进叶面积增长为主，现蕾到盛花期叶面积系数平稳增长，使最大适宜叶面积系数在盛铃期出现，之后平稳下降。四是节枝比和棉柴比适宜，分别为 3.0 左右和 0.85 左右。五是集中成铃和脱叶彻底。单株果枝数个左右，成铃时间主要集中在 8 月中旬到 9 月中下旬，棉花伏桃和早秋桃合计占总成铃数的比例为 75%以上。

（三）蒜（麦）后早熟棉直播的试验示范效果

短季棉品种生育期比传统种植的春棉品种短 30 d 左右，利用短季棉生育期短、适合高密度种植、结铃集中等特性，5 月下旬大蒜收获后采用机械直接播种棉花，既不用费工费时的营养钵育苗移栽，也不用昂贵的杂交棉种子，不仅减少了物化和人工投入，而且利于提高田间管理的机械化水平；同时密植短季棉开花成铃集中，也为将来实现棉花机械化采收奠定了基础。

2018 年山东棉花研究中心在菏泽市和济宁市建立“蒜（麦）后直播短季棉轻简化栽培技术”示范片 12 个，总面积 333.33 hm^2，皆应用了以“短季棉品种鲁棉 532、蒜（麦）后（5 月下旬至 6 月初）精量播种、合理密植免整枝（等行距 76cm，密度 6 000~8 000株/亩），盛蕾期一次性追肥、化学调控壮株控高塑造直密矮壮型群体结构”为关键措施的蒜（麦）后直播短季棉轻简化栽培技术。

2018 年 9 月 17 日，山东省农业科学院邀请有关专家组成专家组对山东棉花研究中心在鲁西南棉区建立的“蒜（麦）后直播短季棉轻简化栽培技术”示范区进行了现场考察。专家组听取了项目情况介绍，查阅了档案资料，查看了示范现场，选取有代表性的田块，按照《全国棉花高产创建示范片测产验收办法》，随机抽测巨野县示范田 4 块（蒜后和麦后棉各 2 块），每块田 3 个点，共计 12 个点次。平均密度 6 218株/亩，平均株高 79. 8 cm，平均亩铃数 47 992个，平均单铃重 5. 44 g（50 铃平均×0. 85），折算系数 0. 85，平均亩产籽棉 221. 9 kg；抽测传统套种对照田 2 块共计 6 点次，平均密度 1 688株/亩，平均株高 138. 1 cm，平均亩铃数 49 967个，平均单铃重 5. 55g（50 铃平均×0. 85），折算系数 0. 85，平均亩产籽棉 235. 8 kg。示范田比传统春棉对照田减产 5. 9%。

蒜（麦）后直播短季棉轻简化栽培技术示范田比传统套种春棉减产 5. 9%，全程用工减少 45%以上，物化投入（农药、化肥等）节省 30%以上。蒜（麦）后直播早熟棉轻简化栽培技术是棉花轻简省工、减肥减药、节本增效的重要技术途径。这些新品种、新技术、新模式的成功研制及推广应用，必将为棉花生产的可持续发展，特别是鲁西南地区蒜棉产业的协同发展提供有力的科技支撑。在鲁西南蒜棉产区发展蒜后直播短季棉具有良好的前景。

二、大蒜轻简化栽培技术

（一）品种选择

大蒜选用优良早熟品种，要求抗寒性好，生长性强，抗病性好，蒜头大，抽薹率高，耐贮，辣香味浓，如永年大蒜、定州紫皮蒜、苍山大蒜等。

（二）整地施肥

棉蒜两熟种植模式需肥量较大，底肥要施足，一般在棉花收获后将秸秆及时粉碎，结合旋耕亩施优质粗肥 3 m^3 以上，尿素 30kg，磷酸二铵 35 kg，硫酸钾 25 kg，地表撒施后翻耕，耙耱 2～3 遍，做到土地平整细碎，然后起垄种植。

（三）播种

（1）选好种瓣　大蒜种瓣的好坏与大小对蒜薹和蒜头的产量影响很大，因此，播种前要进行头选、瓣选，剔除伤瓣、小瓣、霉瓣，选用瓣大洁白、无伤口、无病斑、顶芽壮的做种瓣，并按蒜瓣的大小进行分级，分别栽种。

（2）播种　棉蒜两熟大蒜的播期不应晚于 10 月下旬，在棉花收获完毕后及时播种，播种前用1.1%的苦参碱粉剂，每亩用量3 kg，撒于播种沟内；大蒜行距18~20 cm，每亩密度2.0万~2.5万株，早苔蒜2.5万~3.0万株，株距适当调整。播种时做到蒜瓣顶部距地表1~2 cm，做到上齐下不齐，播种后盖膜、浇透水，将地膜两边拉紧埋实，以防风揭膜。

（四）田间管理

（1）放苗　大蒜播种后7~10 d出土，继而长出初生叶进入苗期，苗出齐后及时打孔放风。

（2）肥水管理　出苗后，浇水掌握不旱不浇，一般年份在冬前应适当控制浇水；翌年春分后蒜叶生长转旺，如果气温高而稳定且墒情不足时，可以浇返青水，结合浇水亩追尿素15~20 kg；大蒜退母后，地下部发出第二批新根，花芽和鳞芽开始分化，植株进入旺盛生长期。因此，最好在退母结束前5~7 d浇水，以后每隔7 d浇一次水，保持土壤处于湿润状态。进入蒜伸长期，地上部和地下部的生长都达到一生的最大值，也是一生中需肥水最多的时期，是决定产量高低的关键时期。从甩尾至采薹一般只有17~21 d，追肥一般进行2次，第一次在甩尾，隔7~10 d后再追一次，每亩追施尿素5~10 kg。采薹前3~4 d停止浇水，以免采薹时脆嫩易折断；进入蒜头膨大期，根的生长与活力逐步减退，而蒜头重量急剧增加，采薹后立即浇一小水，结合浇水每亩追施尿素10 kg，以后每隔5 d左右浇1次水，要小水勤浇，土壤不能干旱，直到收获蒜头前5~7 d停止浇水，以防蒜头含水过多，不耐贮藏。

（3）病虫害防治　防治根蛆可在成虫盛发期或蛹羽化盛期，在田间喷40%辛硫磷乳油1 500倍液，或2.5%溴氰菊酯乳油2 000倍液，也可在大蒜烂母期和蒜头膨大期分别进行药剂灌根防治，选用48%乐斯本乳油500 ml，或1.1%苦参碱粉剂2~4 kg，稀释成100倍液，去掉喷雾器喷头，对准大蒜根部灌药，然后浇水，随浇水滴药，灌溉用量加倍。

大蒜白腐病始病期从12月中旬开始发病，翌年2月中下旬达到发病高峰期，白腐病属土传病害，药剂拌种较为有效，药剂拌种是控制种传、土传病害，预防病害流行的常规基础措施，经济高效，可大力推广普及。药剂可选用2%宁南霉素水剂250~300 ml拌大蒜种100 kg；或用蒜种重量的0.5%~1.0%多菌灵、甲基托布津拌种。大蒜叶枯病和紫斑病的防治可在发病初期，选用姜葱蒜病清60 g/亩、克疫霜75 g/亩或世高50 g/亩，对水50kg，或几种药交替使用，每隔7~10 d施药1次，连续3次，能有效控制大蒜叶枯病和紫斑病的为害。

(4) 收获 作腌渍用的鲜蒜头可在收薹后 10~12 d 收获；收干蒜应在叶片枯黄、假茎松软植株回秧时收获，过早减产不耐贮藏，过晚蒜头易松散脱落；起蒜一般应在清晨蒜地比较湿润时进行，收后晾晒 2~3 d，蒜头应防止暴晒，防热防潮。

三、棉花轻简化栽培技术

蒜后短季棉直播极容易出现霜前花率低，导致产量低、品质差等，因此如何科学管理、实现高产高效简化栽培十分重要。总体来说，蒜后短季棉要以促早为主，在促早的基础上实现轻简化。促早的主要手段是选用早熟品种、提早播种、提高密度、早打顶。

(一) 早熟品种早播种

选用生育期短（110 d 之内），株型紧凑，适合高密度种植的高产棉花品种，结铃性强，抗棉铃虫，抗枯萎病，耐黄萎病。选用精加工种子，播前抢晴晒种，每公顷备种 15~22.5 kg。

麦后直播短季棉的播种无疑是越早越好，这对小麦品种的早熟性也提出了要求，一是选择早熟性好的小麦品种，力争早成熟早收割。一般于 6 月 5 日前收割完毕，在小麦收割后立即播种棉花。二是同播种夏玉米一样贴茬直播短季棉，播种后立即浇水。为预防播种时土壤过于板结，要合理确定小麦最后一次浇水的时间，即在小麦收割前 15 d 左右浇水，棉花播种时有一定的土壤墒情更利于覆土均匀和一播全苗。

提高播种质量。相对于灭茬整地后播种，麦茬地直播增加了棉花播种难度，因此更要注重播种质量，确保实现一播全苗。一是强调种子质量，选用纯度高、健籽率高、发芽率高的脱绒包衣种子。二是播种深度，宜浅不宜深，以不裸露种子为宜，播深 1.5~2.0 cm，深浅均匀一致。三是足量播种，为确保出苗齐全和留苗密度，应足量播种，一般每公顷播种量 30 kg。

根据研究和实践，蒜后直播短季棉必须在 5 月底以前播种才能获得好的产量和品质，因此提倡收蒜后板茬播种，机械精量播种，每公顷用种 15~22.5 kg，播种深度 3 cm 左右，每穴播 2~3 粒，播种要均匀，播后盖土不超 2 cm，及时灌水。若大蒜收获较早，收大蒜前先浇水，然后旋耕大蒜田，再按预定行距和株距精量播种。播种时要求行距准确，播种行直。播种（灌水）后打除草剂封闭。

（二）合理密植早打顶

播种后不疏苗、不间苗也不定苗，每公顷用种 15～22.5 kg，种植密度一般可以达到每公顷 9 万～12 万株，实收 8 万～10 万株。蒜后直播棉花的突出矛盾是生长季节短，单株有效成铃率低，依靠高密度群体有效成铃数就解决了这一矛盾。

达到预留果枝数就可以打顶，一般开花后就可以考虑打顶。减免其他整枝措施，即不去叶枝、不打边心、不抹赘芽。

（三）化控肥控相结合

中等肥力棉田棉花全生育期按 N：P：K=（12～15）：（6～7）：（14～18）的比例配方和用量进行科学施肥，底肥施 450～600 kg/hm^2 复合肥，播种时或出苗后施，条施或穴施，与棉株保持 20 cm 距离。一般情况下，在盛蕾期或初花期每公顷追施尿素 150～225 kg，以后不再追肥。

高密度条件下株高控制在 80～90 cm，最高不超过 100 cm。为此，掌握少量多次、前轻后重的原则，一现蕾就开始化学控制，一般需要喷施缩节胺 3～4 次。盛蕾期、盛花期及盛铃期喷施时注意横向喷药到位，在控制株高的同时充分控制叶枝、果枝横向生长，争取棉花适时“封行”。

（四）脱叶催熟、集中收获

1. 脱叶催熟时间

10 月 1 日前后或棉花吐絮率 40%以上时开始脱叶催熟，7 d 后根据情况第二次喷施。

2. 脱叶催熟方法

每公顷采用 50%噻苯隆可湿性粉剂 450 g+40%乙烯利水剂 3 000 ml 对水 6 750 kg 混合喷施。棉田密度大、长势旺时，可以适当加量。为了提高药液附着性，可加入适量表面活性剂。

尽可能选择双层吊挂垂直水平喷头喷雾器。喷施时雾滴要小，喷洒均匀，保证棉株上、中、下层的叶片都能均匀喷有脱叶剂；在风大、降雨前或烈日天气禁止喷药作业；喷药后 12 h 内若降中量的雨，应当重喷。

3. 集中采收

（1）待棉株脱叶率达 95%以上、吐絮率达 70%以上时，即可进行人工集中摘拾或机械采摘。

（2）第一次采摘后，机械拔出棉株腾茬种蒜或者种麦，棉株地头晾晒，根据残留棉桃数量人工摘拾一次。也可采用专用机械将未开裂棉桃集中收获，喷施乙烯利或自然晾晒吐絮后一次收花。

在蒜棉产区发展蒜后直播短季棉要注意以下三个问题。

一是要促进3个方面的配套，即品种、机械和种植方式相配套。大蒜品种方面要选用早熟早收、优质高产的大蒜品种，棉花品种方面要选用高产优质抗逆的短季棉品种；在机械方面，要有配套的播种机械以实现棉花精量播种、减免间定苗，要尽可能使用机械进行田间管理；在种植方式上，大蒜采用满幅种植，实现大蒜产量的最大化，收蒜前灌溉，收蒜后立即旋地，用机械精量播种，每公顷棉花留苗9万株左右，实收7.5万株以上，最终株高控制在80~90 cm。

二是示范推广要循序渐进。蒜后直播短季棉对播种时间的要求十分严格。据试验，自5月25日起，棉花每推后1 d播种，棉花产量将减少2%左右。这就要求大蒜最好能在5月25日以前收获，棉花要在5月底以前播种。受人力、物力和农民种植习惯的限制，这一种植模式不可能在短时间内被农民普遍接受，需要在继续扩大示范点和示范面的基础上，通过宣传引导、示范带动等多种形式让农民认可并加以推广。

三是要继续创新品种、技术和机械装备。配套技术和产品是实现蒜后直播短季棉的物质和技术支撑，必须继续改进、完善和创新。要继续改进短季棉品种的早熟性，在确保产量、品质和抗逆性的基础上，选育出适合6月初以前播种的短季棉品种；改进和完善农艺栽培技术，特别是合理密植、简化施肥、群体调控技术等，在此基础上探索棉花机械化收获的可行性。要研发新的机械装备，特别是播种和收获机械，为实现蒜后直播短季棉全程机械化生产打下基础。

第四节　晚春播无膜短季棉轻简化栽培技术

短季棉是指生育期短、生长发育进程快、开花结铃集中、晚播早熟的棉花品种类型。我国早期育成的短季棉品种多存在衣分低品质差等缺点。但近年来，随着育种技术的不断提高，新近育成的短季棉品种在较好地保持了早熟性、丰产性和抗逆性的基础上，衣分和纤维品质得到显著改善，如中棉所50、中棉所67、新陆早42号、鲁棉532等短季棉品种的衣分可达38%以上，纤维上半部平均长度≥28 mm，断裂比强度≥28 cN/tex，马克隆值4.8以下，较好地满足了棉纺织工业的要求。利用短季棉生育期短的特性，在我国热量较差地区以及多熟制棉田种植短季棉，一方面可以提高土地利用率，顺应农业结构性调整；另一方面能够减免地膜使用，减少农药化肥用量，实现棉花的绿色可持续生产。

一、短季棉无膜直播栽培的产量和效益情况

短季棉的品种特性主要表现在生育期短（100~115 d），植株矮且株型紧凑，开花结铃集中，晚播早熟。短季棉的栽培特点主要表现在种植模式多样，既可在黄淮海棉区作麦田夏套、长江流域棉区作麦（油）后移栽或麦（油）后直播，也可在西北内陆早熟棉区作一熟春棉种植，其播种期弹性较大，黄淮海棉区一般集中在5月15日至6月5日，多强调“密、矮、控”栽培，即地膜覆盖，采取高密度（7.5万~12万株/hm^2）、早打顶（7月20日前后单株果枝9~11个）、适当化学调控（株高控制在75~95 cm），通过塑造合理株型并控制单株的生产量，充分发挥其群体优势，进而实现高产高效。由于传统晚播栽培的短季棉仍然强调地膜覆盖，其晚播早熟的效应没有得到真正发挥出来。

2018年，山东棉花研究中心在滨州市和东营市建立无膜短季棉直播栽培技术示范片21个，皆应用了以“早熟棉品种（鲁棉532）、露地精量晚播（5月中下旬雨后播种）免间苗定苗、合理密植（等行距76cm，密度6 000~8 000株/亩），科学化控免整枝、种肥同播施足基肥（N5、P_2O_5和K_2O分别为6、5、8 kg/亩）基础上盛蕾期一次性追施N肥（N 5 kg/亩）、化学调控壮株控高（现蕾前至打顶后化控3~4次）”为关键措施的“滨海盐碱地早熟棉无膜晚播栽培技术”。比传统种植的春棉平均省工35.5%，减肥26.7%，减施喷药次数25%、减药28%。

2018年9月22—23日，山东省农业科学院邀请有关专家对山东棉花研究中心在黄河三角洲建立的“滨海盐碱地无膜晚播早熟棉轻简化栽培技术”示范区进行了现场考察。专家组按照《全国棉花高产创建示范片测产验收办法》，随机抽测无棣县示范田4块，每块田3个点，共计12个点次。平均密度6 067株/亩，平均株高80.8cm，平均亩铃数53 600个，平均单铃重5.42g（50铃平均×0.85），折算系数0.85，平均亩产籽棉246.9kg；抽测传统对照田2块共计6点次，平均密度3 650株/亩，平均株高110 cm，平均亩铃数58 800个，平均单铃重5.48g（50铃平均×0.85），折算系数0.85，平均亩产籽棉273.9kg。示范田比传统春棉对照田减产9.9%。

滨海盐碱地早熟棉无膜晚播栽培技术示范田产值 1 777元，扣除人工和物化成本后纯收入 757 元；传统春棉对照田产值 1 972元，扣除人工和物化成本后纯收入 372 元，无膜晚播栽培的早熟棉比早播春棉每亩增加 385 元。盐碱地早熟棉无膜晚播栽培是棉花减肥减药、节本增效的重要技术途径。

二、栽培技术要点

（一）播前准备

1. 秸秆还田

棉花秸秆还田并结合秋冬深耕是改良土壤特别是盐碱土壤、培肥地力的重要手段。棉花秸秆应在棉花收获完毕后的 11 月上旬用还田机粉碎还田，粉碎后的秸秆长度以小于 5 cm 为宜。

2. 冬前整地

冬前结合秸秆还田，深翻松土 25~30 cm。根据情况平整土地。

3. 春季灌溉

含盐量高于 0. 3%的盐碱地采用短季棉无膜直播时必须先淡水压盐后再播种。可在播前 15 d 左右，每根据盐碱情况灌水 900~1 200 m^3。

4. 播前整地

春季等雨播种的棉田，雨后及时耘地耙耢。有条件春季灌溉的棉田，灌后及时耙耢保墒。

结合耘地耙耢每公顷用 48%氟乐灵乳油 1. 5~1. 6 L，对水 450 kg，在地表均匀喷洒，然后通过耘地或耙耢混土，防治多年生和一年生杂草。

（二）播种

1. 品种选择

品种选用株型较紧凑、叶枝弱、赘芽少、早熟性好、吐絮畅、易采摘、品质好的棉花品种鲁 54、鲁棉 532、中棉所 64 等短季棉品种。要求棉花种子脱绒包衣、发芽率不低于 80%、单粒穴播时发芽率不低于 90%，正规种子企业购买，以保证种子的真实性和一致性。

2. 播种时期

短季棉适宜播种期较长，一般可以在 5 月 10 日至 6 月 5 日。对于压盐造墒的棉田，可以在 5 月 15—25 日播种；对于等雨播种的棉田，要根据降雨情况，选择合适的播种时间。需要注意的是，短季棉播种最早不能早于 5 月 10 日，最晚不能晚于 6 月 5 日。

3. 播种要求

短季棉采用全程轻简化栽培的方法管理，要求精量播种，可以采用单粒穴播，每穴播 1~2 粒，每亩用脱绒包衣种子在 1~1.5 kg；也可以条播，每亩用脱绒包衣种子 1.5~2 kg，播种深度 3 cm，均匀一致。机械播种，播种覆土后喷施二甲戊灵或乙草胺等覆盖地表，防止杂草发生。

4. 种植密度

采用等行距，一般可选择行距 66 cm，机械采收棉田采用 76 cm。棉花出苗后不间苗、不定苗，保证密度 6 000~8 000株/亩。

三、田间管理

1. 早追肥

短季棉可以较春棉减少施肥量 30%。具体用量为 N 10~12 kg，P_2O_5 5~6 kg，K_2O 10 kg，50%氮肥和全部磷钾肥作基肥施用，剩余氮肥盛蕾期一次性追施。

2. 免整枝

按照少量多次、前轻后重的原则进行化控，全生育期化控 3~4 次。在棉花现蕾时即根据棉花长势和天气情况，每公顷喷施缩节胺 7.5 g 左右轻度化控；以后每隔 7~10 d 以缩节胺或助壮素化控 1 次，用量在 15 ~45 g/hm^2 的范围内逐渐增加。在 7 月 20 日前后或单株果枝达到 8 个左右时人工或机械打顶。生育期内不采取任何其他整枝措施。

也可采用化学封顶。在大部分棉株出现 7~8 个果枝时，每公顷采用 45~75 g 缩节胺对棉株喷施，侧重喷施主茎顶和叶枝顶；7 d 后每公顷采用 75~90 g缩节胺进行第二次喷施，着重喷施主茎顶，实现自然封顶。缩节胺可以和多数防治病虫害的药剂混合喷施，但不宜与碱性农药混配。

3. 浇关键水

严重干旱年份要浇“救命水”，特别是现蕾后是 10 d 内是棉花搭架子的关键时期，遇到严重干旱时要浇水。淡水资源严重缺乏的地区可以微咸水灌溉，具体微咸水盐浓度的临界值苗期为 0.2%，现蕾至开花期为 0.3%，开花后为 0.4%~0.5%。

四、集中采收

1. 脱叶催熟

一般在棉花吐絮率 60%以上时开始脱叶催熟，即在 9 月 25 日前后第一次脱叶催熟，7 d 后根据情况再喷施第二次。

每公顷喷施 50%噻苯隆可湿性粉剂 450 g+40%乙烯利水剂 3 000 ml 对水 6 750 kg 混合施用。棉田密度大、长势旺时，可以适当加量。为了提高药液附着性，可加入适量表面活性剂。

尽可能选择双层吊挂垂直水平喷头喷雾器。喷施时要求雾滴要小，喷洒均匀，保证棉株上、中、下层的叶片都能均匀喷有脱叶剂；在风大、降雨前或烈日天气禁止喷药作业；喷药后 12 h 内若降中量的雨，应当重喷。

2. 集中收花

待棉株脱叶率达 95%以上、吐絮率达 80%以上时，即可进行人工集中摘拾或机械采摘。

第一次采摘后，机械拔出棉株腾茬种蒜或者种麦，棉株地头晾晒，根据残留棉桃数量人工摘拾一次。也可采用专用机械将未开裂棉桃集中收获，后喷施乙烯利或自然晾晒后收花。

总之，利用短季棉生育期短、晚播早熟的特性，在黄河三角洲盐碱地晚春或早夏播种短季棉，能够减免地膜使用，减少农药化肥用量，实现棉花的绿色生产。加快该技术在适宜地区的示范推广具有重要意义。

附录

4-1　黄河流域棉花轻简化栽培技术意见

4-2　黄河流域棉区棉花轻简化栽培技术规程

4-3　黄河流域棉区机采棉农艺技术规程

4-4　蒜（麦）后直播早熟棉高效轻简化栽培技术规程

4-5　蒜套棉高效轻简化栽培技术规程

附录 4-1 黄河流域棉花轻简化栽培技术意见

1 棉花精量播种

棉花精量播种技术是通过气吸式精量播种机，依据土壤含水量，对播种深度、播种距离和播种量进行精确调整，把高质量的种子播到土层中最理想的位置，将土地平整、开沟、覆膜、压膜、播种、覆土等环节一次性完成的高、精、准农业新技术；该技术在播种时按照设定株距，每穴播种 1～2 粒种子，改变了传统播种机每穴 3～4 粒或条播的播种模式，与传统机播技术相比更科学、更合理、更能保证棉花的成长质量，最终实现一播全苗，从而减免间苗、定苗环节，降低劳动强度，节省用工，减少种子投入，是现代精准农业技术的重要内容之一，是传统农业向现代农业发展的必然趋势，是棉花种植技术史上的一大进步。棉花精量播种技术是棉花轻简化栽培技术的首要环节，其技术要点如下。

1.1 严把种子质量

棉种质量是精量播种技术的前提和基础，由于精量播种每穴下籽量为 1～2 粒，因此对种子的质量要求极高，首先一定要做好种子的分级、分选工作，同时对棉种做好发芽试验，以确保棉种的发芽率，保证一播全苗。

一般精量播种要求种子发芽率不低于 90%，最好能达到 95%以上，确保种子发芽率是精量播种技术的前提条件，是保证一播全苗的物质基础。

播种前对种子必须进行药剂拌种处理，以减轻苗期根病的发生，防止缺苗断垄。

1.2 整地灌水

适宜的土壤水分条件可保证种子顺利发芽出苗，如土壤水分含量不足，播种后不利于种子吸水萌发，会降低出苗率，形成缺苗断垄，而土壤水分含量过高，则会造成烂籽，同样不利于一播全苗。

精量播种技术要求整地时采用先旋耕，后灌水的方式，每亩灌水量不低于 80 m^3，保证土壤充足的底墒水；灌水后待土壤表层墒情适宜时，进行整地，土地平整度、残留地膜、秸秆粉碎质量都会影响到播种质量，一般耙耱 2～3 遍，达到“墒、深、平、齐、松、碎、净”的标准，整地后的土壤要有足够的表墒和底墒，地面平整、上松下实，无板结层，表土细碎干净，无残茬残膜。

1.3　适期播种

黄河流域4月气温波动较大，天气过程变化频繁，温度呈螺旋式上升，4月上中旬易出现短暂高温天气，如此时播种，往往紧接着遇到低温降雨，影响种子出苗。精量播种需适当晚播，一般在4月20日以后，根据天气情况，选择未来一周无明显降温降雨过程的“冷尾暖头”进行播种，播种时间不晚于5月5日即可。适期晚播气温升高，有利于快速出苗，实现苗齐苗壮，一播全苗的目标。

1.4　株行距配置

由于棉花自身调节能力极强，在较大的密度范围内可保持产量的稳定性，因此可通过适宜的株行距配置减少因出苗不齐造成的产量损失。精量播种技术与机采棉种植模式相结合，采用等行距76 cm种植方式，塑料地膜覆盖，设计株距17~18cm，设计密度5 000穴/亩，每穴1~2苗，当连续缺苗在3穴以内时，可通过左右两侧及行间棉株的补偿效应，弥补产量损失，收获密度达到5 000~6 000株/亩时，可实现不降低产量的目标。

1.5　播种控制

精量播种对播种机械和机械操作要求高，要按照农艺技术要求对棉花精播机进行调试，播种深度严格控制在2~3cm，播种过浅，容易晒种，播种过深，延长出苗时间，易导致出苗率下降。在播种过程中操作人员要随时注意观察机具的运转、下种情况和铺膜质量等，确保运转正常。

2　棉田管理

棉花轻简化栽培技术，以简化整枝、简化施肥、虫害机械化防治为核心，免去了间苗、定苗环节，整枝技术采用只打顶心辅以缩节胺化控塑造合理株型，省略去叶枝、打边心、抹赘芽、去老叶等非必要技术措施，同时在施肥技术上采用缓释肥一次底施，中后期不再追肥，病害防治采用中小型喷药机械，初步实现棉花管理全程机械化。

2.1　简化施肥

棉花对氮钾肥需求量大，对磷肥需求量低，磷钾肥可一次底施，而氮肥一般认为由于损失途径较多，需底施与中后期追施相结合，但随着大颗粒尿素以及缓释氮肥的出现，使棉花所有肥料一次底施成为可能。综合考虑土壤养分含量与棉花养分需求量，棉花适宜肥料用量为纯氮12~15kg/亩，五氧化二磷5~6kg/亩，氧化钾10~12kg/亩，于旋耕前一次撒施于地表，有条件地区可增施有机肥（有机质含量≥20%）300kg/亩，中后期不再追肥。

2.2 简化整枝

简化整枝是棉花田间管理中的核心简化技术，传统整枝技术包括去叶枝、去老叶、抹赘芽、打边心、打顶心，称为“五步整枝法”，操作程序繁琐，费工费时。棉花简化整枝技术通过保留叶枝，不再抹赘芽、打边心、去老叶，只于7月中旬主茎打顶，同时去掉叶枝顶心，辅以缩节胺化控塑造合理株型。缩节胺使用针对旺长棉田，参考用量为苗期0.2~0.5g/亩，蕾期1.0~1.5g/亩，初花期2.0~2.5g/亩，盛花期3.5~4.5g/亩，缩节胺化控要掌握“勤调轻控”原则，根据土壤地力、降水情况、棉花长势酌情增减。简化整枝技术是充分利用了棉花叶枝结铃特性，通过保留叶枝，增加整株棉花的现蕾、开花与结铃强度，达到单位面积成铃数增加，从而产量损失的目的。

2.3 蕾期除草与关键水

棉花苗期与蕾期中耕2~3次，加强除草；现蕾后起垄培土，在棉行形成约15cm高的垄背，为蕾期灌水做好准备；6月中下旬耕层土壤含水量低于相对持水量60%以下、棉花中午出现萎蔫现象，16时不恢复、无预期降水情况下要进行灌溉，灌水量40 m^3/亩。进入花铃期后，黄河流域地区也进入雨季，一般无需再灌水。

2.4 机械喷药

棉花虫害防治采用中小型喷药机械与无人机结合，减少人工投入，中小型自走式棉花喷药机是目前生产上应用较多的棉田植保机械，可于棉花苗期到初花期防治蚜虫、红蜘蛛、盲蝽、棉铃虫等虫害，无人机喷药技术目前日趋成熟，可用于棉花中后期防治棉铃虫、盲蝽，喷施乙烯利催熟等。

（1）蚜虫防治　当棉花新叶卷曲，田间棉花卷叶株率达到10%时施药，可选22%氟啶虫胺腈悬浮剂20 ml+50%吡蚜酮可湿粉15 g/亩进行喷雾，每亩用水量不少于30 L，打匀打透，尽量使药液喷到叶片背面。也可轮换使用吡虫啉、啶虫脒、丁硫克百威等，避免长期使用单一农药品种，延缓蚜虫抗药性。

（2）盲蝽防治　盲蝽防治采用喷施22%氟啶虫胺腈悬浮剂50 ml/亩，傍晚时施药最好。连续用药两次，间隔5~7 d。成方连片棉田，要统一用药时间，统一行动。

（3）红蜘蛛防治　长时间干旱，要注意灌溉，减轻红蜘蛛的发生为害。红蜘蛛为害可导致棉花叶片出现红色斑点，棉株红斑率达15%时，喷施1.8%

阿维菌素乳油 15 ml/亩，施药时尽量使药液喷到叶片背面。

（4）棉铃虫防治　一般情况下，抗虫性好的棉花品种，第 3 代棉铃虫达不到防治指标，不用喷药防治。但如果棉花品种抗虫性较弱，或棉铃虫大发生的情况下，田间每百株棉铃虫低龄幼虫达 20 头时，可选 5%甲维盐可溶粒剂 10 g/亩或 20%氯虫苯甲酰胺悬浮剂 10 ml/亩的剂量喷药防治。

（5）烂铃防治　通过合理化控调结棉花长势，遇多雨年份推株并垄，增加田间通风透光，并在大雨过后及早排涝，以减少后期烂铃。也可于 8 月上中旬，施用 80%三乙膦酸铝可湿性粉剂 500~800 倍液即可。

3　集中收获技术

棉花机械化收获在黄河流域目前处于试验示范阶段，试用机型有凯斯 4MZ-5（420）、约翰迪尔 4MZ-5（9970）、天鹅 4MZ-3A 等机型，其中凯斯 4MZ-5（420）与约翰迪尔 4MZ-5（9970）均一次可采 5 行，作业效率每小时 25~30 亩，天鹅 4MZ-3A 一次可采 3 行，作业效率每小时 10~15 亩，均针对等行距 76cm 种植模式。相关配套技术也处于示范完善阶段。

3.1　品种选择

适机采品种一般需要具备以下几个特点。

一是株型紧凑，抗倒伏。机采棉株高一般控制在 80~100 cm，也可适当放宽，但最高不应超过 120 cm，株高过高易引起倒伏，不利于机械收获；第一果枝节位 5 节以上，高度要控制在 15~20 cm，因为采棉机部件设计只能采收高于地面 15 cm 的棉絮，而初始果节位过高又会延长生育期，因此初始果枝节位高度要控制在 15~20 cm。

二是早熟性好。棉花纤维品质形成与棉铃正常成熟、纤维完全发育直接相关，选用早熟品种一方面与机采棉一次收获相关，另一方面也是提高棉花比强度的需要，由于棉花机采需要等到全部吐絮后集中一次采收，而中下部棉铃在吐絮后随着在田间暴露时间增加，比强度下降明显，不同品种不同年份下降幅度在 0.3~1.4 cN/tex，因此机采棉品种需采取综合措施提高比强度，而良好的早熟性是保证棉纤维比强度的重要因素，一般选择生育期 120 d 左右的棉花品种。

三是吐絮集中，含絮力合适。冀中南棉区要求在 10 月 20 日吐絮率达到 95%以上，含絮力过低，不能抵抗风雨冲击，会造成籽棉大量脱落，含絮力过高，容易夹壳，影响采净率；因此棉花吐絮较早、吐絮比较集中有利于较早集中机采，提高采棉机的工作效率。

四是叶片小，对脱叶剂敏感，易脱落。机采棉品种叶片要偏小，光合能力强，对脱叶剂敏感，能在吐絮后自然落叶则更好。

五是纤维品质好。纤维品质要达到双 30 以上，尤其是纤维比强度，能经受住清理机械的冲击，马克隆值最优在 3.7~4.2，最高不要超过 4.7。

机采棉品种一方面要实现采棉机械的要求，另一方面也要与品种农艺性状协调一致，还要在早熟、稳产基础上做到抗枯萎病，耐黄萎病，纤维长、强、细协调。河北省目前可选用的品种有冀棉 2016、欣杂棉 963、衡棉 HD008 等。

3.2 精细整地

棉花机械化采收对整地要求较高，首要条件是土地平整，有条件地区最好使用激光平地机整地；其次是土壤肥力中等以上的沙壤土和壤土，利于出苗和保全苗，最好成方连片面积较大，可以提高机械的利用率和采收效率；机采地块在入冬前施入足量有机肥，例如腐熟鸡粪、猪粪等，要求施肥均匀，做到不漏施肥，然后使用大马力拖拉机进行犁地，犁地深度在 30 cm 左右。

播种前进行春灌，灌水量 80~100 m^3/亩，结合灌水亩施棉花专用复合肥 50~60 kg，待土壤表面湿度适宜时，进行耙耱整地。耙耱前喷施除草剂，一般采用 33%二甲戊灵乳油，每亩用量 200ml，对水 30 L/亩，喷施于地面，喷药时务必做到均匀一致，不重喷、不漏喷。耙耱后要求土地平整，表土细碎，上虚下实，以利于保墒、播种。

3.3 适期播种

播种使用气吸式精量播种机，首先是调节播量，通过调节播种箱的操纵杆，使每穴控制在 1~2 粒种子；二是调整播种行距与株距，合理配置棉花种植行距，便于机械进行作业，种植行距采用等行距 76 cm，播行要端直；三是调整播种深度，一般播种深度控制在 2~3 cm，墒情好时偏浅，墒情差时适当加深，要保证种子落在湿土里；四是适期晚播，在冀中南地区一般要求 4 月底至 5 月初完成播种作业即可，过早容易引起棉花后期早衰与二次生长，过晚棉花吐絮延迟，影响采收。

3.4 合理密植

合理密植是增加单位面积产量的有效途径，有利于充分利用地力、提高光能利用率，可充分利用空间，增加总铃数，同时改善棉铃空间分布，促进棉株集中结铃。

根据历年试验结果，棉花密度在 3 500~7 000 株/亩时，籽棉产量差异不大，表明棉花具有很强的自身调节能力，能够自动调节个体与群体之间的关系，但在多雨年份，密度过高会引起下部烂铃比例增加，降低棉花的加工品质，而在密度较低情况下，单株棉花结铃数增加，导致成铃部位分散，棉花吐絮时间拉长，又不利于集中吐絮收获。因此综合考虑河北省气候条件与机采棉对吐絮集中度的要求，黄河流域机采棉密度不可过高，也不可过低，一般控制在5 000~6 000株/亩最为适宜。

3.5　全程化控

机采棉采用全程化控技术，塑造紧凑株型，简化整枝管理，只在7月中旬打顶心。由于机采棉要求初始果枝节位不低于15 cm，因此苗期一般不进行化控，第1次化控可在现蕾期进行，每亩用量0.5~1.0g，15~20 d后进行第2次化控，每亩用量1.5~2.0 g，初花期进行第3次化控，每亩用量3.0~3.5 g，花铃期根据天气情况及棉花长势选择性化控，每亩用量4.0~4.5 g。由于机采棉要求最终株高控制在80~100 cm，因此在化控过程中需要密切关注株高变化，及时增减缩节胺用量，必要时还需调整化控次数，争取做到主茎每个果枝节间距离均控制在5~7 cm。

3.6　脱叶催熟

脱叶剂的选择。脱叶剂可选择德国拜耳公司生产的机采棉专用脱叶剂脱吐隆效果较好，但成本费用较高，也可使用噻苯隆与乙烯利混合剂，目前市场上常见的有540 g/L敌草隆·噻苯隆悬浮剂，50%噻苯隆悬浮剂，81%噻苯·敌草隆分散粒剂（瑞脱龙），30%或12%噻苯·敌草隆悬浮剂。

适时脱叶。脱叶时间要适时，使用过早，棉铃未熟先开，会降低铃重，造成减产，使用过晚，因气温低乙烯释放慢，会降低催熟效果，冀中南地区一般在9月下旬到10月初，田间棉花吐絮率达到60%以上时开始脱叶催熟，在采收前18~25 d进行，要求上部铃铃期超过45 d，喷施时日最高气温在20℃以上，日平均气温18~20℃。

配制药液。每亩用噻苯隆20g+40%乙烯利150~200 ml，对水20 kg，可采用二次稀释法配药，将脱叶剂和乙烯利分别在两个桶中配制母液，在药箱里先加入一半的水，然后将母液慢慢倒入水中，做到边加药边搅拌，同时进行回水搅拌，确保药液充分混匀，然后将水加满，搅拌均匀，一般喷雾助剂最后加入药箱。亩用水量不宜过大，喷施脱叶催熟剂要雾化好，棉株上中下部均匀喷药。

灵活掌握喷药用量。根据喷药时棉花吐絮率、喷施时期、棉株高度和密度情况，灵活掌握药量；喷施脱叶催熟剂利弊大小与脱叶催熟剂的用药量、喷药时间、喷药均匀性和棉花成熟度有关；要根据棉花长势、气温和密度等灵活掌握用量，正常棉田适量偏少，过旺棉田适量偏多，早熟品种适量偏少，晚熟品种适量偏多，喷施早的适量偏少，喷施晚的适量偏多，密度小的适量偏少，密度大的适量偏多。

采用合适的机械喷药。采用自走式喷药机进行喷药催熟，要求喷施脱叶剂雾滴要小，喷量要大，喷洒均匀，使上下层、高低叶片的正反面都能喷上脱叶剂，有效着药叶片≥95%，脱叶率≥90%。

二次脱叶。针对因密植旺长、贪青晚熟导致一次脱叶效果不理想的棉花，可实施二次脱叶技术，提高脱叶率、降低含杂率，提升棉花等级。生产中可于第1次亩喷施瑞脱龙 20～25 g+乙烯利 100 ml 或脱吐隆 9～12 ml+乙稀利 100 ml，后 7 d 第 2 次喷施脱吐隆 9～12 ml，以提高机采棉脱叶率。

3.7 适时采收

采收前准备。对田边地角机械难以采收但又必须通过的地块进行人工采收；平整并填平条田内的毛渠、田埂；清除田间障碍物、标志物，有出水管道的地方插上彩色旗帜以提醒机手；必须人工拾出地两端 15m 的地头，要求将地头棉秆粉碎，将地头平整便于采棉机及拉运棉花机车通行。

采棉机安全技术要求。机车工作人员必须穿紧身工作服，机车行走运转前必须发出行走运转信号，作业时严禁在采摘台前和拖拉机前活动，采棉机在空运转或工作时严禁排除各种障碍，夜间工作机组必须有足够的照明设施；非机组人员不得随意上机车进行作业（包括运棉机车），不得随意靠近运转的机车；作业区内任何人不得躺卧休息，不许在作业区内或采棉机及拖拉机上吸烟，不许使用明火照明，必须服从机组安全人员对违反安全行为的劝阻。

采收。脱叶 20 d 以后，待田间吐絮率超过 95%、叶片脱落率超过 90%时，使用采棉机一次采收。要求采净率达到 93%以上，合理制定行走路线，减少撞落损失，总损失率不超过 7%，含杂率 10%以下，含水率在 11%以下。

附录 4-2 黄河流域棉区棉花轻简化栽培技术规程

1 范围

本标准规定了棉花轻简化栽培相关术语和技术措施，包括播种、田间管理和收获等的技术与措施。

本标准适用于黄河流域棉区一熟春棉，套作棉花也可参考。

2 规范性引用文件

下列文件对于本文件的应用是必不可少的。凡是注日期的引用文件，仅所注日期的版本适用于本文件。凡是不注日期的引用文件，其最新版本（包括所有的修改单）适用于本文件。

DB37/T 158 棉花灌溉技术规程

DB37/T 159 棉花病虫害防治技术规程

DB37/T 2026—2012 滨海盐碱地棉花丰产简化栽培技术规程

DB37/T 2027—2012 滨海盐碱地棉花生产技术术语

3 术语

下列术语和定义适用于本文件。

3.1 轻简化栽培

“轻”是机械代替人工，减轻劳动强度；“简”是减少作业环节和次数，简化种植管理；“化”则是农机与农艺有机融合。轻简化栽培是指采用现代农业装备代替人工作业，减轻劳动强度，简化种植管理，减少田间作业次数，农机农艺融合，实现棉花生产轻便简捷、节本增效的栽培技术体系。

3.2 精量播种

分为苗床精量播种和大田精量播种。

苗床精量播种是指选用优质种子，在营养钵、育苗基质和穴盘等人工创造的良好苗床上人工或机械进行播种和育苗的技术。

大田精量播种是指选用优质种子，精细整地，合理株行距配置，机械播种，不疏苗、不间苗、不定苗，保留所有成苗的大田棉花播种技术。

4 条件要求

4.1 土壤条件

4.1.1 棉田平整，集中连片。有机质含量在 0.8%以上，耕作层深度 20 cm 以上，质地疏松。依照 DB37/T 2027—2012 的要求，盐碱地棉田播种时土壤 0~20 cm 表层含盐量在 0.25%以下。

4.1.2　非盐碱地棉田冬前深耕，耕深 25~30 cm；盐碱地棉田冬前深松，深度 30~40 cm。深耕或深松每 2~3 年进行 1 次。

4.2　水浇条件

有一定的水浇条件，保证播前造墒。

4.3　热量条件

播种至吐絮大于 15 ℃积温不少于 3 000 ℃。

4.4　机械装备

配备比较完备的机械装备，包括秸秆还田、整地、播种、覆膜、中耕施肥、病虫草害防治等作业机械，装备质量应符合相关标准要求。

4.5　种子质量

选用脱绒包衣棉种，种子饱满充实，发芽率高于 80%，种子纯度 95%以上，含水量不高于 12%。播前晒种，做发芽试验，确定播种量，勿浸种。

5　化学除草

5.1　播前混土施用

棉田整平后，每公顷用 48%氟乐灵乳油 1 500~1 600 ml，对水 600~700 kg，或每公顷用 33%二甲戊灵乳油 2 250~3 000 ml，对水 225~300 kg，在地表均匀喷洒，然后通过耘地或耙耢混土，防治多年生和一年生杂草。

5.2　播后苗前施用

先播种后覆膜棉田，播种后在播种床均匀喷洒除草剂，然后盖膜；覆膜后膜上打孔播种棉田，覆膜前在播种床上均匀喷洒除草剂，然后膜上播种，并注意压土堵孔。可选用的除草剂及用量有：每公顷 50%乙草胺乳油 1 800~2 250 ml对水 450~700 kg，每公顷 33%二甲戊灵乳油 2 250~3 000 ml 对水 225~300 kg，60%丁草胺乳油 1 500~2 000 ml 对水 600~700 kg，或用 43%拉索乳油 3 000~4 500 ml 对水 600~700 kg。

6　播种

6.1　机械精量播种

采用多功能棉花精量播种机械播种，每公顷用种量在 22.5 kg 左右，将播种、喷施除草剂和覆盖地膜等程序合并作业，一次完成。

6.2　行距配置

人工收获一般采用大小行，行距分别为 90~100 cm 和 50~60 cm，用幅宽

90 cm 的地膜覆盖小行；机械收获时，要采用等行距种植，行距为 76 cm 或 66 cm+10 cm，采用幅宽 120 cm 地膜覆盖两行。

6.3　免间苗定苗

6.3.1　先播种后盖膜的，出苗后及时人工放苗，并在放苗过程中灵活控制棉苗数量达到每公顷 6 万~9 万株，以后不疏苗、间苗和定苗，减免间苗和定苗工序。

6.3.2　先覆膜后播种的，实行覆膜、膜上打孔播种和覆土联合作业，自然出苗，出苗后不间苗、不定苗。

7　中耕

按照 DB37/T 2026—2012 执行。其中，盛蕾期前后中耕不可减免，可采用机械将中耕、除草、追肥、破膜和培土合并进行，一次完成。

8　施肥

8.1　施肥原则

依据棉田养分特征、棉花产量目标分类施肥，速效肥与控释肥或缓释肥结合一次施肥，减少施肥次数，提高肥料利用率。

8.2　施肥方法

8.2.1　高产田施肥。在酌施土杂肥等有机肥的前提下，每公顷采用控释 N（释放期为 90 d）150 kg、速效氮 75~90 kg、P_2O_5 90~105 kg、K_2O 105~120 kg作基肥一次施用，以后不再追肥。

8.2.2　中、低产田施肥。在酌施土杂肥等有机肥的前提下，每公顷采用控释氮（释放期为 90 d）100 kg、速效氮 100 kg、P_2O_5 75~90 kg、K_2O 75~90 kg 作基肥一次施用，以后不再追肥。

9　整枝

9.1　中密度条件下粗整枝

种植密度为每公顷 6 万株左右的棉田采用粗整枝。在大部分棉株出现 1~2 个果枝时，将第 1 果枝以下的营养枝和主茎叶全部去掉（俗称撸裤腿）；7 月 15—20 日人工打顶。减免其他整枝措施。

9.2　高密度条件下免整枝

种植密度在每公顷 75 000 株以上的棉田减免去叶枝（叶枝保留）环节。7 月 15—20 日，结合缩节胺化控每公顷采用 2 000~3 000 g 氟节胺对水 500~600 kg进行化学打顶，采用机械顶喷，分 2 次喷施，时间间隔一周，氟节胺用量视棉花长势、天气状况酌情增、减施药量。减免其他整枝措施。

10 化学控制株高和封行时间

10.1 中密度棉田的化控

全生育期化控 4 次左右，第 1 次在盛蕾前每公顷用缩节胺 15~22 g；第 2 次在盛蕾期至初花前，用量 22~37 g；第 3 次在开花后至盛花期，用量 37~60 g；第 4 次在盛铃期前后，用量 60 g 左右。最终株高控制在 120~150 cm，等行距时 7 月 25—30 日封行，大小行时 7 月 15—20 日封小行、8 月 5—10 日封大行。

10.2 高密度棉田的化控

按照少量多次、前轻后重的原则全程化控，全生育期化控 5 次左右，第 1 次在现蕾时每公顷用缩节胺 15~22 g；第 2 次在盛蕾期后，用量 22~30 g；第 3 次在初花期前后，用量 30~45 g；第 4 次在盛花期前后，用量 45~60 g；第 5 次在盛铃期前后，用量 60 g 左右。最终株高控制在 100~120 cm，等行距时 7 月 30 日左右封行，大小行时 7 月 20 日左右封小行、8 月 10 日左右封大行。

11 棉田浇水

按 DB37/T 158《棉花灌溉技术规程》规定执行。

12 病虫害防治

按 DB37/T 159《棉花病虫害防治技术规程》规定执行。

13 收花

13.1 脱叶催熟

根据棉花长势及其天气情况，于 9 月底至 10 月初且气温稳定在 20 ℃以上、田间吐絮率达到 60%左右、棉花上部棉铃铃期 40 d 以上时，喷施化学脱叶催熟剂。一般采用每公顷 50%噻苯隆可湿性粉剂 600~900 g 和 40%乙烯利水剂 2 000~3 000 ml 混合施用。

13.2 集中收花

13.2.1 脱叶催熟剂喷施 15 d 后，待棉株脱叶率达 95%以上，吐絮率达 90%以上时，进行人工集中摘拾；两周后再摘拾一次即可，能有效减少收花次数，提高收花效率，减少用工。

13.2.2 有条件的地区提倡采用机械收花

附录 4-3　黄河流域棉区机采棉农艺技术规程

1　范围

本标准规定了机采棉相关术语及机采棉大田栽培管理技术，包括备播、播种、田间管理、脱叶催熟和收获等的技术与措施。

本标准适用于黄河流域棉区需要机械收获的一熟春棉和晚春播短季棉生产，需要机械收获的套作棉花生产也可参考。

2　规范性引用文件

下列文件对于本文件的应用是必不可少的。凡是注日期的引用文件，仅所注日期的版本适用于本文件。凡是不注日期的引用文件，其最新版本（包括所有的修改单）适用于本文件。

DB37/T 158　棉花灌溉技术规程

DB37/T 159　棉花病虫害防治技术规程

DB37/T 2026—2012　滨海盐碱地棉花丰产简化栽培技术规程

DB37/T 2027—2012　滨海盐碱地棉花生产技术术语

3　术语和定义

下列术语和定义适用于本文件。

3.1　机采棉

机采棉是指采用机械装备收获籽棉的现代农业生产方式，涉及品种培育、种植管理、脱叶催熟、机械采收、棉花清理加工等诸多环节。

3.2　含絮力

含絮力是指棉铃开裂后铃壳抱持籽棉的松紧程度。含絮力影响采棉机的采净率，过紧不易机械采摘，过松易自然脱落。

3.3　脱叶催熟

在棉花生育后期采用植物生长调节剂加速棉铃成熟吐絮、促进棉叶脱落的技术措施。

4　条件要求

4.1　棉田要求

机采棉田要求集中连片，面积较大；地势平坦，具备排灌条件，无沟渠、大田埂阻挡，便于采棉机作业。

4.2　品种要求

果枝始节较高，株型较紧凑，抗倒伏，结铃吐絮相对集中，吐絮畅、含絮力适中，对脱叶剂敏感。正常春播棉田采用中早熟棉花品种；纤维长度≥30 mm、强度≥30 cN/tex；晚春播棉田采用优质短季棉花品种，纤维长度≥29 mm、强度≥29 cN/tex。

5　种植模式及产量结构

5.1　种植模式

一年一熟制，地膜覆盖，标准化种植。种植密度每公顷 7 万~10 万株，行距配置为 76 cm 或 66 cm+10 cm。

5.2　产量构成

平均单株果枝 9~12 个。平均单株结铃 9~12 个，每公顷铃数 75 万~105 万个，全株平均铃重 4.5 g 以上，每公顷籽棉产量 3 500~5 000 kg。

6　播前准备

6.1　耕翻平地

11 月上、中旬结合秸秆还田进行耕翻，耕深 25~30 cm，翻垡均匀，扣垡平实，不露秸秆，覆盖严密，无回垄现象，不拉沟，不漏耕。播种前棉田进一步整理，达到下实上虚，虚土层厚 2.0~3.0 cm 的要求，以利于保墒、出苗。

6.2　灌水造墒

于 3 月下旬至 4 月初灌水造墒，每公顷灌水 750~900 m^3；盐碱地宜把淡水压盐与造墒结合，根据盐碱程度于播种前 20 d 左右灌水压盐，轻度和中度盐碱土棉田每公顷灌水 900~1 500 m^3，重度盐碱棉田每公顷灌水 1 500~2 000 m^3，一水两用。盐碱程度划分按照 DB37/T 2027—2012《滨海盐碱地棉花生产技术术语》执行。

6.3　施足基肥

播种前撒施基肥，一般每公顷施土杂肥 30 t，或用鸡粪 15 t，或商品有机肥 3~4.5 t；复合肥（含 N、P、K 各 15%以上）600 kg。浅翻二犁，耕深 10~12 cm，随即耙平待播。盐碱棉田春灌后，宜耕期内撒施基肥，随即翻耕，耕深 15 cm，耙透耧平后保墒待播。

6.4　播前除草

播前用每公顷用 48% 氟乐灵乳油 1 875~2 250 ml，或用 48% 地乐胺 3 000~3 750 ml，或用 72%都尔乳油 1 500 ml，对水 450 kg 地面喷施，或用 33%二甲戊灵乳油 2 250~3 000 ml 对水 225~300 kg 地面喷施，随喷随耙，混

土深度 3~5 cm，药物封闭消灭杂草。除草剂用量不可随意加大，以免产生药害。

6.5 种子准备

选用脱绒包衣棉种，种子饱满充实，发芽率高于 80%，种子纯度 95%以上，含水量不高于 12%。播前晒种，做发芽试验，确定播种量，勿浸种。

7 播种

7.1 播种期

5 cm 地温稳定在 15 ℃时播种，正常春棉于 4 月 20—30 日播种；短季棉晚春播于 5 月 15—25 日播种。

7.2 播种方式与播种量

条播时每公顷用种量 30 kg 左右；点播（每穴 2 粒）时每公顷用种量 20~25 kg。采用多功能精量播种机械，播种、铺膜、覆土、喷施除草剂一次完成，播种深度 2~3 cm。地膜宽 120 cm、厚≥0.008 mm，一膜覆盖两行。

8 田间管理

8.1 放苗

出苗后及时放苗，精量播种棉田放苗时按照预定苗量只放出壮苗，不再定苗。土壤湿度较小时，放苗后待苗叶上的水干后立即堵孔；土壤湿度较大时，苗放出来后给予 1~2 d 的晾晒时间，待棉苗周围的表土晾干后堵孔。

8.2 中耕、揭膜培土

中耕按照 DB37/T 2026—2012 执行。其中，盛蕾期结合中耕视土壤墒情和降雨情况将中耕、除草、揭膜、追肥和培土合并作业，一次完成。之后结合田间作业及时捡拾田间残膜，以防残膜污染棉花。

8.3 追肥

在施足基肥的基础上，一般棉田于盛蕾至初花期间每公顷追施尿素 150~225 kg，长势旺的棉田少追肥。

8.4 简化整枝

8.4.1 粗整枝或保留营养枝。粗整枝是在大部分棉株出现 1~2 个果枝时，将第 1 果枝以下的营养枝和主茎叶全部去掉，一捋到底，俗称“撸裤腿”。对于果枝始节位较低且早发（6 月 15 日前现蕾）的棉田，可同时去掉下部 1~2 个果枝。

8.4.2 打顶按照“枝到不等时，时到不等枝”的原则，于 7 月 15—20 日进行，最晚不迟于 7 月 25 日。

8.5 化学调控及其指标

8.5.1 叶面积系数指标

自现蕾开始，通过采用缩节胺或其水剂助壮素进行化学调控，使叶面积系数达到以下范围，初花期0.6~0.7、盛花期2.7~2.9、盛铃期3.8~4.0、始絮期2.5~2.7。

8.5.2 封行指标

于7月25—30日封行，达到“下封上不封、中间一条缝”的程度。

8.5.3 株高指标

种植密度每公顷7万~8万株时，控制最终株高110~120 cm，最高不超过130 cm；种植密度8万~10万株时，控制最终株高90~110 cm，最高不超过120 cm。

8.5.4 化控次数和用量

按照少量多次、前轻后重的原则，正常长势棉田全生育期化控4次左右，第1次在盛蕾前每公顷用缩节胺15.0~22.5 g；第2次在盛蕾期至初花前，用量30.0~45.0 g；第3次在开花后至盛花期，用量60.0~75.0 g；第4次在盛铃期前后，用量75.0~90.0 g。黄河流域雨水时空分布不均，干旱年份长势弱的棉田酌减，多雨年份长势旺的棉田酌增。

8.6 棉田浇水

按DB37/T 158《棉花灌溉技术规程》规定执行。

8.7 病虫害防治

按DB37/T 159《棉花病虫害防治技术规程》规定执行。

9 脱叶催熟

9.1 脱叶催熟时间

于9月底至10月初且气温稳定在20 ℃以上、田间吐絮率达到50%~70%，棉花上部铃的铃龄达40 d以上时，为脱叶剂的最佳施用期，要求施药后5 d气温相对稳定，日均温≥18 ℃。

9.2 脱叶催熟剂及施用方法

9.2.1 每公顷采用50%噻苯隆可湿性粉剂600~900 g和40%乙烯利水剂1 500~3 000 ml混合施用。为了提高药液附着性，将有机硅按照0.05%~0.15%的浓度添加到脱叶催熟剂中混合喷施。

9.2.2 选择双层吊挂垂直水平喷头喷雾器。喷施时要求雾滴要小，喷洒均匀，保证棉株上、中、下层的叶片都能均匀喷有脱叶剂；在风大、降雨前或烈日天气禁止喷药作业；喷药后 12 h 内若降中量的雨，应当重喷。

9.3 脱叶催熟用药原则

正常棉田适量偏少，过旺棉田适量偏多；早熟品种适量偏少，晚熟品种适量偏多；喷期早的适量偏少，喷期晚的适量偏多；密度小的适量偏少，密度大的适量偏多。要求脱叶率达到 95%以上，吐絮率达 95%以上。棉株上无塑料残物、化纤残条等杂物。

10 机械收获

10.1 采收前准备

确定进出机采棉田的路线，确保采棉机顺利通过。棉田两端人工采摘 15 m宽的地头，拔除棉秆，以利于采棉机转弯、调头；在田头整理出适当的位置，便于采棉机与运棉车辆交接卸花。

10.2 采收质量要求

合理制定采棉机采收行走路线提高采收质量，达到总损失率≤9%、含杂率≤11%的要求。

10.3 采棉机安全技术要求

严禁在采棉机和运输车上吸烟，采收作业区 100 m 内严禁吸烟；随车须配备防火设备；采棉机作业前应检查排烟管防火保护，确保安全有效；在排除故障时，应熄灭发动机，拉好手刹。

11 机采棉储存和清理

11.1 籽棉储存

回潮率超过 12%时，应随时检测棉垛温度变化情况，升温快的棉垛尽早加工；回潮率 12%以下的籽棉可起垛堆放，但垛高应低于 4 m，且不易长期大垛堆放，防止出现霉变。

11.2 籽棉清理

11.2.1 新采籽棉干湿不均，一般需起垛 5~7 d，使垛内籽棉干湿趋于一致后加工。

11.2.2 机械采收的籽棉须通过机采棉清理生产线，经过烘干、清理工序后，再进行籽棉加工。

附录 4-4　蒜（麦）后直播早熟棉高效轻简化栽培技术规程

1　范围

本标准规定了山东省蒜（麦）后直播早熟棉的生产条件要求，精量播种、简化管理、脱叶催熟、集中采收等简化高效生产管理措施和要求。

本标准适用于山东省大蒜、小麦收获后直播早熟棉的生产。

2　规范性引用文件

下列文件对于本文件的应用是必不可少的。凡是注日期的引用文件，仅所注日期的版本适用于本文件。凡是不注日期的引用文件，其最新版本（包括所有的修改单）适用于本文件。

GB 4407.1　经济作物种子　第 1 部分：纤维类

DB37/T 158　棉花灌溉技术规程

DB37/T 159　棉花病虫害防治技术规程

3　术语和定义

下列术语和定义适用于本文件。

3.1　早熟棉 Early-maturing cotton

是指生育期较短（110 d 以内），晚春或初夏播种能够正常吐絮成熟，产量高、品质优的棉花品种类型。

3.2　蒜（麦）后直播早熟棉 Direct seeding of early-maturing cotton after garlic or wheat

系指大蒜或小麦收获后，于 5 月下旬至 6 月初直接播种早熟棉品种，通过合理密植、简化管理、集中收获，实现轻简节本高效的一种植棉模式。

3.3　直密矮株型群体结构 Population structure consisting of densely populated short and compact plants

由传统“稀植大株型”群体结构改革发展而成的新型群体结构。蒜（麦）后直播早熟棉，行距 60~76 cm，株距 11.7~22.2 cm，收获密度 7.5 万~10.5 万株/hm^2，最终株高 70~90 cm；群体果枝数 90 万~105 万个/hm^2，群体果节数 250 万~300 万个/hm^2，节枝比 2.5~3.0，群体有效成铃数 75 万~95 万个/hm^2，伏桃和早秋桃占比 70%以上。

4　条件要求

4.1　棉田地力条件

蒜（麦）后直播棉田要求地势平坦、土层深厚、地力中等以上。具有良好的排灌条件，旱能浇涝能排。

4.2　品种和种子质量

4.2.1　棉花选用高产优质、生育期 110 d 以内的早熟棉品种；大蒜或小麦选用高产优质、晚播早熟的品种。

4.2.2　采用成熟度好、发芽率高的精加工脱绒包衣棉花种子，种子质量符合 GB 4407.1—2008《经济作物种子》规定。

4.2.3　棉花播种前选择晴好天气，破除包装，晒种；做发芽试验，确定播种量。

4.3　播前整地

4.3.1　麦后采用免耕贴茬直播。小麦留茬高度不超过 20 cm，小麦秸秆粉碎长度不超过 10 cm，粉碎后均匀抛洒。

4.3.2　蒜后清理残茬，采用免耕播种。也可整地后播种，采用旋耕机旋耕，耕深 10~15 cm。每公顷用 48%氟乐灵乳油 1 500~1 600 ml，对水 600~700 kg，均匀喷洒地表，耘地或耙耢混土后机械播种。

5　精量播种

5.1　麦后早熟棉精量播种

小麦收获后，立即采用开沟、施肥、播种、镇压、覆土一次性完成的精量播种联合作业机直接播种，精量条播时每公顷用种量 22.5 kg，精量穴播时用种量 18 kg 左右。播后每公顷用 33%二甲戊灵乳油 2.25~3.0 L，对水 225~300 kg均匀喷洒地面。

5.2　蒜后早熟棉精量播种

大蒜收获后，采用多功能精量播种机抢时、抢墒播种，每公顷用种量 18~22.5 kg。播后每公顷用 33%二甲戊灵乳油 2.25~3.0 L，对水 225~300 kg 均匀喷洒地面。

5.3　行距配置

等行距种植，行距为 60~70 cm，采用机械收获时可选用 76 cm。

6　简化管理

6.1　免间苗定苗

自然出苗，出苗后不间苗、不定苗，实收株数 7.5 万~10.5 万株。

6.2 简化中耕

盛蕾期前后将中耕、除草、追肥合并进行，采用机械一次完成。

6.3 简化施肥

6.3.1 麦后早熟棉可采用“一基一追”的施肥方式，每公顷基施 N 100 kg、P_2O_5 75 kg、K_2O 75 kg，盛蕾期追施 N 80 kg。也可采用种肥同播技术，每公顷施用 180 kg 控释 N（释放期为 90 d）、P_2O_5 75 kg、K_2O 75 kg。

6.3.2 蒜后早熟棉采用一次性追施，现蕾期每公顷追施 N 60 kg、P_2O_5 37.5 kg、K_2O 45 kg。

6.4 化控免整枝

6.4.1 全生育期化控 3 次。现蕾前后根据棉花长势和土壤墒情，每公顷喷施缩节胺 7.5~15 g；盛蕾初花、打顶后 5 d 左右分别化控一次，每公顷喷施缩节胺 22.5~60 g。

6.4.2 于 7 月 20 日前后人工或机械打顶，株高控制在 70~90 cm。采用化学封顶，棉株出现 7~8 个果枝时，每公顷采用 45~75 g 缩节胺喷施棉株，侧重喷施主茎顶和叶枝顶；7 d 后每公顷采用 75~90 g 缩节胺进行第二次喷施，着重喷施主茎顶，实现自然封顶。缩节胺可以和多数防治病虫害的药剂混合喷施，但不宜与碱性农药混配。

6.5 棉田浇水

按 DB37/T 158《棉花灌溉技术规程》规定执行。

6.6 病虫害防治

参照 DB37/T 159《棉花病虫害防治技术规程》规定执行。

7 脱叶催熟

7.1 脱叶催熟时间

10 月 1 日前后或棉花吐絮率 40%以上时开始脱叶催熟，7 d 后根据情况第 2 次喷施。

7.2 脱叶催熟方法

每公顷采用 50%噻苯隆可湿性粉剂 450 g+40%乙烯利水剂 3 000 ml 对水 6 750 kg 混合喷施。棉田密度大、长势旺时，可以适当加量。为了提高药液附着性，可加入适量表面活性剂。

尽可能选择双层吊挂垂直水平喷头喷雾器。喷施时雾滴要小，喷洒均匀，保证棉株上、中、下层的叶片都能均匀喷有脱叶剂；在风大、降雨前或烈日天气禁止喷药作业；喷药后 12 h 内若降中量的雨，应当重喷。

8　集中采收

8.1　待棉株脱叶率达95%以上、吐絮率达70%以上时，即可进行人工集中摘拾或机械采摘。

8.2　第一次采摘后，机械拔出棉株腾茬种蒜或者种麦，棉株地头晾晒，根据残留棉桃数量人工摘拾一次。也可采用专用机械将未开裂棉桃集中收获，喷施乙烯利或自然晾晒吐絮后一次收花。

附录 4-5　蒜套棉高效轻简化栽培技术规程

1　范围

本标准规定了山东省蒜套春棉的条件要求，轻简育苗移栽、简化管理、合理化控、脱叶催熟、采收等简化高效生产管理措施和要求。

本标准适用于山东省蒜套春棉的生产。

2　规范性引用文件

下列文件对于本文件的应用是必不可少的。凡是注日期的引用文件，仅所注日期的版本适用于本文件。凡是不注日期的引用文件，其最新版本（包括所有的修改单）适用于本文件。

GB 4407.1　经济作物种子　第 1 部分：纤维类

DB37/T 158　棉花灌溉技术规程

DB37/T 159　棉花病虫害防治技术规程

3　术语和定义

下列术语和定义适用于本文件。

3.1　蒜棉套栽 Relay intercropping of garlic and transplanted cotton

是指将棉苗移栽到大蒜行间的一种种植模式。

3.2　蒜棉套播 Relay intercropping of garlic and directly seeded cotton

是指将棉种直接播种到大蒜行间的一种种植模式。

4　条件要求

4.1　棉田地力条件

要求地势平坦、土层深厚、地力中等以上。具有良好的排灌条件，旱能浇涝能排。

4.2　品种和种子质量

4.2.1　大蒜选用适合晚播、早熟的品种；棉花选用丰产性好、抗倒伏，抗病性强的品种。

4.2.2　采用成熟度好、发芽率高的精加工脱绒包衣种子，种子质量符合 GB 4407.1规定。

4.2.3　播种前选择晴好天气，破除包装，晒种；做发芽试验，确定用种量。

5　轻简育苗移栽

5.1　套栽棉育苗移栽

5.1.1　育苗移栽时间

3 月 20—30 日准备苗床，4 月 5—10 日播种，播种到移栽时间一般控制在 30 d 以内，于 4 月 25 日至 5 月 10 日移栽，移栽苗龄以两叶一心为宜，苗高 10~12 cm。

5.1.2　轻简育苗方式

5.1.2.1　基质育苗

以蛭石、草炭土及河砂混合均匀作为育苗基质，平铺于背风向阳的苗床上，苗床深 8~10 cm，宽 1.2 m，底部铺农膜。棉种按行距 8~10 cm，株距 1.5~2.0 cm 播于湿度适宜、床面平坦的基质中，播深 1 cm，最终保证每平方米苗床成苗 500 株左右。根据棉苗生育过程调控温度和湿度，保证棉苗健壮。

5.1.2.2　穴盘育苗

穴盘预装 2/3 混合均匀的育苗基质，摆布在苗床上备播。播种时 1 穴 1 粒，播种后用湿润基质覆盖压实，表面与苗盘平齐。播前浇足底墒水，以育苗基质湿透、穴盘底部渗水为宜。

5.1.3　移栽方法

将轻简育苗培育的棉苗，以人工或机械方式移栽至蒜田的行间。移栽后视土壤墒情及时浇足“活棵水”。

蒜棉套栽密度：杂交种为 2.25 万~3.3 万株/hm^2，常规种为 3.0 万~4.0 万株/hm^2。

6　套播棉播种

6.1　行距

提前预留套种行，采用 6 行大蒜套作 1 行棉花。大蒜通常采用 1 畦 2 膜种植，1 膜覆盖 6 行，行距一般为 15~20 cm。考虑到棉花套播的方便以及大蒜的综合效益，可在膜间预留 20~30 cm 套种行，套播 1 行棉花。借助于畦埂开展棉花大小行种植（大行 90~110 cm，畦埂播种 2 小行，行距 40~50 cm），亦或等行距种植（行距 90~100 cm，畦埂播种 1 行）。

6.2　播种期

于 4 月 20—30 日，结合大蒜蒜头膨大期最后一次灌水，选用小型播种机械在预留播种行和畦埂播种。每公顷用种量 10~15 kg。

7 简化管理

7.1 施肥

7.1.1 施肥原则

依据棉田养分特征、棉花产量目标分类施肥，速效肥与控释肥或缓释肥结合一次施肥，减少施肥次数，提高肥料利用率。

7.1.2 施肥方法

7.1.2.1 对于套栽棉，现蕾期每公顷一次性追施 N 60 kg、P_2O_5 37.5 kg、K_2O 45 kg。

7.1.2.2 对于套播棉，待大蒜收获后，每公顷采用控释 N（释放期为 90 d）60 kg、P_2O_5 37.5 kg、K_2O 45 kg 作为种肥施入。也可在现蕾期一次性追施 N 60 kg、P_2O_5 37.5 kg、K_2O 45 kg。

7.1.2.3 追肥可结合中耕、除草、培土等采用机械一次完成。

7.2 简化整枝

7.2.1 套栽棉采用“撸裤腿”简化整枝。即在现蕾后一次性去除第一果枝以下的叶枝和主茎叶，并于 7 月 20 日前一次性打去棉花顶心，以后不再采取其他整枝措施。

7.2.2 套播棉采用密植化控免整枝。在 7 月 15 日前后一次性打去棉花主茎顶心，不采取其他整枝措施。

7.3 棉田浇水

按 DB37/T 158 规定执行。

7.4 病虫害防治

参照 DB37/T 159 规定执行。

8 合理化控

8.1 套栽棉化控

根据棉花长势、土壤湿度和天气情况，按照前轻后重、少量多次的原则合理化控。全生育期化控 4 次，可与防治病虫害结合一并喷施。第 1 次在盛蕾期前后，每公顷用缩节胺 7.5~10 g；第 2 次在初花期前后，每公顷用缩节胺 22.5~30 g；第 3 次在盛花期前后，每公顷用缩节胺 30~45 g；第 4 次在打顶后 5~7 d，每公顷用缩节胺 45~60 g。最终株高控制在 130~150 cm。

8.2 套播棉化控

根据棉花长势、长相，参考土壤墒情和天气情况，按照前轻后重、少量多次的原则科学化控。全生育期化控 5 次，第 1 次在现蕾时每公顷用缩节胺 15~

22 g；第 2 次在盛蕾期后，用量 22～30 g；第 3 次在初花期前后，用量 30～45 g；第 4 次在盛花期前后，用量 45～60 g；第 5 次在盛铃期前后，用量 60 g 左右。最终株高控制在 100～120 cm，等行距时 7 月 30 日左右封行，大小行时 7 月 20 日左右封小行、8 月 10 日左右封大行。

9 脱叶催熟

9.1 脱叶催熟时间

10 月 1 日前后或棉花吐絮率 40%以上时开始脱叶催熟，7 d 后根据情况再喷施第二次。

9.2 脱叶催熟方法

每公顷采用 50%噻苯隆可湿性粉剂 450 g+40%乙烯利水剂 3 000 ml 对水 6 750 kg 混合喷施。棉田密度大、长势旺时，可以适当加量。为了提高药液附着性，可加入适量表面活性剂。

尽可能选择双层吊挂垂直水平喷头喷雾器。喷施时要求雾滴要小，喷洒均匀，保证棉株上、中、下层的叶片都能均匀喷有脱叶剂；在风大、降雨前或烈日天气禁止喷药作业；喷药后 12 h 内若降中量的雨，应当重喷。

10 采收

10.1 待棉株脱叶率达 95%以上、吐絮率达 80%以上时，即可进行人工集中摘拾；对于条件成熟的套播棉田，提倡机械一次采摘。

10.2 第一次采摘后，机械拔出棉株腾茬种蒜，棉株地头晾晒，根据残留棉桃数量人工摘拾一次。也可采用专用机械将未开裂棉桃集中收获，后喷施乙烯利或自然晾晒，实现后集中收花。

第五章
长江流域绿色轻简化植棉技术

长江流域棉区是我国实行棉田两熟或多熟制的优势区域，多采取棉花与小麦或油菜套种（栽）。受种植制度、生态条件、生产条件和种植习惯的影响，该区是我国棉花管理最烦琐、用工最多、机械化程度最低的产棉区。在该区实行棉花轻简化生产任重道远。根据长江流域棉区的实际，推进该区棉花轻简化栽培主要采取两条途径：一是进一步优化现行的杂交棉稀植大棵栽培途径，特别是简化育苗移栽和轻简施肥环节；二是改革种植方式，逐步将棉—油（麦）套种改为油（麦）后短季棉直播，为最终实现全程机械化生产创造条件。

第一节　棉花轻简育苗技术

轻简育苗移栽技术是在传统营养钵育苗移栽技术发展起来的，主要包括水浮育苗、（穴盘）基质育苗等轻简育苗方式。相对于传统营养钵育苗移栽，具有省工、省种以及降低劳动强度、便于工厂化集中育苗等优点。

一、水浮育苗移栽技术

（一）苗床准备

1. 苗床选择

选择避风向阳、管理方便的地方做苗床。

2. 苗床规格

根据育苗盘的长和宽设计装放营养液苗床规格。一般育苗盘按 2 横 1 竖排放，苗床宽为 110~120 cm，深 15 cm 左右，育大田每亩用苗需 2.1 m 长苗床。

3. 开挖苗床

在选定的场地，用铁锹或锄头挖出苗床，夯实、平整底层和四周，清除石块、植物根茎和尖锐硬物等。

4. 苗床铺膜

盛装营养液前先在苗床内铺垫聚乙烯薄膜（厚度不低于 0.1 mm，最好选用黑色），铺垫后检查是否有漏水孔口，若发现漏水，应及时换膜。

（二）基质装盘

1. 基质准备

棉花水浮育苗最好采用混合基质，4 L 基质可装 100 孔规格育苗盘 1 个。

2. 基质装盘

装基质时先将基质均匀倒入育苗盘内，然后用竹或木条在育苗盘表面刮平。

3. 抖盘

抖动育苗盘，使基质比较紧实的充填在育苗孔穴中，基质低于育苗盘表面 1~1.5 cm，以便播种和播种后覆盖基质。

（三）育苗营养液配制

配制时，先用桶或盆等容器按育苗专用肥 400 g/袋对水 5 kg 配成母液，倒入育苗池内，然后用清洁水反复冲洗桶盆 2~3 次，倒入育苗池内，每袋育苗专用肥，可育苗 2 000 株。

母液倒入育苗池后迅速加足清洁水，每包肥料配成 300kg 的营养液，配制时边加水边搅拌，使肥料充分溶解、均匀一致分布在苗床内。

（四）播种

1. 播种时间

长江流域棉区 4 月 20 日后，且水温稳定在 17 ℃以上可播种。

2. 播种方法

（1）晒种　播种前 15 d 选晴天晒种，连续晒 2~3 d，每天晒 5~6 h，未开封的商品种子可不晒种。

（2）浸种　①温开水浸种：将种子用 75~80℃的温开水浸泡 2 min（严格控制时间），使棉籽合点帽张开，然后立即用冷水降温至 45℃左右，让其自然冷却，浸泡 3~4 h，使棉籽充分吸水。②温水浸种：水温在 30 ℃左右，浸种 5~6 h，让棉籽充分吸水。

（3）种子精选　棉种吸足水分后，捞出浮在水面的嫩子，取下沉饱满、无破损、无虫孔的健籽催芽。

（4）催芽　在 25~32℃的温度条件下保温催芽，5~8 h，种子破胸，芽长达种子 1/2 长时即可播种。

（5）播种　播种前如果基质和育苗盘较干，应先将基质吸足约 60%的水分（手捏成团，指间有水，但无流水），然后在装好基质的育苗盘内每穴播 1 粒发芽的种子，芽朝下，播种时用手指轻轻下按。

（6）盖籽　播种后立即用基质覆盖，覆盖厚度为 1~1.5cm，以基质与育苗孔平齐为度。

（7）可干籽干播，保湿育苗，待齐芽后方可放置在营养液中，切忌在播种后直接将育苗盘放入营养液苗床中漂浮。

（五）苗床管理

1. 置盘

将播完种的育苗盘先放置在温度较高的室内或其他地方，待子叶出土后再移至育苗池内。一般育苗盘按 2 模 1 竖排放。

2. 消毒

在育苗盘表面喷施恶霉灵、枯草芽孢杆菌等低毒药剂，防止苗病发生。

3. 盖膜

摆放好育苗盘后立即盖膜，实行双膜覆盖，先用地膜平铺在育苗盘上，再小拱棚盖膜育苗，出苗前密封保温。

4. 盖膜管理

棉苗出土后，逐步揭膜炼苗。初期晴天昼揭夜盖，雨天盖顶，四周通风；如有寒流侵袭时，应盖膜保温，防止棉苗冻伤；晴天特别注意防止高温烧苗。

5. 炼苗

当日平均气温20℃以上可全部揭开薄膜炼苗。棉苗2片真叶后，可抢晴天将育苗盘架高使根系离开营养液，进行1~2 h的间断性炼苗。

6. 生长调控

根据棉苗长势酌情喷施缩节胺进行调控，防止高脚苗。每次喷施浓度应控制在1 g缩节胺对水100 kg以上。

7. 病虫防治

当棉苗发生病虫害时，应及时进行防治。

(六) 适时移栽

1. 移栽苗龄

2叶1心至4叶1心均可进行移栽，选择阴天或晴天的16时以后带基质移栽。

2. 起苗

起苗时，用手握住苗茎基部，轻轻向上将棉苗连基质一起拔出，避免损伤根系。

3. 移栽

根据棉田的茬口、地力、施肥、田间培管以及棉花品种等合理密植，优势杂交种收获密度18 000~22 500株/hm^2。移栽后遇旱，需浇足“定根水”。

二、基质育苗移栽技术

(一) 苗床准备

1. 苗床选择

选择避风向阳、管理方便的地方做苗床。

2. 苗床规格

苗床的宽度为两个基质育苗盘长，长度不超过20m为宜，底部水平结实，苗床四周高出底部5~8cm。

3. 开挖苗床

在选定的场地，用铁锹或锄头挖出苗床，夯实、平整底层和四周，清除石块、植物根茎和尖锐硬物等。

4. 苗床铺膜

苗床底部铺上一层黑色或白色中膜，以免棉根扎入土中取苗时拉断根系，影响其成活。

（二）基质装盘

将配制好的基质直接装入穴盘，刮平盘面淋水后备播。

（三）播种

1. 播种时间

根据移栽期，按苗龄 25~30 d 或移栽真叶 2~3 片倒推播种期，冬闲田在 4 月上旬选晴天或冷尾暖头进行播种，两熟连作棉田一般选择 4 月中下旬播种。

2. 种子处理

（1）晒种　播种前 15 d 选晴天晒种，连续晒 2~3 d，每天晒 5~6 h。

（2）浸种　①温开水浸种：将种子用 75~80℃的温开水浸泡 2 min（严格控制时间），使棉籽合点帽张开，然后立即用冷水降温至 45℃左右，让其自然冷却，浸泡 3~4 h，使棉籽充分吸水。②温水浸种：水温在 30 ℃左右，浸种 5~6 h，让棉籽充分吸水。

（3）种子精选　棉种吸足水分后，捞出浮在水面的嫩籽，取下沉饱满、无破损、无虫孔的健籽催芽。

（4）催芽　在 25~32℃的温度条件下保温催芽，5~8 h，种子破胸，芽长达种子 1/2 长时即可播种。

（5）播种　播时 1 穴播 1 粒，种子尖头朝下或横放，深度为棉籽离盘口 0. 5~1. 0 cm，不能播得过浅，否则易翻根。播完后用基质盖籽并用木条等贴近盘面刮平，随后用多菌灵等杀菌剂稀释液全面喷淋，使基质含水量达到 60%~70%。立即在床面平覆一层地膜保温保湿，然后起拱盖膜。晴天还必须加盖遮阳网，否则，高温烧芽。出苗后及时去掉平铺的地膜。

（四）苗床培管

苗床期主要是温度和水分管理。以控温为主，防止高温烧苗和出现高脚苗。齐苗后，注意调节温度，及时通风；真叶长出后，温度保持在 20~35℃，前期注意通风降温，后期随着气温的升高，日夜揭膜炼苗。水分管理是关键，晴天必须浇水 1~2 次，高温时要注意遮阴。

（五）生长调控

根据棉苗长势酌情喷施缩节胺进行调控，防止高脚苗。每次喷施浓度应控制在 1 g 缩节胺对水 100 kg 以上。

（六）病虫防治

齐苗后，根据病虫监测情况，及时防治。重点预防立枯病、炭疽病、枯萎病、蜗牛、地老虎、棉盲蝽、棉蓟马等。起苗前一天喷“送嫁药”。

（七）装苗和运苗

1. 装苗

选用专用透气纸箱运苗，纸箱规格：60 cm×30 cm×25 cm，装穴盘 1 盘。装苗时注意保护根系基质与叶片完整，轻拿轻放。

2. 运苗

将装好苗的纸箱整齐码放在运输工具上，直接运至棉田。

（八）适时移栽

1. 移栽苗龄

根据天气情况，要抢晴天下午或阴天移栽，一般在 2 叶 1 心至 4 叶 1 心均可进行移栽。

2. 起苗

起苗时，用手握住苗茎基部，轻轻向上将棉苗连基质一起拔出，避免损伤根系。

3. 移栽

移栽密度控制在 1 800～22 500 株/hm^2，用口径 5～8 cm 小打洞器打洞移栽，洞深 8～10 cm，细土压实棉苗，棉苗直立不露根，栽后及时浇足“定根水”。没有及时移栽完的棉苗要注意遮阴和浇水。

第二节　套种杂交棉轻简化管理技术

长江流域棉区以油菜或小麦田套种作杂交棉的种植方式为主。油棉套作中，油菜选用抗倒伏中熟偏早品种，9 月上旬育苗，10 月中下旬在棉行套栽，也可直播；棉花于翌年 4 月中下旬育苗，5 月中下旬油菜收获后移栽。麦棉套作中，小麦选用抗倒伏品种，11 月上旬播种；棉花于翌年 4 月下旬育苗，5 月底至 6 月初小麦收获后移栽。

一、轻简化栽培管理要点

（一）品种选择和密度确定

选用通过国家或省级审定且适合当地种植的转基因抗虫杂交棉品种，同一品种宜规模化种植。种子质量应符合 GB 4407.1—2008《经济作物的种子第 1 部分纤维类》的规定。

选用高产、优质、抗病、不早衰的中熟抗虫杂交棉品种；油棉连作时棉花移栽密度为 2.25 万株/hm^2 左右，麦棉连作时棉花移栽密度为 2.7 万株/hm^2 左右。

（二）轻简育苗移栽

油棉或麦棉连作、棉花育苗移栽方式时，可用轻简育苗移栽技术。

（三）简化施肥

施用棉花专用配方缓释肥，质量应符合 GB/T 23348—2009《缓释肥料》的规定。

利用土壤测试和肥料田间试验得出配方和用量，也可参考如下配方：每 100 kg棉花专用配方缓释肥含氮（N）18~30 kg、五氧化二磷（P_2O_5）3~10 kg、氧化钾（K_2O）18~30 kg、硼（B）0.05~0.15 kg、锌（Zn）0.25~0.40 kg。

棉花专用配方缓释肥不宜撒施、穴施，宜开沟埋施，沟深 15~20 cm，距棉株或种子 20~25 cm；棉花专用配方缓释肥宜作基肥（或移栽肥）足量早施，不宜在中后期施用；低洼、渍涝和排水不畅的棉田不宜一次性大量施用棉花专用配方缓释肥。

每公顷用棉花专用配方缓释肥 1 200~1 500 kg 作基肥或移栽肥一次性开沟埋施，露地移栽棉在移栽后 10 d 内施用，地膜覆盖棉覆膜前施用；盛花期（7 月底至 8 月初）视苗情每公顷追施纯氮 75 kg 左右。可用中耕开沟机施肥。

8 月中旬至 9 月上旬，结合治虫叶面喷施 1.0%~2.0%尿素溶液加 0.3%~0.5%磷酸二氢钾溶液，每次每公顷用液量不少于 750 kg，每 7~10 d 喷一次，连喷 3~4 次。

（四）化学调控和化学除草

根据苗情和天气状况进行化学调控。采用 98%甲哌鎓（缩节胺）对水全株喷雾，初花期 15.0~30.0 g/hm^2，盛花期 30.0~45.0 g/hm^2，打顶后 5~7 d 45.0~60.0 g/hm^2。根据苗情和天气状况，可适当调整喷施化学调节剂的次数和各次用量。

前茬作物收获后，板茬免耕移栽或翻耕前，可用草甘膦+乙草胺或精异丙甲草胺等对杂草茎叶和土壤喷雾。移栽后现蕾前化学除草，以禾本科杂草为主时，可用草甘膦+乙草胺或精异丙甲草胺等对杂草茎叶和土壤定向喷雾；在禾本科、阔叶和莎草科杂草混生时，可用乙氧氟草醚等杀草谱较广的除草剂，还可选择两种或多种除草剂进行混配使用，或用氧氟·乙草胺等混剂。棉花现蕾后、株高 30 cm 以上且棉株下部茎秆转红变硬后，用草甘膦等对杂草茎叶定向喷雾。

二、苗期轻简管理技术

（一）缩短缓苗期

棉苗移栽后，用 4 000~6 000 倍“802”液灌蔸，促进多生快长新根，缩短缓苗期。

（二）施用缓控释肥

移栽前每公顷用腐熟的枯饼肥 750 kg 或畜粪 15 000 kg 作基肥；移栽后离棉行 20 cm 处开沟，每公顷埋施 1 500 kg 控/缓释复合肥（N：P：K=19：8：18）。

（三）杂草防治

5 月底杂草基本盖地时用草甘膦定向喷雾，喷草甘膦时注意药液不能沾在棉叶上。

（四）化学调控

6 月上旬视苗情喷缩节胺 7.5~15 g/hm^2。

（五）病虫防治

及时疏通“三沟”（围沟、横沟、厢沟），发病前或初见病株时选择氨基寡糖素、枯草芽孢杆菌等，连续用药 2~3 次，间隔 10 d，叶面喷施与喷淋灌根相结合，注意轮换用药，预防和防治枯、黄萎病。

优先选择含蚜虫信息素黄板诱杀棉蚜、盲蝽、蓟马等，使用昆虫性信息素诱杀斜纹叶蛾、甜菜夜蛾、红铃虫。建议 5 月中上旬开始使用。

（六）灾害防御及补救

遇渍涝、冰雹等灾害，及时补苗。

三、蕾期管理技术

（一）适时整枝

棉花 2~3 盘果枝时，及时打掉果枝以下的叶枝，同时抹掉赘芽；虫害造成的多头棉，只选留1个头。

（二）化学调控

见花时株高在50 cm左右的棉花，不宜进行化控；见花时，株高超过60 cm的棉花，视苗情每公顷可用7.5~15 g缩节胺，对水375~450 kg喷施。

（三）病虫防治

预防和防治斜纹夜蛾、甜菜夜蛾、棉叶蝉、盲蝽、蚜虫、棉叶螨及枯黄萎病等病虫害。

四、花铃期管理技术

（一）机械中耕施肥

使用多功能棉田管理机中耕深施花铃肥，同时破除空行板结，疏松土壤，同时8月下旬视苗情撒施150~225 kg/hm^{2}壮桃肥（尿素）；视苗情可喷施叶面肥（磷酸二氢钾）2~3次；对缺硼棉田可喷施1~2次0.2%硼肥。

（二）适时打顶

一般于果枝18~20盘时人工打顶；如棉花生长发育较迟，也可待立秋前后打大顶，此时需去除主茎倒3叶及其以上部分，同时注意打旁尖、去空枝、打老叶。也可进行化学打顶，根据江西省棉花研究所的研究，棉苗整体达6叶1心时结合防虫施药开始化调。前期3次使用背包喷雾器施药，每次每15 kg防虫药液对加0.5 g 99%以上有效含量缩节胺。中后期3次采用无人机施药，每次每10 kg防虫药液对加10 g 99%以上有效含量缩节胺。

（三）科学化控

一般喷施缩节胺2次。初花期和打顶后，初花期每公顷施缩节胺15~22.5 g，对水20~25 kg；打顶后每公顷施缩节胺45~60g，对水375~450 kg，具体情况视苗情而定。

（四）病害虫防治

注意预防枯黄萎病发生，重点防治斜纹夜蛾、甜菜夜蛾、棉叶螨、棉叶蝉和棉铃虫等为害。

（五）灾害防御及补救

如遇大风大雨，应及时排水，晴后扶苗培蔸。

五、吐絮期管理技术

（一）防早衰、贪青

1. 防止早衰

有早衰迹象棉田可根外喷施氮肥，提高叶片自身的含氮水平，增强光合作用能力，延长叶片功能期，多合成有机养料供给棉铃发育，增加铃重。

2. 防止贪青

棉花后期贪青要及时抹去赘芽，打掉重叠的叶片，及时喷磷肥和乙烯利，使棉叶内养分加速向棉铃输送，增加铃重。

（二）促早熟

1. 加强整枝及推株并垄

若棉田枝叶茂盛荫蔽，可将主茎下部老叶打掉，空果枝剪去以增强棉田通风透光，降低湿度，减少养分无效消耗，促进棉铃正常吐絮。对荫蔽特别严重的棉田，将相邻两行棉株，分别用手向左右两边推开，略呈“八”字形，以增加行间的通风透光，促进棉铃成熟，减少烂铃损失。

2. 叶面喷施磷肥

喷磷时间一般在开花后，用1%~2%的过磷酸钙浸出液或磷酸二氢钾，每隔10 d左右喷1次。叶面喷磷可以促进叶内含氮化合物加速向棉铃运送，加速棉铃成熟，提早开裂吐絮。

（三）防治害虫

及时防治三四代棉铃虫，棉叶螨、棉叶蝉、斜纹夜蛾、红铃虫等害虫。

（四）催熟

棉花为越年无限生长农作物，使用缩节胺塑造理想株型增加通风透光性提高经济产量，已通过江西省棉花科技人员多年栽培实践形成了理论，并在江西省棉花栽培上得到了广泛应用。具体使用方法为：化学催熟集中吐絮：试验研究证明，正确使用乙烯利对棉铃成熟、籽棉单产提高有促进作用，根据后期气温影响，江西棉区在10月20日前后进行乙烯利棉株喷雾催熟，每亩用有效量60~80 g为宜。

第三节　集中收获技术

长江流域棉区棉花吐絮期长，收获次数多达 4~8 次。实行集中收获，减少收获次数是减少用工、提高效率和效益的重要途径。

一、棉田种植制度优化

可根据气候、农产品市场行情等情况选用如下种植制度：

——棉花—油菜接茬：油菜选用抗倒伏早中熟品种，播种时间不宜晚于 10 月 20 日；棉花于油菜收获后机械直播，播种时间不迟于 5 月底。

——棉花—小麦接茬：小麦选用抗倒伏早中熟品种，棉花于小麦收获后机械直播，播种时间不迟于 6 月初。

——棉花—马铃薯接茬：马铃薯选用早中熟品种，棉花于马铃薯收获后机械免耕直播；棉花于翌年 5 月中下旬机械免耕直播。

——棉花—其他作物接茬：选用多用途油菜（菜用、肥用、饲用）、饲用小麦、饲用燕麦、饲用小黑麦、饲用大麦、啤酒大麦、荷兰豆、紫云英等作物；棉花于翌年 5 月中下旬机械免耕直播。

二、品种选择

选用通过国家或省级审定且适合当地种植的抗病虫早熟或中早熟棉花品种，同一品种宜规模化种植。采用机械收获时，所选棉花品种的株型、早熟性、吐絮集中度、含絮力等农艺性状应符合所选用采棉机的性能要求。

三、合理增密

选用株型紧凑、吐絮通畅、含絮松紧适中的抗虫早熟或中早熟棉花品种；中早熟品种密度为 6.75 万~9 万株/hm^2，早熟品种密度为 9 万~12 万株/hm^2。

四、减量简化施肥

每公顷用棉花专用配方缓释肥 750~900 kg+有机肥料 1 500 kg 在棉花机械直播时同时施下；盛花期（7 月底至 8 月初）可视苗情每公顷追施纯氮 45 kg 左右，可用中耕开沟机施肥。

8 月中旬至 9 月上旬，结合治虫叶面喷施 1.0%~2.0%尿素溶液加 0.3%~0.5%磷酸二氢钾溶液，或选用获得国家肥料登记证且适用于棉花的叶面喷施的水溶肥料，每次每公顷用液量不少于 750 kg，每 7~10 d 喷 1 次，连喷 2~4 次。

五、株型和熟性调控

(一) 化学调控

在棉花 4~5 叶期、蕾期、初花期、盛花期及打顶后 5~7 d 每公顷用 98%甲哌鎓 7.5 g、7.5~15.0 g、15.0~30.0 g、30.0~45.0 g、45.0~60.0 g 对水喷雾。根据苗情和天气状况，可适当调整喷施化学调节剂的次数和各次用量。直播棉田早熟棉花品种或密度较小时，用量按推荐用量的下限；中早熟棉花品种或密度较大时，用量按推荐用量的上限。

(二) 整枝打顶

全生育期不整枝不打叉。当单株果枝台数达 10~12 台或 8 月上旬时打顶，可用化学打顶剂封顶。

(三) 脱叶催熟

1. 目标

在喷施脱叶催熟剂 20 d 后，棉株脱叶率达 90% 以上、吐絮率达 95% 以上。

2. 喷施时间

棉花自然吐絮率达到 40%~60%，棉花上部铃的铃龄达 40 d 以上；采收前 18~25 d，连续 7~10 d 平均气温在 20℃以上，最低气温不得低于 14℃。对晚熟、生长势旺、秋桃多的棉田，适当推迟施药期并适当增加用药量，反之则提前施药并减少用药量。

3. 用量及方法

每公顷用 50%噻苯隆可湿性粉剂 600~750 g 加 40%乙烯利水剂 2 250~3 750 ml，对水 450~600 kg，全株喷施。

六、集中采收

棉花吐絮率大于 90%、脱叶率大于 90%时，棉花行距和田块等适合采棉机作业条件时，可选用 3 行摘锭式采棉机或指杆式采棉机采收。

第四节 油（麦）后早熟棉轻简化生产技术

棉花与小麦和油菜两熟已成为长江流域棉花生产的主要模式。麦棉两熟和油棉两熟保证了前茬粮油作物满幅播种，有利于提高前茬作物产量和机械化作业水平，是一种高产高效的种植模式。但长江流域棉花生产仍以营养体育苗移栽方式为主，棉花生产面临用工多、投入大、机械化程度低和比较效益低等诸多问题，为了从根本上解决棉花生产的技术瓶颈问题，各主产省开展了早熟棉直播轻简化生产技术研究与应用，湖北等省提出了早熟品种、机械直播、增密减肥、化控催熟、集中采收的轻简化生产技术路线，并在此基础上，开展机采棉的试验示范，进行全程机械化生产探索。近几年实践证明，长江流域麦油后直播棉花是一条可行的技术路线，可以节省用工，减少化肥农药投入，有利于规模化、机械化生产，提高植棉效益。

一、选择适宜棉田

直播棉宜选择在沙壤土种植，以油沙土最好，这类土壤棉花前期好拿苗，个体发展快，且后期不易贪青晚熟，有利于集中成铃，集中吐絮。黏性较重的田块则相反，不宜种植直播棉。田块要集中成片，肥力适中，地势平坦。地块太肥，容易引发棉苗旺长，株高和株型难以调控，地势不平则不利于播种出苗，且低洼处棉苗容易受渍害。

二、选用早熟品种

选用通过审定了的生育期较短的早熟棉或中早熟常规棉品种，生育期在110 d以内，在人工采收的情况下，选择棉籽大、棉桃较大、株型紧凑、结铃集中、吐絮畅、纤维品质较好、抗虫抗病性较好的品种。

要根据种植密度选品种，如果习惯于种植52 500~60 000株/hm^2 的密度，可选用无限果枝类型的品种，习惯于种植75 000~90 000株/hm^2 的密度的，则可选用有限果枝类型或紧凑型的品种。

采用机械收获时，所选棉花品种株型株高、第一果枝高度、早熟性、吐絮集中度、含絮力、纤维长度、比强度等农艺性状满足所选用采棉机的性能要求。

所选种子要精加工包衣，质量符合 GB 4407.1—2008《经济作物的种子 第1部分纤维类》的要求。

三、做好茬口衔接

前茬作物小麦、油菜选用早熟品种，小麦 10 中下旬至 11 月上旬播种，可在棉田撒播或棉花拔秆后机械条播，翌年 5 月下旬至 6 月初收获。油菜播种比小麦早，可在棉田撒播，翌年 5 月上中旬收获。小麦油菜机收后及时直播棉花。

棉花适宜播期为 5 月中下旬至 6 月初，在此播期内播种越早越好。大多数早熟棉生育期 110 d 左右，为保证棉花在 9 月下旬到 10 月下旬集中吐絮，适宜播种时间在 5 月中旬至 6 月 5 日之间，播种时间提早有利于棉花高产，播种过晚，后期贪青晚熟，产量低。如短季棉品种福棉 316，生育期较短，只有 100 d 左右，油后或麦后直播均能正常成熟吐絮，但 6 月 10 日以后播种会有一定的气候风险。

麦（油）后直播短季棉的生长发育进程为：5 月下旬至 6 月上旬开始出苗，6 月下旬至 7 月上旬开始现蕾，7 月中旬至 7 月下旬开始开花 8 月下旬至 9 月上旬开始吐絮，10 月下旬至 11 月上旬拔秆。

四、精细整地播种

长江流域棉区棉花直播面临季节紧、前茬作物根茬多、秸秆量大、杂草多、墒情不稳等问题，很难做到高质量播种，确保一播全苗。整地质量和播种方式选择十分重要。小麦油菜收获后，视土壤墒情和田间秸秆根茬杂草等情况采取不同的播种方法。地块杂草秸秆较多、根茬较高时，先翻耕整地，将地整平、土块整细、秸秆埋没后，使用播种机播种或推走式人工播种器播种。地块杂草秸秆较少，根茬较浅，土墒适宜时，采用免耕播种机播种。播种前，做好种子精选，晒种 1~2 d，根据发芽率和播种密度确定播种量。播种时，先要调试好机器，保证播种深度 2 cm 左右，不超过 3 cm 为宜，落籽均匀，每穴 2~3 粒。等行播种，行距 76 cm，株距随着种植密度进行调整。

五、合理种植密度

合理密植是高产的基础，湖北试验（2007—2008 年）表明，产量与密度密切相关，无限果枝早熟棉品种在直播条件下，2 500~4 000株/亩范围内，随着密度的增加产量呈梯度增加。中棉所 50 和中棉所 64 均在 4 000株/亩的密度下籽棉产量达到最高水平，分别达到 279.24 kg 和 271.67 kg。有限果枝品种福棉 316 在 4 000~7 000株/亩范围内，天门点随密度增加而增加，4 000株/亩最低，7 000株/亩产量最高；监利点，4 000株/亩产量最低，5 000株/亩产量最高，在超过 6 000株/亩后产量随密度增加而下降。两地试验表明，有限果枝棉花品种在低密度条件下（4 000株/亩）不利于高产，在高密度条件下（7 000株/亩）产量不稳，5 000~6 000株/亩密度条件下有利于获得高产稳产。

建议 100 d 以内的短季棉品种种植密度为 5 000~6 000株/亩，105~120 d 的早熟和中早熟品种种植密度为 4 000~5 000株/亩。

六、适时间苗定苗

墒情好的情况下，夏季播种棉花出苗较快，一般 3~5 d 就可出苗，播种一周待棉苗出齐后，检查出苗情况，发现缺苗断垄的及时补种。如播后遇雨不能正常出苗，可能是土壤板结所致，可考虑再次补播。如遇天气干旱不能及时出苗的，有条件的地方可考虑抗旱或等雨出苗。当棉苗长至 2 叶 1 心时，发现棉苗稠密（一穴超过 3 根以上棉苗）的地方可适当间苗，当棉苗长至 3 叶期时，进行最后间苗定苗，每穴留苗 1~2 棵，缺苗的两端留 2 棵苗。

七、科学精准施肥

在高密度条件下，控制好施肥总量和施肥时间，是保证直播棉稳长早发和构建良好的株型与群体结构的关键。直播棉施肥，必须减少氮肥施用量，特别是减少苗期和蕾期的氮肥施入，彻底改变杂交移栽棉大水大肥的施肥习惯。直播棉控肥减量，既减少了肥料投入量和施肥次数，减少成本和环境污染，又能保证直播棉稳健生长，有利于棉花提早进入生殖生长，促进集中成铃吐絮，提高棉花质量。

杨国正（2016—2017 年）研究认为，在 4 000~5 000株/亩密度下，直播棉见花期一次性施入棉花全生育期所需肥料，即纯氮 10~12 kg/亩，肥料利用率高，且株高控制在 80 cm 左右，皮棉产量可达到 100 kg 以上。

直播棉施肥：在中等肥力条件下，实现 100 kg/亩皮棉产量目标，每亩施纯氮 10~14 kg，五氧化二磷 5~6 kg，氧化钾 10~14 kg，硼 0.05~0.15 kg，锌肥 0.3~0.5 kg。可一次性施入棉花专用缓控释肥，种肥同播。各期施肥时间与施用量如下：

底肥：施三元复合肥，氮素控制在30%。用作底肥的复合肥、硼肥在整地和播种时一起施入。

苗肥：不施，或只选择性对受干旱、渍害或病害的弱小苗施少量平衡肥，每亩不超过0.5 kg尿素。正常苗不施。

蕾肥：不施。

花铃肥：早施重施，在见花时施，相当于在盛蕾期施肥。前期已施底肥的，将剩余的氮肥和钾肥用量折算成三元复合肥、尿素和钾肥，结合中耕培土一起施入。花铃肥以复合肥为主，若苗势较旺，50%用复合肥，50%用尿素和钾肥，若见花时苗势偏弱，用尿素和钾肥。

八、合理化学调控

直播棉株高宜控制在80～120 cm之间，节间距4～5 cm，株型塔型。化学调控是控制株高、缩短节间距、塑造株型的有效措施之一，在高密度种植条件下，化学调控应和施肥统筹实施。按照前轻后重、少量多次的原则，根据地力情况、苗情长势和天气情况进行化学调控，多雨年份，可每10 d喷施一次；干旱年份，减少喷施次数和用量；棉花5片真叶起开始喷施缩节胺，每次用量苗期0.5 g/亩，蕾期1～2 g/亩，花铃期2～3 g/亩，打顶后3～7 d施用3～4 g/亩。

九、综合防治病虫草害

坚持病虫草害绿色防控，重点推广农业防治、生物防治和物理防治等方法，化学防治时选用低残留高效化学农药。

（一）病害防治

一是选用抗病性强的品种。

二是做好田间管理。及时清沟排渍，做到雨住田干。及时松土除草，有条件的地方增施钾肥。

三是采用化学药剂防治。重点防治立枯病、炭疽病、枯萎病、黄萎病、茎枯病。

（二）虫害防治

（1）选用抗虫棉品种。

（2）化学药剂防治　苗期重点防治地老虎、蝼蛄、蜗牛、棉蚜、棉叶螨、棉蓟马；蕾期重点防治棉铃虫、棉盲蝽、棉蚜、棉叶螨、棉蓟马；花铃期重点防治棉铃虫、棉蚜、棉叶螨、烟粉虱、甜菜夜蛾、斜纹夜蛾。

（3）物理防治 安装杀虫灯诱杀成虫。

（三）草害防治

（1）播前化学除草 前茬作物收获后，免耕或翻耕前，可用草甘膦+乙草胺或精异丙甲草胺对杂草茎叶和土壤喷雾。

（2）出苗后现蕾前化学除草 以禾本科杂草为主的棉田，可用草甘膦+乙草胺或精异丙甲草胺对杂草茎叶和土壤定向喷雾；禾本科杂草、阔叶杂草和莎草科杂草混生的棉田，可用乙氧氟草醚防草剂喷雾。

（3）现蕾后化学防草 棉花现蕾后，株高 30 cm 以上且棉株下部茎秆转红变硬后，用草甘膦等对杂草定向喷雾。

（4）中耕除草 在现蕾前化学除草后中耕一次，见花期化学除草后结合追施花铃肥再中耕一次，使用棉花专用中耕机械进行中耕，一般一天可中耕 2.67 hm^2 左右。

附录

5-1 长江流域棉花轻简化栽培技术规程

附录 5-1　长江流域棉花轻简化栽培技术规程

1　目标

皮棉单产 1 500 kg/hm^2 以上，霜前花率 95%以上，与常规栽培相比每公顷节省用工 75~150 个。

2　种植模式

2.1　棉花育苗移栽

2.1.1　油棉连作、棉花育苗移栽　油菜选用抗倒伏中熟偏早品种，9 月上旬育苗，10 月中下旬在棉行套栽，也可直播；棉花于翌年 4 月中下旬育苗，5 月中下旬油菜收获后移栽。

2.1.2　麦棉连作、棉花育苗移栽　小麦选用抗倒伏中熟偏早品种，11 月上旬播种；棉花于翌年 4 月下旬育苗，5 月底至 6 月上旬小麦收获后移栽。

2.2　棉花直播

2.2.1　油棉连作、棉花直播　油菜选用抗倒伏早中熟品种，9 月上旬育苗，10 月中下旬 6~7 片叶时在棉行套栽，也可直播油菜；棉花于翌年 5 月底油菜收获后直播。

2.2.2　麦棉连作、棉花直播　小麦选用抗倒伏早中熟品种，11 月上旬播种，翌年 5 月下旬至 6 月上旬收获；棉花于翌年 6 月上旬小麦收获后直播。

3　品种和种植密度

3.1　基本要求

3.1.1　选用通过国家或省级审定且适合当地种植的棉花品种，同一品种宜规模化种植。种子质量应符合 GB 4407.1—2008《经济作物的种子　第 1 部分纤维类》的规定。

3.1.2　采用机械收获时，所选棉花品种株型、株高、第一果枝高度、早熟性、吐絮集中度、含絮力、主茎基部直径等农艺性状应满足所选用采棉机的性能要求。

3.2　品种类型和种植密度

根据不同种植模式选择棉花品种类型和种植密度：

——棉花育苗移栽：选用高产、优质、抗病、不早衰的中熟抗虫杂交棉品种；油棉连作时棉花移栽密度为 2.25 万株/hm^2，麦棉连作时棉花移栽密度为

2.7 万株/hm^2。

——棉花直播：选用株型紧凑、吐絮通畅、含絮松紧适中、抗虫早熟或中早熟棉花品种；中早熟品种密度为 6.75 万~9.0 万株/hm^2，早熟品种密度为 9 万~12.0 万株/hm^2；采用机械收获时，宜采用 76 cm 或 81 cm 等行距种植。

4　简化育苗移栽或机械直播

4.1　简化育苗移栽

油棉或麦棉连作、棉花育苗移栽方式时，可参见“第一节棉花轻简育苗技术”，也可采用营养钵育苗移栽。

4.2　机械直播

油棉或麦棉连作、棉花直播方式时，可用免耕精量播种机播种。

5　简化施肥

5.1　肥料类型

施用棉花专用配方缓释肥和有机肥料，缓释肥料应符合 GB/T 23348—2009《缓释肥料》的规定，有机肥料应符合 NY 525—2012《有机肥料》的规定。

5.2　肥料配方

利用土壤测试和肥料田间试验得出配方和用量，也可参考如下配方：每 100 kg 棉花专用配方缓释肥含氮（N）18~30 kg、五氧化二磷（P_2O_5）3~10 kg、氧化钾（K_2O）18~30 kg、硼（B）0.05~0.15 kg、锌（Zn）0.25~0.40 kg。

5.3　施肥原则

5.3.1　棉花专用配方缓释肥不宜撒施、穴施，宜开沟埋施，沟深 15~20 cm，距棉株或种子 20~25 cm。

5.3.2　棉花专用配方缓释肥宜作基肥（或移栽肥）足量早施，不宜在中后期施用。

5.3.3　低洼、渍涝和排水不畅的棉田不宜一次性大量施用棉花专用配方缓释肥。

5.4　施肥量和施肥方法

5.4.1　移栽棉施肥　每公顷用棉花专用配方缓释肥 1 200~1 500 kg+有机肥料 1 500 kg 作基肥或移栽肥一次性开沟埋施，露地移栽棉在移栽后 10 d 内施用，地膜覆盖棉覆膜前施用；盛花期（7 月底至 8 月初）视苗情每公顷追施纯氮 75 kg 左右。可用中耕开沟机施肥。

8月中旬至9月上旬，结合治虫叶面喷施1.0%~2.0%尿素溶液加0.3%~0.5%磷酸二氢钾溶液，每次每公顷用液量不少于750 kg，每7~10 d喷1次，连喷3~4次。

5.4.2　直播棉施肥　每公顷用棉花专用配方缓释肥1 000~1 200 kg+有机肥料1 500 kg在棉花机械直播时同时施下；盛花期（7月底至8月初）视苗情每公顷追施纯氮45 kg左右。可用中耕开沟机施肥。

8月中旬至9月上旬，结合治虫叶面喷施1.0%~2.0%尿素溶液加0.3%~0.5%磷酸二氢钾溶液，每次每公顷用液量不少于750 kg，每7~10 d喷1次，连喷3~4次。

6　全程化学调控

根据苗情和天气状况进行化学调控，推荐用量和方法见表5-1、表5-2。

表5-1　移栽棉化学调节剂推荐用量和方法

时期	98%甲哌鎓[a]用量（g/hm^2）	使用方法
初花期	15.0~30.0	全株喷雾
盛花期	30.0~45.0	全株喷雾
打顶后5~7 d	45.0~60.0	全株喷雾

注：根据苗情和天气状况，可适当调整喷施化学调节剂的次数和各次用量

a. 又名缩节胺，使用时对水喷雾

表5-2　直播棉化学调节剂推荐用量和方法

时期	98%甲哌鎓[a]用量（g/hm^2）	使用方法
4~5叶期	7.5	对顶端喷雾
蕾期	7.5~15.0	全株喷雾
初花期	15.0~30.0	全株喷雾
盛花期	30.0~45.0	全株喷雾
打顶后5~7 d	45.0~60.0	全株喷雾

注：根据苗情和天气状况，可适当调整喷施化学调节剂的次数和各次用量。早熟棉花品种或密度较小时，甲哌鎓用量按推荐用量的下限；中早熟棉花品种或密度较大时，甲哌鎓用量按推荐用量的上限

a. 又名缩节胺，使用时对水喷雾

7　全程化学除草

7.1　移栽棉化学除草

7.1.1　移栽前化学除草　前茬作物收获后，板茬免耕移栽或翻耕前，可用草甘膦+乙草胺或精异丙甲草胺等对杂草茎叶和土壤喷雾。

7.1.2　移栽后现蕾前化学除草　以禾本科杂草为主时，可用草甘膦+乙草胺或精异丙甲草胺等对杂草茎叶和土壤定向喷雾；在禾本科、阔叶和莎草科杂草混生时，可用乙氧氟草醚等杀草谱较广的除草剂，还可选择两种或多种除草剂进行混配使用，或用氧氟·乙草胺等混剂。

7.1.3　现蕾后化学除草　棉花现蕾后、株高 30 cm 以上且棉株下部茎秆转红变硬后，用草甘膦等对杂草茎叶定向喷雾。

7.2　直播棉化学除草

7.2.1　播种后出苗前化学除草　以禾本科杂草为主时棉田，可用乙草胺、精异丙甲草胺等对土壤喷雾；以禾本科杂草和阔叶杂草混生的棉田，可用乙氧氟草醚等喷雾。

7.2.2　出苗后现蕾前化学除草　按 7.1.2 执行。

7.2.3　现蕾后化学除草　按 7.1.3 执行。

8　病虫害防治

8.1　物理防治

每 2~3 hm^2 安装杀虫灯 1 台，连片安装 4 台以上为宜，两台杀虫灯间距应小于 200 m；杀虫灯在棉花全生育期均应高于棉株，安装高度距地面 1.5~2.0 m；开灯时间为当天 21:30 至翌日 5:00。

杀虫灯应符合 GB/T 24689.2—2009《植物保护机械　频振式杀虫灯》的规定。

8.2　化学防治

8.2.1　虫害主要防治对象　苗期以地老虎、蝼蛄、蜗牛、棉蚜、棉叶螨、棉蓟马为主；蕾期以棉铃虫、棉盲蝽、棉蚜、棉叶螨、棉蓟马等为主；花铃期以棉铃虫、伏蚜、棉叶螨、棉盲蝽、烟粉虱、甜菜夜蛾、斜纹夜蛾等为主。

8.2.2　病害主要防治对象　苗期以立枯病、炭疽病、红腐病、黑斑病、猝倒病、轮纹斑病、疫病、角斑病、褐斑病、茎枯病、枯萎病、黄萎病等为主；蕾期以枯萎病、黄萎病、茎枯病等为主；花铃期以枯萎病、黄萎病、红叶茎枯病、疫病、炭疽病、红腐病、红粉病、灰霉病、曲霉病、黑果病、软腐病等为主。

8.2.3　防治方式　统防统治。

9　整枝与打顶

9.1　整枝

移栽棉现蕾后，应尽早整枝，密度偏低的棉田或缺株时，可保留 1~2 台叶枝。早熟品种直播时可不整枝。

9.2　打顶

——当移栽棉单株果枝台数达 20~22 台或时间到 8 月上旬时打顶。

——当直播棉单株果枝台数达 10~12 台或时间到 8 月上旬时打顶。

10　收获

10.1　手工采收

当大部分棉株有 1~2 个棉铃吐絮时，可开始采摘，以后每 7~8 d 采摘一次，收花应选晴天露水干后进行，雨前应及时抢摘。正常吐絮的棉花可用手持式或背负式采棉器具采摘，僵瓣棉可用手工采摘。晚熟棉花可用喷催熟剂催熟。

10.2　机械采收

当收获期棉花农艺性状符合 3.1.2 要求且吐絮率大于 90%、行距和田块等条件适合采棉机作业时，可用采棉机采收。机械采收前应喷脱叶催熟剂使棉叶脱落，脱叶率应大于 90%。

11　棉花秸秆机械粉碎还田

棉花采收结束后，在不影响接茬作物的情况下，棉花秸秆可机械粉碎还田。

第六章

棉花病虫草害绿色防控技术

随着工业化和农村城镇化进程的加快，我国从事农业生产的劳动力正在向第二、第三产业快速转移，农业劳动力成本快速上升，使传统费工、费力的劳动密集型大田经济作物棉花的生产遭遇前所未有的挑战。棉花轻简化栽培是适应中国国情、提高棉花竞争力水平和棉花持续生产的重要技术途径。棉田病虫草害的防治技术也随着时代的发展、有害生物的地位演替及植保机械的发展步入精准施药、节本增效的轻简化防治，实现绿色可持续生产。

第一节　虫害绿色防控技术

推广转 Bt 基因抗虫棉后，棉铃虫得到遏制，但蚜虫、盲蝽、红蜘蛛和烟飞虱等害虫上升为主要害虫。

一、生态调控技术

在生态系统中，寄主—害虫—天敌及其与周围环境相互作用，相互制约，通过物质、能量、信息和价值的流动构成一个有序的整体。农田要进行害虫的防治及其管理，必须从能流平衡和生态系统的复杂性和可逆性等角度整体出发，根据生态学、经济学和生态调控理论的基本原理，强调充分发挥系统内所有可以利用的能量，综合使用包括害虫防治在内的各种生态调控技术、手段，对生态系统及其作物—害虫—天敌食物链的功能流（能流、物流、价值流）进行合理的调节和控制，变节流为引导，变对抗为利用，变控制为调节，化害为利，将农田自身的害虫调控作用和调控效率最大化，使系统的整体功能最大。将害虫防治与其他增产技术于一体，通过综合、优化设计和实施，建立实体的生态工程技术，从整体上对害虫进行生态调控，以达到害虫管理的真正日的——农业生产的高效，低耗和持续发展。开展害虫的生态调控，主要从功能高效原则、结构和谐原则、持续调控原则和经济合理原则出发和考虑。

近年来，棉花生产的比较效益逐年提高，但农业生产资料的投入成本也相应增加。其中，用于病虫防治和化学除草的成本也不断加大。从多年的调查情况来看，种植棉花的投入产出比值以 1∶3 比较合理，即投入 1 元可收入 3 元，高出这个比例说明效益更好，低于这个比例说明效益不佳。在种植棉花的农资开支中，现阶段农药使用的费用约 80 元/亩，甚至有不少农户的农药使用费用开支超过了 100 元/亩。同时由于大量化学农药的使用，棉田害虫的抗药性呈逐年上升的趋势。因此，在棉花害虫防治方面，应以生态防控技术为主，关键时刻精准施药为辅，做到减药、增效、增天敌和丰产的目的。

（一）种源检疫，种子清洁

以检疫种子带虫，监控苗床和土壤中的虫害基数为主，兼顾农业措施防治。如选用抗性品种，认真搞好选种、晒棉种、温汤浸种、拌种等进行种子阶段的害虫源头斩断和防治。

（二）合理布局，种植诱集带

合理布局就是在生态系统大范围内利用诱虫植物、田边篱墙、覆盖作物和水渠沟边植被等来引诱或提高有益生物的种群数量，通过生态调控的方式达到害虫防治的目的。同时也可在棉田种植诱集带，通过影响植食性昆虫的产卵和取食行为使主栽作物得以保护，特别是植食性昆虫的产卵选择行为将决定其幼虫的种群分布及取食为害情况。害虫选择寄主过程由 3 个相互连接的链节组成，第 1 链节受来自植物的挥发物所调控，第 2 链节是由视觉刺激所控制，第 3 链节则由植物的非挥发性物质控制。诱虫作物主要从物理特性和化学特性两个方面通过对害虫的视觉、嗅觉、触觉、味觉等感觉器官的影响，形成比主栽作物更强的引诱力。在物理特性方面，诱虫作物的形状、大小、高低、颜色等对害虫行为具有较大的影响。长期、大面积、单一化种植的主栽棉花，给害虫提供了丰富的食料，积累了大量的虫源，因此常造成害虫严重暴发。但从昆虫的取食生物学本身来说，这些主栽的棉花并不一定是害虫最嗜食的寄主。利用植食性昆虫具有多食性且对不同食料植物的喜食程度不同的特点，寻找昆虫更喜食的寄主植物，并适当种植在棉田中，通过多食性昆虫对寄主植物表现出的取食和产卵选择性，在关键时期把害虫引诱到诱集植物上，然后集中杀死。利用诱集植物防治害虫简便易行，且不污染环境，对常发性害虫具有重要的经济和生态学意义。也可以根据种植制度的变化推广如棉蒜套种，棉瓜套种，麦后移栽，育苗移栽，麦棉、稻棉间作及麦棉插花种植，这对于保护利用天敌非常有利。这样可以改变寄主植物的“质”来间接影响害虫，如矮小作物由于资源竞争的缘故，其生长常受到抑制，因而变得不被害虫吸引，或者不能给害虫提供适宜的食物资源。如在木薯与豇豆间作中，一些被抑制的木薯叶片上害虫椰粉虱的种群密度比单作木薯田少。直接影响害虫对寄主植物的搜寻定位、生长发育和繁殖能力，在间作田中害虫的视觉和嗅觉难以发现寄主植物，逗留在非寄主植物上的时间延长，干扰了害虫寻找寄主的能力，降低害虫的生存率和繁殖力。如大蒜和马铃薯能发出强烈气味，这气味可以混淆害虫对寄主的正常搜索和取食的嗅觉。因此在棉花播种前应该根据实际情况选择设计播种模式和合理布局。麦棉、稻棉间作田棉苗蚜均未达到防治指标。不同种植方式的田间试验调查表明，麦棉套种及棉田间作高粱使棉田主要虫害减轻，如套种棉田中棉铃虫的发生与为害比单作田下降 42.5%~64.8%，差异显著或极显著，且天敌的控制作用趋于增强。作物种类多，有害生物也多，天敌种类就丰富，天敌的效能得到增强。如 4 月中旬棉花播种后，随即在大垄间点播早熟小绿豆，每亩 80 穴左右，同时每隔数行点种玉米或高粱，每穴 2~3 株，每亩 10~20 穴。棉田种植诱集植物，可明显增加天敌数量和减轻棉虫为害。如棉田种植玉米诱集带，可大批量诱集到棉铃虫成虫；当玉米和棉花以 1∶10 间作时，对二代棉铃虫诱集产卵效果为 45.3%~69.8%；或将诱虫作物带种植在棉田四周。在化学特性方面，诱虫作物释放的挥发物比主栽作物对害虫具有更强的引诱力，调控处于搜索状态的害虫向其富集，从而通过生态调控的方式达到害虫防治的目的。目前最常见的诱集带的种植主要有棉田周围种植 8~10 m 苜蓿带，棉花套种玉米，棉花间种高粱，棉花间种油菜，棉花间种绿豆，但这几种诱集带的种植均是以下两种诱虫原理来诱杀害虫：

1. 诱集害虫

诱集植物是引诱昆虫保护棉花免受一种或几种害虫为害的植物，对害虫引诱作用明显高于棉花。利用诱集植物防治害虫简便易行，且不污染环境，对常发性害虫具有重要的经济和生态学意义。充分发挥诱集植物在害虫综合治理中的作用，提高农业生产的可持续发展水平。棉田种植诱集植物，可明显增加天敌数量和减轻棉虫为害。在生产中，诱虫作物与主栽作物一般有两种基本配置方式：

（1）将诱虫作物种植成植物带与棉花间作　如棉田种植玉米诱集带，可大批量诱集到棉铃虫成虫（崔金杰，1994；速战平，2001）。

（2）将诱虫作物带种植在棉田四周　在某些情况下，也可以将两种方式结合起来使用。诱虫作物将害虫诱集到其上面，避免对主栽作物的为害。

2. 为天敌提供避难和繁殖场所

农作物天敌转主的寄主是有限的，只要增加关键的几种植物和昆虫就能有效助长天敌。不同植物繁殖害虫和天敌的生态效能也不同。因此要选择高效的植物来增加生物多样性，既可为棉花天敌提供栖息环境，又可以大量繁殖天敌。试验结果表明，新疆棉田种植玉米诱集带不仅可以增加棉田中的天敌数量，而且还有诱集天敌的作用，使瓢虫和草蛉提前进入棉田玉米上栖息，寻找猎物取食，为棉田害虫储备天敌（王林霞等，2004）。

利用诱虫作物防治害虫是一种环境友好的生物防治方法，减少了大田中杀虫剂的使用，创造了多样化的作物生态系统，有利于增强害虫寄生性天敌和捕食性天敌的控害潜能。适当通过栽培措施保护增殖天敌，增强其对棉花害虫的控制作用是棉花害虫综合防治的重要方面（崔金杰等，1994）。在棉田里间作油菜、高粱、玉米或苜蓿诱集带，可以吸引蚜茧蜂、蜘蛛、瓢虫、食蚜蝇和花蟮等多种食蚜天敌以捕食蚜虫和低龄棉铃虫（肖晓华，2008）；棉田中种植玉米诱集带不仅可以增加棉田捕食性天敌的数量，而且还具有诱集天敌的作用。在棉花生长期间，瓢虫、蜘蛛和草蛉三者的个体总数均为玉米诱集带>处理棉田>对照棉田，其中，瓢虫占捕食性天敌个体总数的 89. 89%，草蛉占 2. 24%，蜘蛛占 7. 86%。棉田天敌优势种群为十一星瓢虫，占瓢虫个体总数的 82. 66%，而且处理棉田中十一星瓢虫的数量明显高于对照棉田，为对照棉田的 1. 8 倍（王林霞等，2004）。地膜棉一般在 4 月中旬播种，裸地棉一般在 4 月下旬至 5 月初播种。具体做法为棉花播种后，立即按要求点种玉米诱集带。棉田种植玉米诱集带是当前我国防治棉铃虫的农业措施之一。实践表明，它具有诱蛾、灭卵及保护天敌的作用。据调查，凡种有玉米诱集带的棉田，棉铃虫落卵量比没种的减少 25%~50%，天敌增加 40%左右，每亩成本降低 1. 20 元，是投资少、效益高、事半功倍的好方法；棉麦邻作或与油菜交错种植，改变农田单一生态结构，有利于天敌的保护和繁殖。

（三）科学施肥，高效抗逆

选择配方肥有利于促进作物的生长和提高作物抗性，还可使受害植株迅速恢复生长。

（四）调节播期，避躲虫害

播种期是棉花全生育期病虫害防治的重要时期，由于这个时期气候变化无常，温度忽高忽低，降水时多时少，再加之受棉田生态条件多样化影响，病虫草害往往发生较重，严重影响棉苗的正常生长。为了做好棉花播种期病虫草害的综合防治，保证一播全苗，培育壮苗，因此在不影响作物生长的前提下，根据虫害发生特点，有的作物可以晚播或者早播，避开虫害为害高峰期，从而减轻害虫为害；另外地膜栽培和适期早播是减轻地老虎、棉蓟马发生与为害的重要方法。

（五）轮作倒茬，深耕晒垡

轮作可以改变农田生态条件，改善土壤理化特性，增加生物多样性，同时还可以免除和减少某些连作所特有的虫害，有利于农作物生长。交叉轮换品种，在栽培上配套综合防控技术，可有效提高产量。大量的害虫幼虫和蛹被埋在深土中，坚持冬翻冬灌，将土壤中的害虫幼虫和蛹翻到地面，经过严寒或者曝晒，可清除田间土壤害虫，除去土壤中有害生物；此外，冬春季节消灭田边杂草，恶化害虫越冬环境条件，降低害虫越冬虫口基数，减少为害；开春把棉田四周杂草铲除，进行掩埋，消灭部分越冬螨。如对往年棉叶螨、棉铃虫发生重的田块进行深耕晒垡，可有效压低害虫基数，明显降低翌年虫害的发生和为害。

（六）光色趋性，物理防治

通过利用物理手段如温度（如温汤浸种）、种子包衣、拌种、紫外辐射、声波等物理因素来防治棉花种子所带的虫害来提高农作物的产量和质量。物理防治是一种高效的防治手段，可以有效地减少农药使用，提高产量；还可利用有些害虫有趋光性、趋化性、趋色性的特点，设置一定的诱源，将害虫集中消灭。在田边渠埂上种植玉米、油菜等引诱植物，在农田周围垛放杂草，都是繁殖和发展天敌、控制有害生物的重要手段。

（七）天敌增殖，生物防治

利用天敌和生物类制剂等措施防治虫害，例如天敌、农用抗生素、植物源农药、昆虫生长调节剂等。生物防治具有高度的选择性，可丰富自然资源、不污染环境、对人畜安全。除具有一定的预防性以外，有的连续使用后可对一些虫害有持久的抑制作用。以生物防治为中心，保护和利用天敌，达到以益控害的目的。

二、科学精准施药技术

（一）以植物源农药治虫

植物为抵抗昆虫的为害，在长期的进化过程中形成了复杂的化学防御体系和形态防御体系，其中起主导作用的是一些在代谢中派生出来的而与其本身生长发育无关的化学物质，被称为次生性物质。目前，已知的次生性物质有 3 万多种，主要分为生物碱、萜烯类、类黄酮、酚类、挥发油类等，这些化合物可以单一或协同对害虫起作用，影响昆虫的生长发育、行为和繁殖等（李洪山等，2005），因此，在植物中探寻杀虫活性物质已成为重要的研究领域之一。

综合国内外的研究表明，植物提供了丰富的杀虫、杀螨活性物质资源。特别是楝科、芸香科、紫菀科、唇形科的植物被认为是很有发展潜力的植物资源。如益母草（属唇形花科）中提取出杀虫杀螨的有效化学活性物质——水苏碱，具有神经毒和呼吸毒的作用。对桃蚜、桔全爪螨有明显的杀伤作用，但对天敌和环境较为安全（秦雪峰等，2006）；棉花中的棉酚、单宁均对棉铃虫等有一定的抑制作用。

（二）精准化学防治

棉花生长的周期中，要遭受多种棉田害虫的为害，在发生量较轻的情况下，可用生态调控中多种防治技术复合防治。但是一旦发生量较大，生态调控方式无法控制时，必须启动化学防治方法。农田化学植保是最重要的病虫害防除技术之一，也是关键时期短期内最有效的防治害虫的方式之一，在农业生产中发挥着重要的作用。随着人们对农产品安全、环境保护意识的增强，精准施药技术装备成为植保领域的重点研究内容与发展方向，作为精准农业的重要组成部分，世界各国对精准变量施药技术装备的发展潜力及应用前景有广泛共识。

但是目前化学防治也不是漫无目的的，灭杀性地进行乱施药和大量施药，而要进行科学精准的施药，选择对害虫具有目标性和选择性而对天敌影响最小甚至没有影响的植物源化学农药，在科学的施药技术如隐蔽施药等方式下进行防治。科学施肥是棉花获得高产的有力措施，有利于促进作物的生长和提高作物抗性，还可使受害植株迅速恢复生长，同时还在害虫防治方面有重要的作用。根据农作物种类合理配比氮、磷、钾，增施有机肥，不仅能改善土壤营养状况，促进作物生育健壮，还可增加产量和提高植株抗病性。改善棉花的营养条件，提高棉花的抗虫能力；促进棉花的生长发育，避开有利于害虫的危险期或加速虫伤部分愈合；改变土壤性状，恶化土壤中害虫的环境条件；直接杀死害虫，例如，棉田肥力的高低对棉花补偿能力有明显的影响，尤其对氮肥的适当控制，可明显影响棉铃虫的为害程度（崔金杰等，1994）。如果施肥不当，也会加重害虫的发生为害。氮肥、磷肥及密度三因素、三水平正交试验两年的结果表明，当中氮、中磷、中密度时第二代棉铃虫幼虫密度最低、处理水平间差异显著或极显著；棉田蜘蛛及与其他捕食性天敌总数与施氮量呈反比、处理水平间差异显著或极显著，磷肥、密度则对天敌无显著影响（赵健周等，1990）。如防治4代棉铃虫可用2.5%多杀霉素悬浮剂1 000倍液、5%氟铃脲乳油1 000倍液、1%甲氨基阿维菌素苯甲酸盐乳油1 000倍液、24%甲氧虫酰肼悬浮剂750倍液、15%茚虫威悬浮剂3 500倍液等药剂进行喷雾防治，用药时注意交替、轮换用药，以提高防效，延缓棉铃虫抗药性上升。防治棉盲蝽可在低龄若虫期用40%毒死蜱乳油100 ml/亩、1%甲氨基阿维菌素苯甲酸盐乳油50 ml/亩、45%马拉硫磷乳油600倍液等药剂进行喷雾防治。防治烟粉虱可用5%锐劲特20 ml、25%吡虫啉可湿性粉剂10 g或20%啶虫脒乳油20 ml，于早晨或傍晚喷于叶背，间隔5~7 d再防治1次。烟粉虱为害作物种类多，并具有一定的迁徙能力，集中连片防治才能收到较好的效果。还可以在播种时期进行拌种等方式施药，达到防治害虫的目的。

三、植保无人机防治技术

多年来，我国农药产量与使用量居全球第一。随着农药在农业生产中的广泛应用，农药用量大、施药次数多、操作人员中毒、农产品农药残留超标、环境污染等负面问题已严重威胁到我国从业人员、食品及环境的安全，造成了不应有的损失以及其他不良后果，其原因是我国施药机械与技术相对落后，农药有效利用率不足30%。棉花是我国重要的经济作物和工业原料，同时也是重要的战略物资。但是近年来我国棉花生产受到病虫害为害严重、机械化水平低及劳动力成本上升等因素的影响，棉花生产受到严重影响。在棉花病虫害防治方面，目前仍以人工喷施和地面机械喷洒为主，而我国传统的植保机械结构简单、落后，未能实现精准变量施药，在喷洒过程中容易造成喷施不均匀、重喷、漏喷等现象，不仅施药成本提高、农药浪费严重，且病虫害防治效果不理想，病虫害防治不当已成为制约棉花规模化生产的主要因素。同时，近年来我国的棉花生产受到了种植结构调整、种植制度变化等多方面的严重威胁，而棉花生产费时费工，目前机械化水平低，比较效益逐渐下降，植棉面积波动较大，棉花生产形势起伏不定。其中，现有棉田植保技术落后，植保措施费工、费时、费药，且病虫害防治效果不理想，害虫抗药性逐年上升等是制约棉花生产实现全程机械化的因素之一。

传统的施药方式在很大程度上会忽视一定区域内病虫害灾情的变化和变化规律，采取的是一致的施药量，导致化学农药在部分作业区内用量不足，而在有些地方施量过度。而精准、高防效的精准施药是目前适应我国农业发展的重要组成部分，能够满足越来越高的环保要求，实现了精准施药、少污染、高功效、高防效的作业要求。要想精准科学施药，减药增效，则植保机械、农药与施药技术为植物化学保护的三大支柱，精良的植保机械与施药技术是农药发挥药效的重要手段与保证。

近年来，农田无人飞机防治病虫害的发展逐步在壮大。无人机飞防技术是以“云服务、大数据”为技术背景，利用轻小型无人机为载体，在飞行器上搭载农药喷雾设备，通过引入全球定位系统（GPS）和地理信息系统（GIS）实现精准化作业的一种有效方式。无人机飞防技术目前是一项适应现代农业和现代植保需求的新型技术，具有独特的优势，在植保技术的发展方面开辟了一片新天地，将来会是传统植保方式的替代和“革命性”升级。

小型无人机技术的研制和使用在我国起步较晚，且起初无人机主要是在民用领域主要应用于航拍。2010 年我国首次报道了利用无人机进行飞防，最近几年农用小型无人机飞防技术在我国有了飞速的发展。目前国内涉及无人机产业的生产企业约有 200 多家，且每年的发展趋势快速增长，其中生产农用无人机的知名企业就有十几家，如安阳全丰、广州极飞、天翔航空、无锡汉和等。截至 2015 年年底，我国已有超过 3 000台的无人机投入使用，大部分集中在种植大户和小型农场。随着技术的发展和蔓延，在一些地形复杂的南方及沿海地区，无人机技术也得以尝试和发展。无人机技术在各种农田如水稻、小麦、棉花等作物田及果园进行示范防治，基本上取得了较为满意的效果和效率，而且随着技术的发展和成熟，越来越有应用前景。

无人机飞防技术在实际应用中具有减少防治成本，提高农药使用效率、防治效果优于传统植保技术和技术成熟，操作灵活，易于普及等优点，因此在棉田应用前景广阔。尤其近年来棉花种植制度的改变和调整，棉花病虫害发生日益严重，成为制约棉花生产的重要因素，急需提升棉田病虫害统防统治的组织化程度，增强农业机械和植保的现代化发展水平，保障棉花产业的可持续发展。同时无人机飞防技术是实现棉花病虫害轻简化防治的关键，无人机飞防技术以其灵活、高效、安全等独特的优势，符合我国现阶段的基本国情，为棉田植保技术的发展开辟了一片新的天地。积极引进和推广无人机飞防技术，必将大大提升我国棉花病虫害统防统治的组织化程度，增强农业机械和植保的现代化发展水平，促进我国棉花增产增效和农民增收，同时保障棉花产业可持续发展。

第二节　病害绿色防控技术

全球侵染性棉花病害有 260 多种，我国记载有 80 多种，其中常见约 20 种。棉花全生育期均可遭受病菌侵害，对生长发育造成不良影响，严重发生和为害时导致产量和品质的下降。科学防治病害有利减轻为害，保障棉花产量和品质。

一、枯萎病与黄萎病

（一）发生和分布

棉花枯萎病和黄萎病是全球棉花为害最严重的两种病害，号称棉花的

"癌症"。早在1934年黄方仁报道在江苏省南通市发现棉花枯萎病；1935年，种植由美国引入的斯字棉4B同时也引入了陆地棉的黄萎病；1939年，周家炽报道在云南省蒙自县的二年生的木棉上发现棉花黄萎病。20世纪50年代初，棉花枯、黄萎病仅在陕西、山西、江苏、湖北等10个省的局部地区零星发生。然而，近50多年以来，枯、黄萎病发生区域不断扩展，1997年、2003年、2005年在长江流域和黄河流域棉区大暴发。据近年调查和大面积观察，枯、黄萎病发病面积已遍及全国棉区——辽宁、河北、河南、山东、山西、陕西、北京、天津、甘肃、新疆、四川、湖北、湖南、安徽、江苏、浙江、江西和上海等省（区、市），且呈日趋加重的态势，对棉花产量和品质造成的损失也日益加重，成为制约棉花生产可持续发展的重大障碍因素。

（二）病原菌及其寄主范围

棉花枯萎病的病原菌是尖孢镰刀菌萎蔫专化型（*Fusarium oxysporum* f. sp. *vasinfectum*（Atk.）Snyder et Hansen）。属于真菌界（Fungi）子囊菌门（Ascomycota）子囊菌纲（Sordariomycetes）肉座菌目（Hypocreales）丛赤壳科（Nectriaceae）镰孢菌属（*Fusarium*）。

枯萎病菌可造成多种植物的维管束萎蔫性病害，已知的有咖啡属（*Coffea*）、木豆属（*Cajanus*）、木槿属（*Hibiscus*）、三叶胶属（*Hevea*）、茄属（*Solanum*）、蓖麻属（*Ricinus*）及豇豆属（*Vigna*）等中的一些种的枯萎病，根据报道，棉花枯萎病的寄主有近50种植物，大部分为野生植物。

棉花黄萎病的病原菌是大丽轮枝菌（*Verticillium* dahliae Kleb.），属真菌界（Fungi），子囊菌亚门（Ascomycota）子囊菌纲（Sordariomycetes）轮枝菌属（*Verticillium*）。

黄萎病菌的寄主范围很广，目前已报道的寄主植物有660种，其中，农作物184种（占28%），观赏植物323种（占49%），杂草153种（23%）。在作物中除棉花外，对马铃薯、茄子、番茄、辣椒、甜瓜、西瓜、黄瓜、芝麻、向日葵、甜菜、花生、菜豆、绿豆、亚麻、草莓、烟草等许多植物都能侵染，并可相互感染；而有些植物，如禾本科的水稻、麦类、玉米、高粱、谷子等，则不受侵害。但国外报道，从小麦幼苗中分离出大丽轮枝菌，并通过人工接种能侵染棉花和茄子。

（三）症状识别

1. 棉花枯萎病

棉花枯萎病菌能在棉花整个生长期间侵染为害。在自然条件下，枯萎病一般在播后一个月左右的苗期即出现病株。受棉花的生育期、品种抗病性、病原菌致病力及环境条件的影响，棉花枯萎病呈现多种症状类型，现分述如下。

（1）幼苗期 子叶期即可发病，现蕾期出现第一次发病高峰，造成大片死苗。苗期枯萎病症状复杂多样，大致可归纳为5个类型：①黄色网纹型：幼苗子叶或真叶叶脉褪绿变黄，叶肉仍保持绿色，因而叶片局部或全部呈黄色网纹状，最后叶片萎蔫而脱落。②黄化型：子叶或真叶变黄，有时叶缘呈局部枯死斑。③紫红型：子叶或真叶组织上红色或出现紫红斑，叶脉也多呈紫红色，叶片逐渐萎蔫枯死。④青枯型：子叶或真叶突然失水，色稍变深绿，叶片萎垂，猝倒死亡，有时全株青枯，有时半边萎蔫。⑤皱缩型：在棉株5~7片真叶时，首先从生长点嫩叶开始，叶片皱缩、畸形，叶肉呈泡状凸起，与棉蚜为害很相似，但叶片背面没有蚜虫，同时其节间缩短，叶色变深，比健康株矮小，一般不死亡，往往与黄色网纹型混合出现。

以上各种类型的出现，随环境改变而不同。一般在适宜发病的条件下，特别是温室接种的情况下，多数为黄色网纹型；在大田，气温较低时，多数病苗表现紫红型或黄化型；在气候急剧变化时，如雨后迅速转晴，则较多发生青枯型；有时也会出现混生型。

（2）成株期 棉花现蕾前后是枯萎病的发病盛期，症状表现也是多种类型，常见的症状是矮缩型，病株的特点是：株形矮小，主茎、果枝节间及叶柄均显著缩短弯曲；叶片深绿色，皱缩不平，较正常叶片增厚，叶缘略向下卷曲，有时中下部个别叶片局部或全部叶脉变黄呈网纹状。有的病株症状表现于棉株的半边，另半边仍保持健康状态，维管束也半边变为褐色，故有“半边枯”之称。有的病株突然失水，全株迅速凋萎，蕾铃大量脱落，整株枯死或者棉株顶端枯死，基部枝叶丛生，此症状多发生于8月底至9月初暴雨之后，气温、地温下降而湿度较大的情况下，有的地方此时枯萎病可出现第二发病高峰。

诊断棉花枯萎病时，除了观察病株外部症状外，必要时应剖开茎秆检查维管束变色情况。感病严重植株，从茎秆到枝条甚至叶柄，内部维管束全部变色。一般情况下，枯萎病株茎秆内维管束显褐色或黑褐色条纹。调查时剖开茎秆或掰下空枝、叶柄，检查维管束是否变色，这是田间识别枯萎病的可靠方法，也是区别枯、黄萎病与红（黄）叶茎枯病，排除旱害、碱害、缺肥、蚜害、药害、植株变异等原因引起类似症状的重要依据。

2. 棉花黄萎病

黄萎病菌能在棉花整个生长期间侵染。在自然条件下，黄萎病一般在播后一个月以后出现病株。由于受棉花品种抗病性、病原菌致病力及环境条件的影响，黄萎病呈现不同症状类型。

（1）幼苗期　在温室和人工病圃里，2～4 片真叶期的棉苗即开始发病。苗期黄萎病的症状是病叶边缘开始褪绿发软，呈失水状，叶脉间出现不规则淡黄色病斑，病斑逐渐扩大，变褐色干枯，维管束明显变色，严重时叶片脱落并枯死。

（2）成株期　黄萎病在自然条件下，棉花现蕾以后才逐渐发病，一般在7—8 月开花结铃期发病达到高峰。近年来，其症状呈多样化的趋势，常见的有：病株由下部叶片开始发病，逐渐向上发展，病叶边缘稍向上卷曲，叶脉间产生淡黄色不规则的斑块，叶脉附近仍保持绿色，呈掌状花斑，类似花西瓜皮状；有时，叶片叶脉间出现紫红色失水萎蔫不规则的斑块，斑块逐渐扩大，变成褐色枯斑，甚至整个叶片枯焦，脱落成光秆；有时，在病株的茎部或落叶的叶腋里，可发出赘芽和枝叶。黄萎病株一般并不矮缩，还能结少量棉桃，但早期发病的重病株有时也变得较矮小。在棉花铃期，在盛夏久旱后遇暴雨或大水漫灌时，田间有些病株常发生一种急性型黄萎症状，先是棉叶呈水烫样，继则突然萎垂，迅速脱落成光秆。

在枯、黄萎病混生地区，两病可以同时发生在一株棉花上，叫做同株混生型，有的是以枯萎病症状为主，也有以黄萎病症状为主，使症状表现更为复杂。两病发病症状比较见表 6-1。

表 6-1　棉花枯萎病和黄萎病症状比较

	枯　萎　病	黄　萎　病
株形	植株茎枝节间缩短弯曲，顶端有时枯死，导致株形矮化、丛生	一般植株不短缩，顶端不枯死，后期可整株凋枯严重时整株落叶成光秆，枯死
枝条	有半边枯萎，半边无病症的现象	植株下部有时发出新的枝叶
叶片	顶端叶片先显病状，下部叶片有时反而呈健态，症状多样	下部叶片先显病状，逐渐向上发展，大部分呈西瓜皮状
叶脉	叶脉常变黄，呈现明显的黄色网纹	叶脉保持绿色，脉间叶肉及叶缘变黄，多呈斑块
叶形	常变小增厚，有时发生皱缩，呈深绿色，叶缘向下卷曲	大小、形状正常，叶缘稍向上卷曲
茎秆	褐色或黑褐色条纹	黄褐色条纹

（四）发病条件

棉株被枯、黄萎病菌侵染后，除了与病原菌的生理小种不同致病力以及病菌在土壤中的数量等致病因素有关外，其为害程度常取决于下列发病条件：

1. 发病与气候条件的关系

棉花枯萎病菌在土温低、湿度大的情况下，菌丝体生长快；反之，在土温高而干燥的条件下，菌丝体生长就慢。当气候条件有利于病菌繁殖而不利于棉花生长时，棉株感病就严重。雨量和土壤湿度是影响枯萎病发展的一个重要因素，若5—6月雨水多，雨日持续一周以上，发病就重。地下水位高的或排水不良的低洼棉田一般发病也重。雨水还有降低土温作用，每当夏季暴雨之后，由于土温下降，往往引起病势回升，诱发急性萎蔫性枯萎病的大量发生。但若土温低于17℃，湿度低于35%或高于95%，都不利于枯萎病的发生。

1980年以后，随着我国棉花品种抗枯萎病性能的提高，棉花枯萎病在生产上已很难见到，尤其是1990年以后，我国棉花品种大部分成为抗枯萎病品种，除在新疆等内陆棉区以外，在华北及长江流域棉区已基本上被有效地控制。

黄萎病发病的最适温度为22~25℃，高于30℃，发病缓慢，高于35℃时，症状暂时隐蔽。一般在6月间，当棉苗4~5片真叶时开始发病，田间出现零星病株；现蕾期进入发病适宜阶段，病情迅速发展；到7—8月花铃期达到发病高峰，来势迅猛，往往造成病叶大量枯落，并加重蕾铃脱落；如遇多雨年份，湿度过高而温度偏低，则黄萎病发展尤为迅速，病株率可成倍增长。

2. 发病与耕作栽培的关系

枯、黄萎病菌在棉田定殖以后，若连作感病棉花品种，则随着年限的增加，土壤中病菌量积累愈多，病害就会愈严重。棉田地势低洼、排水不良，或者灌溉棉区，一般枯、黄萎病发病较重。灌溉方式和灌水量都能影响发病，大水漫灌往往起到传播病菌的作用，并造成土壤含水量过高，不利于棉株生长而有利于病害的发展。营养失调也是促成寄主感病的诱因。氮、磷是棉花不可缺少的营养，但偏施或重施氮肥，反能助长病害的发生。氮、磷、钾配合适量施用，将有助于提高棉花产量和控制病害发生。

3. 发病与棉田线虫的关系

据调查棉田线虫有20余种，其中为害棉花的有根结线虫（*Meloidogyne incognita*）、刺线虫（*Belonolaimus longicaudatus*）和肾形线虫（*Rotylenchulus reniformis*）。这些线虫侵害棉花根系，造成伤口，诱致枯萎病的发生。据

Martin 试验，抗病品种珂字棉 100 单接枯萎病菌的发病率为 6.8%，增加接种线虫的为 66.2%。感病品种岱字棉单接枯萎病菌的发病率为 26.6%，增加接种线虫的发病率达 100%。据王汝贤试验也都证明枯萎病菌与线虫混接比单接枯萎病菌其发病率增高，而且感病品种棉株根围线虫数量较抗病品种为多。棉田线虫是枯萎病发生的诱因之一，在美国认为枯萎病和线虫病是相互联系的复合性病害。

4. 发病与棉花生育期的关系

枯萎病发病时期与棉花生育期有密切的关系，马存（1974）进行的病圃分期播种试验，设 4 个播种期，从出苗到出现发病高峰，尽管经历 29~55 d 时间，但都是在现蕾前后进入发病盛期，若现蕾期推后则发病高峰也顺延，发病高峰的出现不因早播而提前。但随着 20 世纪 90 年代黄萎病的逐年加重以及气候条件的变化，黄萎病在苗期也出现严重发生的情况，表明棉株的苗期对黄萎病具有较好的抗病性，当棉花从营养生长转入生殖生长时，其抗病性开始下降，黄萎病开始发生。

5. 发病与棉花种及品种的关系

棉花不同的种或品种，对枯、黄萎病的抗病性有很大差异。一般亚洲棉对枯萎病抗病性较强，陆地棉次之，海岛棉较差。在陆地棉中各品种间对枯萎病的抗性差异显著，如陕棉 4 号、86-1 号、中棉所 12 号等品种抗病性很强，中棉所 3 号属耐病品种，而岱字棉 15、徐州 1818、鲁棉 1 号等品种则易感病。

一般海岛棉对黄萎病抗病性较强，陆地棉次之，亚洲棉较差。在陆地棉中各品种间对黄萎病的抗性差异也很显著，例如，BD18、9456D、春矮早、辽棉 5 号等品种抗病性较强，中棉所 12 号、冀 668、33B 属耐病品种，而 86-1 号、GK19、99B 等品种则易感病。在棉花品种对枯萎病和黄萎病的抗病性上，往往呈负相关的关系，高抗枯萎病的品种一般不抗黄萎病，进入 21 世纪以后，这种负相关正在通过分子生物学技术已逐步被打破。

二、棉花枯、黄萎病的防治

棉花枯、黄萎病是典型的土传病害，幼苗期病菌从根部侵入，整个生育期在棉株维管束内为害，造成发病，被称为棉花的癌症。当前，多数棉田有两大因素对预防枯萎病极为不利：一是连年不进行棉田耕翻；二是不施用有机肥和不平衡施肥。造成棉田耕层过浅，病菌大量聚集在土壤 10~15 cm 处，根系不能下扎，土壤结构变劣，有机质和钾素严重缺乏。这就为枯萎病发生埋下隐患。一旦气候条件适合，必然会造成枯萎病暴发。目前，枯、黄萎病田间发病后用化学药剂很难防治，至今尚无有效的防治药剂。因此，防治棉花枯、黄萎病要立足于用综合措施进行预防，包括选用抗病品种、农业措施、化学防治、生物防治。

（一）抗病品种

选育、选用抗病品种是防治棉花黄萎病最经济有效的措施，受到世界主要产棉国的普遍重视。尤其是种植面积较大，一时又无法进行改造的黄萎病棉区，应以种植抗病品种为主。自 21 世纪以来，我国常规棉和抗虫棉的抗（耐）病品种均已陆续培育成功，如中植棉 2 号、邯 5158、冀杂 1 号、中棉所 41、中棉所 49 等。这些品种的推广应用对控制病害的蔓延起到了一定的作用。

（二）农业措施

20 世纪 60—70 年代枯、黄萎病逐年加重，对应用农业措施防治枯、黄萎病进行了大量研究，主要措施有轮作倒茬、地膜覆盖、无病土育苗移栽及加强田间管理等，到目前仍然是“两萎病”综合防治中不可缺少的重要措施。

1. 轮作倒茬

轮作倒茬可以防治多种病虫害，应用轮作防治病虫害，提高农作物的产量在我国已有悠久的历史。棉田轮作倒茬是防治黄萎病最有效的措施之一。对于已被黄萎病菌污染的棉田，尤其是重病田和发现落叶型黄萎病的田块，应坚决地进行轮作倒茬。最好采用水旱轮作，3~5 年后再种棉花。王景宏（2008）等研究表明多年连作棉田改种水稻倒茬后，棉花产量较轮作前增产 20%左右。水资源缺乏的地区，可采用棉花与玉米、高粱、谷子、小麦等禾本科作物轮作。苏涛（2008）认为轮作 1 年可减轻发病 20%，2 年减轻发病 30%，3 年减轻发病 45%，4 年减轻发病 65%。

2. 清洁田园

在病区应及时拔除病株，集中焚毁，不提倡棉秆还田。苏涛（2008）、王金环（2005）认为拾花结束后及时对棉田及其四周进行彻底清洁，收集、焚烧残茬及枯枝败叶，减少病源数量，发病株率可降低 31.2%~50.3%。

3. 良好的排水与灌溉

田间湿度是黄萎病发生的一个重要条件，湿度过大有利于发病。因此，棉田灌排设施要配套，雨涝后应及时排水。各地多次调查资料表明，地势低洼，排水不良，地下水位较高的地区发病严重。

4. 良好的田间管理

在棉花苗期，适当密植，早间苗，晚定苗，间出枯萎病苗及弱苗，留足预备苗，及时移栽补苗。及时中耕除草，提高地温，促进壮苗早发，提高棉株的本身抗病能力。施肥种类、时期、数量等对枯、黄萎病发病也有一定的影响。苏涛（2008）试验表明，棉田增施有机肥和钾肥，黄萎病病株率平均下降15%~20%。

5. 地膜覆盖

20 世纪 80 年代地膜覆盖逐渐成为棉花高产的一项主要栽培措施，南、北棉区均有盖膜减轻枯、黄萎病的报道。李经仪等（1983）在南京江苏省农业科学院植物保护研究所重病田试验研究盖膜与不盖膜（对照）枯萎田间发病情况，结果表明覆膜比不覆膜病指降低 58. 94%。张卓敏等（1987）在山西中熟棉区的永济县，中早熟棉区的襄汾县，特早熟棉区的平遥县，进行盖膜与不盖膜对枯、黄萎病减轻效果的试验，结果表明对枯萎病均有明显的减轻作用，相对防治效果为 23. 68%~52. 68%，平均为 34. 97%。

6. 施用有机改良剂

有机改良剂包括壳质粗粉、植物残体、绿肥、饼肥、堆肥和粪肥等，具有直接抑制病菌、调节土壤微生物区系、诱导抗病性、改良土壤结构和促进植物生长等功能。施用有机物改良剂对防治棉花黄萎病有一定的效果。

（三）化学防治

1. 带菌种子的消毒处理

棉花种子外部的短绒是重要的带病器官，播前进行种子处理尤其是进行种子脱绒是减少种子带病的重要措施。无病区或轻病区应避免使用毛子或对毛子进行药剂处理后使用。

2. 田间药剂处理

目前，有关化学药剂对棉花黄萎病防治的研究报道较多。Sener 等（2003）试验表明，高剂量（有效成分 1 250 g/hm^2）的咪鲜胺锰盐能显著减轻黄萎病发生。戴宝生等（2010）报道，枯草芽孢杆菌、乙蒜素、恶霉灵、克萎星对棉花黄萎病都有一定的防治效果，尤其以含活芽孢 10×10^8 个/g 的枯草芽孢杆菌可湿性粉剂防治效果显著，叶面喷雾的最佳用量为 300~600 倍液，防治效果可达 54. 35% ~ 57. 35%。单文荣等（2010）研究表明，15% JDQ（TV-1）、45%多 · 福 WP、复硝酚钠、32%酮 · 乙蒜 EC、壳聚糖、强生—恶霉灵等活性物对棉花黄萎病菌的抑制率达到 100%。朱荷琴等（2010）研究表明，3 种植物疫苗渝峰 99 植保、激活蛋白和氨基寡糖素分别与缩节胺混合，对黄萎病的平均防效分别达 52.9%、52.2%和 47.9%。朱荷琴等（2007）还报道，五倍子、土元、蛇床子、白英、麻黄、巴豆、黄柏和黄连等中药的提取物对棉花黄萎病菌的抑菌率超过 45%，其中，五倍子、土元和蛇床子提取物对黄萎病菌的抑制效果最好。

3. 生长调节剂

简桂良等（1999）研究表明，在黄萎病发生初期用缩节胺叶面喷施可减轻黄萎病的叶面症状，控制该病的发生蔓延。于 7 月上旬，在重病田喷施 20、40、60 mg/kg 的缩节胺 1~2 次，病情指数相对减退率为 44.7%~66.7%，产量增加 0.86%~9.59%。董志强等（2000）研究表明，缩节胺处理增加了感病棉株的伤流量和伤流中各无机离子的运输量，增强了棉株抵抗黄萎病菌侵染的能力，两年试验中，缩节胺系统化控区感病株率分别比对照下降 76.21%和 52.87%。

（四）生物防治

随着绿色农业、有机农业的兴起，采用生物防治方法防治棉花黄萎病备受人们关注，其中从土壤中筛选拮抗微生物以及利用棉花植株的内生菌来防治该病害是研究的热点课题。李社增等（2001）从棉花根围和根内分离到 17 个菌株，其在平板对峙培养中都能极显著抑制黄萎病菌的生长，其中 15 个菌株的抑菌率大于 65%，最高达 89.6%。菌株 NCD-2 在室内和田间都能极显著地降低棉花黄萎病的病情指数，盆栽试验和田间试验的防效分别达 77.0%和 78.1%。Oktay 等（2010）从棉花和杂草根际的 59 个荧光假单胞菌菌株中筛选出 4 个，用它们感染棉花种子，有助于对黄萎病的生物控制，提高棉花株高、主茎节数等生长参数。Zheng 等（2011）从大田生长棉花的根际或土层分离出 375 株真菌，其中，尖孢镰刀菌（*Fusarium oxysporum*）的 By125 菌株、拟茎点霉（*Phomopsis sp.*）的 By231 菌株具有潜在的控制黄萎病能力，在温室条件下，对黄萎病控制效率为 63.63% ~ 69.78%，棉花生物量增加 18.54% ~ 62.63%。还有研究表明，枯草芽孢杆菌对棉花黄萎病有比较明显的抑制作用，施药后 30 d，ZH1、大唐棉 3 号、湘杂棉 18 号 3 个棉花品种的发病率比对照分别降低 9.2%、15.4%和 8.5%，并显著提高棉花单产。熊又升等（2010）研究在等养分条件下，酵素菌生物有机肥（主要有益菌群包括酿酒酵母菌、巨大枯草芽孢杆菌和植物乳杆菌）与化肥相比，能显著减轻棉花黄萎病的发生，籽棉产量增加 3.4%~9.6%。

三、苗期病害

(一) 为害情况

在4—5月棉花播种出苗期间，由于寒流的侵袭，每年都有若干次程度不同的降温过程。棉花幼苗抗逆力弱，在低温多雨之年，易受病菌侵害，引起大量的烂种、病苗和死苗。各地苗期病害的发生，历年都是普遍而严重的。长江流域棉区由于春季多雨，苗病较为突出。江苏和浙江两省，在苗病流行的年份，病苗率可达90%。黄河流域棉区，一般年份发病率在50%以上，死苗率达5%~10%。1990年以后新疆棉花生产得到很大发展，但由于受到早春寒流的影响，时有由于苗病和各种其他灾害影响严重而导致毁种、重种，个别年份甚至重种4~5次。

苗期病害从三个方面影响棉花生产：第一，重病棉田的毁种，造成棉花实收面积减少；第二，造成缺苗断垄及生育延迟，影响棉田的合理密植及早熟高产；第三，重病棉田的重种或补种，造成种子的浪费和品种的混杂，影响良种繁育推广。

(二) 种类和分布

棉花苗期病害种类繁多，国内已发现的有20多种。苗病的为害方式可分为根病与叶病两种类型。其中由立枯病、炭疽病、红腐病和猝倒病等引起的根病最为普遍，是造成棉田缺苗断垄的重要原因；由轮纹斑病、褐斑病和角斑病等引起的叶病，在某些年份也会突发流行，造成损失。一般而言，在北方棉区，苗期根病以立枯病和炭疽病为主，在多雨年份，猝倒病也比较突出，红腐病的出现率相当高，但致病力较弱；叶病主要是轮纹斑病。在南方棉区，苗期根病以炭疽病为主，其次是立枯病，红腐病较北方棉区为少；叶病主要是褐斑病和轮纹斑病，近年棉苗疫病和茎枯病在局部地区也曾造成严重损失。

此外，棉花苗期由于灾害性天气的影响或某些环境条件不适宜，还会发生冻害、风沙及涝害等生理性病害。尤其是新疆棉区，为了抢墒，棉花播种较早，往往3月底即开始播种，冻害、风沙时有发生，有些年份由此造成4~5次的毁种重播。

(三) 症状及病原

棉苗病害是由真菌或细菌的侵染引起。棉花种子带菌、棉田土壤中的大量病株残体，是苗病的侵染来源，对棉花生产造成主要为害的各种根部病害。苗期根病和叶病的主要病原和症状见表6-2。

表 6-2 常见棉苗病害的症状与病原菌

病名	病 状	病 原 菌
立枯病	嫩茎处出现黄褐色病斑，逐渐环绕幼茎，形成蜂腰状、黑褐色凹陷，拔时易断，成丝状，叶部病症不常见。病症呈蛛网状，黑丝，常粘附有小土块	棉立枯病菌（*Rhizoctonia solani* Kühn.）属半知菌亚门，丝核菌属。菌丝粗壮有隔，分枝与主枝成锐角，在分叉处特别缢缩。幼嫩时无色，老时呈褐色，可聚集成小菌核，不产生孢子
炭疽病	地面下幼茎基部有红褐色、梭形条斑，稍下陷，组织硬化、开裂，严重时下部全成紫褐色、干缩，使地上部萎蔫。子叶边缘生半圆形病斑，中部褐色，边缘紫红色，后期病部易干枯脱落。病症呈粉红色、黏稠状分生孢子块	棉炭疽病菌（*Colletotrichum gossypii* Southw）属半知菌亚门刺盘孢属。分生孢子单孢，长椭圆形，一端或两端有油滴，无色，多数聚结则成粉红色，着生于分生孢子盘上；孢子盘内排列有不整齐的褐色刚毛。 主要以菌丝及分生孢子在种子外短绒内潜伏越冬，种子内及土中病残体也能带菌
红腐病	幼芽、嫩茎变黄褐色、水肿状腐烂。幼苗稍大时，嫩根部分产生成段的黄褐色、水浸状条斑。子叶及叶上有淡黄色、近圆形至不规则形病斑，易破碎。病症呈粉红色霉层	棉红腐病菌（*Fusarium moniliforme* Shled.）属半知菌亚门丛梗孢目镰刀菌属。大型分生孢子镰刀型，无色，有 3~5 个分隔；小型分生孢子卵形或椭圆形，单孢，无色，串生或成堆聚生 种子及土壤病残体内都有大量病菌越冬，自然菌源很广
黑斑病	于 1~2 片真叶期在子叶及真叶上出现大量紫红色小斑或不规则形、黄褐色大病斑，可环切叶柄，引起子叶脱落。病症呈黑绿色霉层	棉黑斑病菌（*Alternaria tenuis* Nees.）属半知菌亚门丛梗孢目交链孢属。分生孢子倒棒形，基部圆，嘴孢短，有横隔 1~9 个，纵膈 0~6 个，成串着生，暗褐色。种子及土壤病残体内部有大量病菌越冬，自然菌源很广
角斑病	于子叶至成株期在子叶上产生圆至不规则形病斑。真叶上病斑受叶脉限制成多角形或沿叶脉成曲折长条。病斑水浸状，迎光有透明感。病脓潮湿时为黄褐色黏稠物，干燥后呈白色干痂状	棉角斑病菌（*Xanthomonas campestris pv. malvacearum*（Smith）Dowson）属细菌黄单孢杆菌属。菌体短杆状，极生单鞭毛，常成对聚成短链状。 以种子短绒带菌为主，土中残体也可带菌
褐斑病	于子叶至成株期在子叶及叶片上产生黄褐色、圆形病斑，边缘紫红色。病部中央产生细小的黑色颗粒	棉褐斑病菌（*Phyllosticta gossypina* Ell. et Martin.）属半知菌亚门球壳孢目叶点霉属。分生孢子器埋藏在叶组织内，球形，暗褐色；分生孢子卵圆形至椭圆形，单孢，无色 以菌丝及分生孢子器在病组织内越冬
猝倒病	幼茎呈淡褐色水烫状，迅速萎倒，水烂很难拔出。子叶呈不规则水烂，湿度大时棉苗上出现纯白浓密菌丝。病症为浓密纯白色棉絮状菌丝	猝倒病由真菌［*Pythium aphanidermatum*（Eds.）Fitzd］的寄生引起的
疫病	苗期较少发病，病斑呈灰绿色或暗绿色不规则水浸斑，严重时子叶脱落。菌丝极稀少，偶见霉状物	棉苗疫病菌（*Phytophthora boehmeriae* Saw.）为疫霉属真菌

棉苗根病实际上是多种病原的复合性病害。根病的症状，按棉苗发育时期可分为出苗前的烂子和烂芽，以及出苗后的烂根和死苗。

（1）烂子　播种以后，种子上和土壤中的病菌如炭疽病、立枯病和红腐病菌，在低温高湿的条件下都会引起烂子。

（2）烂芽　在种子发芽后到出苗以前，土壤里的立枯病、猝倒病和红腐病菌等，会侵害幼根、下胚轴的基部，导致烂芽。

（3）烂根　立枯病、猝倒病和红腐病菌都会引起烂根。立枯病菌引起的黑色根腐，病斑呈缢缩状；红腐病菌引起的烂根，起初是锈色，后呈黑褐色干腐；猝倒病菌引起的烂根是水渍状淡黄色软腐。

（4）死苗　出苗后的死苗，以立枯病、炭疽病、猝倒病和红腐病菌为主要病源，其中以立枯病引起的死苗最常见。

（四）棉苗病害的传染途径和发病条件

1. 传染途径

苗期病害的种类虽然很多，但它们的传染途径大体上都是来自种子和土壤。

（1）种子携带　炭疽、红腐、角斑和茎枯等病菌，都可以在棉花铃期为害。这些病菌可以附着在种子的外部或潜伏在种子的内部，而以种外携带为主。来自种子的病原菌（一般可存活 1～3 年），能随种子播入土中，侵害棉苗。它们还可以随着棉铃病害和枯枝菌叶等带病组织在土壤或土粪中越冬。炭疽、红腐和角斑病菌等是以种子传带为主，而茎枯病菌等则多附在带病组织上。在新棉区，种子是唯一的传病来源。

（2）土壤传染　立枯和猝倒等病菌，都存活于土壤中。它们能侵入棉花幼芽或根茎的组织，吸取营养物质，幼苗死亡后，病菌仍然存留于土壤中。这些病菌的寄主范围都相当广泛，能侵染豆科和茄科等多种作物，禾谷类作物对这些病菌具有一定的抵抗力，一般受害较小。因此，棉花与禾谷类作物轮作，在一定程度上可以减轻立枯病等为害。

2. 发病条件

（1）低温阴雨是导致苗期病害发生的主要条件　阴雨高湿，土壤湿度大，对棉苗生长不利，却有利于病菌的蔓延。棉苗出土后，长期阴雨是引起死苗的重要因素，雨量多的年份死苗重。相对湿度小于 70%，炭疽病发生不会严重。相对湿度大于 85%，角斑病菌最易侵入棉苗为害。在涝洼棉田或多雨地区，猝倒病发生最普遍；利用塑料薄膜育苗，如床土温度控制不好，发病也严重。

多雨更是苗期叶病的流行条件，轮纹斑病和疫病等都是在5—6月间连续阴雨后大量发生的。棉田高湿不利于棉苗根系的呼吸，长期土壤积水会造成黑根苗，导致根系窒息腐烂。

（2）苗病的感染与苗龄密切相关　苗病的感染与苗龄有关。刚发芽时很少感病，自种壳脱落、子叶平展开始染病，在两片子叶完全张开到开始生长侧根和出真叶时染病最重。随着苗龄的增长，棉苗茎部木栓组织逐渐形成，增强了抗病能力，感病逐渐减轻，以至不再感病。在幼苗阶段，棉苗生长主要靠种子内贮存的养料，开始出真叶时，种子贮存的养料消耗殆尽，而根系尚未发育完善，此时棉苗的抗逆力最弱，因而最易感病。以后，随着侧根和真叶的生长，棉苗已能制造足够的养料，抗病能力亦随之增强。尽管炭疽病和立枯病在10~30℃的范围内都可致病，但田间死苗高峰期常出现于棉苗出土后的第15 d左右，即一片真叶期前后，待到出真叶后苗病便显著减少。

（五）苗期病害的防治

苗期病害的发生和发展，决定于棉苗长势的强弱、病菌数量的多少及播种后的环境条件。防治措施的要点就是用人为的方法，减少病菌的数量，并采用各种农业技术，造成有利于棉苗生长发育而不利于病菌孳生繁殖的环境条件，从而保证苗全苗壮。由于病原菌种类多，发生情况复杂，发病的轻重与棉田土质、当年气候、茬口、耕作管理及种子质量等都有密切的关系。所以，在防治上要强调预防为主，采用农业栽培技术与化学药剂保护相结合的综合防治措施。

1. 搞好农业防治

（1）选用高质量的棉种适期播种　高质量的种子是培育壮苗的基础，棉种质量好，出苗率高，苗壮病轻。以5cm土层温度稳定达到12（地膜棉）~14℃（露地棉）时播种，即气温平均在20℃以上时播种为宜，早播引起棉苗根病的决定因素是温度，而晚播引起棉苗根病的决定因素则是湿度。

（2）深耕冬灌，精细整地　北方一熟棉田，秋季进行深耕可将棉田内的枯枝落叶等连同病菌和害虫一起翻入土壤下层，对防治苗病有一定的作用。秋耕宜早。冬灌应争取在土壤封冻前完成，冬灌比春灌病情指数减少10%~17%。进行春灌的棉田，也要尽量提早，因为播前灌水会降低地温，不利于棉苗生长。南方两熟棉田，要在麦行中深翻冬灌，播种前抓紧松土除草清行，棉田冬翻二次、播前翻一次的棉田，苗期发病比没有翻耕的棉田为轻。

（3）深沟高畦　南方棉区春雨较多，棉田易受渍涝，这是引起大量死苗的重要原因。棉田深沟高畦可以排除明涝暗渍，降低土壤湿度，有利于防病保苗。

（4）轮作防病　在相同的条件下，轮作棉田比多年连作棉田的苗病轻，而稻棉轮作田的发病又比棉花与旱粮作物轮作的轻。据研究，前作为水稻的棉田，苗期炭疽病发病率为4.7%~6.3%，而连作棉田为11.7%~12.5%。棉田经种2~3年水稻后再种棉花，苗期防病效果在50%以上。因此，合理轮作，有利于减轻苗病，在有水旱轮作习惯的地区，安排好稻棉轮作，不仅可以降低苗病发病率，还有利于促进稻棉双高产。

2. 做好种子处理

苗期根病的传染途径主要是种子带菌和土壤传染，因而在防治上多采用种子处理和土壤消毒的办法来保护种子和幼苗不受病菌的侵害。进行种子处理比较简便、省药，是目前防治苗病最常用的方法。

（1）药剂拌种　因为种子和土壤都带多种病原菌，所以进行药剂拌种，保护棉苗安全出土和正常生长十分重要。目前，农药生产厂家通过农业部药效试验登记的拌种剂包括17种（表6-3），主要为甲基立枯磷、多菌灵、萎锈灵、福美双、五氯硝基苯、精甲霜灵、噻菌铜、敌磺钠、溴菌腈、络氨铜、拌种双、拌种灵、甲霜灵、种菌唑等药剂的不同剂型和复配制剂。

表6-3　防治棉苗根病的一些拌种药剂

药剂名称	剂　型	防治对象	有效成分用药量（g/100 kg种子）
20%甲基立枯磷	乳油	立枯病、猝倒病	200~300
25%多菌灵	可湿性粉剂	苗期病害	500
40%多菌灵	可湿性粉剂	苗期病害	500
50%多菌灵	可湿性粉剂	苗期病害	250~500
80%多菌灵	可湿性粉剂	苗期病害	500
20%噻菌铜	悬浮剂	立枯病	200~300
400 g/L萎锈·福美双	悬浮剂	立枯病	160~260
40%五氯·福美双	粉剂	苗期病害	200~400
350 g/L精甲霜灵	种子处理乳剂	猝倒病	14~28
70%，50%敌磺钠	可溶粉剂	立枯病	210
45%敌磺钠	湿粉	苗期病害	500
45%溴菌·五硝苯	粉剂	立枯病、炭疽病	225~360
40%五氯硝基苯	粉剂	立枯病、炭疽病、猝倒病	400~600

（续表）

药剂名称	剂　型	防治对象	有效成分用药量（g/100 kg 种子）
25%络氨铜	水剂	立枯病、炭疽病	99～132
40%拌种双	可湿性粉剂	苗期病害	200
40%福美·拌种灵	可湿性粉剂	苗期病害	200
4.23%甲霜·种菌唑	微乳剂	立枯病	13.5～18

注：表中是截至 2018 年 4 月中国农药信息网公布的在有效期内的拌种剂

（2）种衣剂包衣　种子包衣能有效防治棉苗病虫害和地下害虫，明显地提高出苗率，而且还能促进棉苗生长和提高棉花产量，兼其功效多、价格低、使用方便等优点，已在生产上得到大面积推广应用。目前，通过农业部药效试验登记的种衣剂达 30 多种（表 6-4）。

表 6-4　防治棉花苗期病害的一些种衣剂

药剂名称	剂　型	防治对象	有效成分用药量（g/100 kg 种子）
25g/L 咯菌腈	悬浮种衣剂	立枯病	15～25
15%甲枯·福美双	悬浮种衣剂	立枯病、炭疽病	250～375
20%甲枯·福美双	悬浮种衣剂	立枯病、炭疽病	333～666.7
15%福美·拌种灵	悬浮种衣剂	立枯病	200～250
10%福美·拌种灵	悬浮种衣剂	苗期病害	200～250
40%福美·拌种灵	悬浮种衣剂	立枯病、炭疽病	200～250
20%吡·拌·福美双	悬浮种衣剂	立枯病	267～308
25%吡·拌·福美双	悬浮种衣剂	立枯病	500～635
15%多·酮·福美双	悬浮种衣剂	红腐病	200～250
400 g/L 萎锈·福美双	悬浮种衣剂	立枯病	160～200
15%多·福	悬浮种衣剂	立枯病	250～375
17%多·福	悬浮种衣剂	立枯病、炭疽病	486～567
20%多·福	悬浮种衣剂	苗期病害	333.3～400
20%克百·多菌灵	悬浮种衣剂	立枯病	500～666
25%克百·多菌灵	悬浮种衣剂	立枯病	700～1000
26%多·福·立枯磷	悬浮种衣剂	立枯病、猝倒病	433～650
22.7%克·酮·多菌灵	悬浮种衣剂	红腐病	378～454
63%吡·萎·福美双	悬浮种衣剂	立枯病	175～233

（续表）

药剂名称	剂　型	防治对象	有效成分用药量（g/100 kg 种子）
20%多·五·克百威	悬浮种衣剂	立枯病、炭疽病	700~1000
3%苯醚甲环唑	悬浮种衣剂	立枯病	9~12
25%克·硝·福美双	悬浮种衣剂	立枯病	625~833
11%精甲·咯·嘧菌	悬浮种衣剂	立枯病、猝倒病	25~50
25%噻虫·咯·霜灵	悬浮种衣剂	立枯病、猝倒病	172.5~345
10%嘧菌酯	悬浮种衣剂	立枯病	25~55
25%噻虫·咯菌腈	悬浮种衣剂	立枯病	255~340
25%噻虫·咯·霜灵	悬浮种衣剂	立枯病、猝倒病	150~300
18%吡唑醚菌酯	悬浮种衣剂	立枯病、猝倒病	5~6
20%五氯·福美双	悬浮种衣剂	立枯病	250~300
40%唑醚·萎·噻虫	悬浮种衣剂	立枯病	300~400
41%唑醚·甲菌灵	悬浮种衣剂	立枯病	50~75
15%五氯硝基苯	悬浮种衣剂	立枯病	300~375

注：表中是截至 2018 年 4 月中国农药信息网公布的在有效期内的种衣剂

3. 苗期喷药保护

棉苗出土后还会受轮纹斑病和褐斑病等苗期叶病的侵害，因此要喷药保护棉苗，预防叶病。在棉花齐苗后，遇到寒流阴雨，轮纹斑病和褐斑病等就会发生，要在寒流来临前喷药保护。防治叶病的药剂有 1：1：200 波尔多液，65%代森锌可湿性粉剂 250~500 倍液，25%稻脚青可湿性粉剂 300~1 000倍液，50%克菌丹 200~500 倍液等。

四、棉铃病害

（一）发生为害概况

棉铃病害是一类棉花的常发病害，全国各主要棉区 8—9 月均有发生，个别年份还相当严重，特别是夏、秋多雨的年份，棉田湿度大，有利于各种棉铃病害病菌的孳生与传播，常引起棉铃腐烂，造成减产降质，估计全国棉花由于棉铃病害所造成的减产损失为 10%~30%。

20 世纪中后期，随着转 Bt 抗虫棉的推广和应用，棉花病害种类和规律发生了一些变化，主要特点是前期和后期病害较常规棉发病重，棉铃病害有加重的趋势。如 2003 年 8—10 月黄河流域棉区棉铃病害暴发为害，造成严重的产量损失，其发生特点表现为：发生面积大，持续时间长，为害损失严重，发病率之高，持续时间之长是数十年来所罕见的，一些地区棉铃病害的发病率达到100%，烂铃率高达50%以上。主要原因是受连续降雨和低温寡照的影响，在8—10月间，黄河流域出现数十年不见的连续秋雨，导致各种棉花铃病严重发生，严重田块在9月初已有1/3到1/2的棉铃被害，甚至，出现往年罕见的顶部棉铃也被害的现象，导致棉花严重减产。

棉铃被各种病原菌侵染后，严重影响棉花的产量和品质。腐烂程度严重的棉铃，很容易掉落或者棉瓤变成僵瓣，不能开裂，纤维品质变劣。因此，棉铃病害不仅严重影响棉花产量，而且影响农民植棉的经济收益，也影响到棉纤维工业的利用价值。防止棉铃病害发生，无疑是保持有效铃，提高铃重和品质，争取丰产丰收的一个重要环节。

（二）棉铃病害的种类和分布

我国已发现引起棉铃病害的病菌有20多种，在黄河流域棉区，常见的棉铃病害病菌有：疫病菌、红腐病菌、印度炭疽病菌、炭疽病菌、角斑病菌、红粉病菌、丝核菌、焦斑病菌、链格孢菌、黑果病菌、蠕子菌、根霉菌、曲霉菌等。本棉区铃病发生的特点是：第一，疫病棉铃病害最为普遍，有时占棉铃病害总数的90%以上，其次为红腐病、印度炭疽病和炭疽病。第二，角斑病棉铃病害除在个别雨水特多的年份外，在陆地棉推广品种上发生较少，但在小面积试验的海岛棉上发病相当严重。第三，除局部地区外，炭疽病棉铃病害比长江流域棉区为轻。

在长江流域棉区，常见的棉铃病害病菌有：炭疽病菌、角斑病菌、红腐病菌、花腐病菌、黑果病菌、印度炭疽病菌、根霉菌、红粉、疫病病菌、链格孢菌、青霉菌、黑曲菌、斑纹病菌、曲霉菌、蠕子菌、黑斑病菌和污叶病菌等18种，其中以前3种最为主要。随着棉花栽培技术及产量的提高，近年来棉铃病害的主次顺序有所变化，疫病已上升为棉铃病害的主要病害之一。但炭疽病仍属棉铃病害最主要的病害，这一特点与本棉区苗期炭疽病较重的情况一致。与黄河流域棉区比较，通常红腐病棉铃病害稍轻。

在以新疆棉区为主的西北内陆棉区，常见的棉铃病害病菌有：炭疽病菌、角斑病菌、红腐病菌、花腐病菌、黑果病菌、印度炭疽病菌、根霉菌、红粉、疫病菌、成团泛生菌、链格孢菌、青霉菌、黑曲菌、曲霉菌、蠕子菌、黑斑病菌和污叶病菌等20余种。近年来在新疆阿克苏等地新发现的不明原因的棉花僵铃和裂铃病害和北疆发现的成团泛生菌（*Pantoea agglomerans*）引起的细菌性烂铃，必须引起高度重视。

与世界上各主要产棉国家比较，我国铃病的特点是：棉铃疫病普遍严重，而角斑病则相对较轻。我国棉铃疫病主要分布在黄河流域和长江流域棉区，为害陆地棉、海岛棉和亚洲棉（用人工接菌可侵染草棉）。铃疫病菌种类不同于国外已报道的 3 个种，即 *Phytophthora parasitica* Dastur、*P. palmivora* Butler 和 *P. cactorum*（L. et C.）Schror。据张绪振等与梁平彦鉴定，河北省棉铃疫病菌为 *Phytophthora boehmeriae* Sawada。

除种植海岛棉的局部地区外，我国种植陆地棉的区域棉铃角斑病一般较轻。在过去角斑病为害较重的长江流域棉区，自大面积推广岱字棉系统的品种后，除个别年份因雨水特多或台风暴雨造成棉株操作引起角斑病流行外，常年仅叶片有轻微的感染，棉铃角斑病一般很少发生。在研究防治措施及选育抗病品种时，应当考虑到我国这些特有的情况。

（三）棉铃病害的症状及病原

我国常见的主要棉铃病害病菌，按其致病方式可分两类：一类是可以直接侵害棉铃的，有角斑病、炭疽病、疫病和黑果病等病菌；另一类属于伤口侵染，有些为半腐生性，如红腐病、红粉病和印度炭疽病等病菌，多从伤口、铃缝或病斑下侵入而引起棉铃病害（表 6-5）。

表 6-5　常见棉铃病害的症状与病原

病害种类	症　状	病　原
棉疫病	受害棉铃软腐，潮湿天气全铃表面生黄白色绵毛状霉。多在青铃期开始发病。受病铃自铃基部沿瓣缝呈水渍状，逐渐扩展及全铃，呈深绿色及黑色油光状	棉疫病菌（*Phytophthora* sp.）属卵菌纲霜霉目疫霉属。孢囊梗无色，单孢，孢子囊无色，单孢，球形。藏卵器壁厚呈黄色，被覆在卵孢子外面
棉角斑病	开始时为水渍状绿色小点，后逐渐扩大变黑色，下陷成圆形病斑，或数个相连成不规则形病斑	角斑病菌［*Xanthomonas malvacearum*（E. F. smitl）Dowson］是一种短杆状细菌，为黄单孢杆菌
棉炭疽病	初为暗红色小点，后扩大成褐色病斑，病部下陷，边缘暗红色，湿度大时，表面生橘红色粉状物。病菌侵入铃室后，纤维成为灰黑色的僵瓣，病菌并可侵入棉籽	棉炭疽病菌（*Colletotrichum gossypii* Southw）是一种产生分生孢子盘的真菌，长有褐色刚毛，有棍棒状、无色的分生孢子梗。梗上长椭圆形、无色的单孢分生孢子
棉红腐病	病斑不定型，常扩及全铃，面上满布红白色粉状物，较炭疽病的黏质物为松散，较红粉病的粉状物为紧贴。病铃不能正常开裂，纤维腐烂成为僵瓣，种子被毁	（*Fusarium moniliforme* Sheld）属半知菌亚门，丛梗孢目。大型分生孢子新月形，无色，一般 3 个隔膜。小型分生孢子为卵形，单孢或双孢，可连串产生。 此菌是弱寄生菌，可潜伏在种子内、外，以及残体上越冬

（续表）

病害种类	症　状	病　原
棉红粉病	棉铃上布满粉红色的松散绒状粉，厚而紧密，天气潮湿时，变成绒毛状。棉铃不能正常开裂，纤维粘结成僵瓣	棉红粉病菌（*Cephalothecium roseum* Corda）属半知菌亚门丛梗孢目。分生孢子梗直立，线状，有2~3个隔膜。分生孢子簇生于分生孢子梗的先端梨形或卵形，无色或淡红色，双孢
棉黑果病	全铃受害，开始铃壳变淡褐色，全铃发软，继而成棕褐色，铃壳僵硬，多不开裂，铃壳表面密生许多突起黑点，后期外表呈煤烟状。棉絮腐烂，成黑色僵瓣	棉黑果病菌（*Diplodia gossypina* Cooke）属半知菌亚门球壳孢目。分生孢子器黑色，球形。分生孢子椭圆形，初无色，单孢；成熟后变褐色，双孢 病菌只有在伤、病的情况下侵染棉铃
棉软腐病（黑霉病）	病铃软腐，潮湿天气全铃表面产生黄白色绵毛状的疏松霉层和黑色头状物，故又名黑霉病	棉软腐病菌（*Rhizopus nigricans* Ehrb）属藻菌纲毛霉目。孢囊梗近褐色，顶端膨大，形成球形的孢子囊，里面产生许多球形、单孢、浅灰色的孢囊孢子

（四）发生棉铃病害的因素

棉铃病害的发生严重程度，与棉株开花结铃期间的气候条件、生育状况、虫害及栽培管理等密切相关，而前两个因素是其发生的关键因子。

1. 棉铃病害发生时期

棉铃病害率的高低年际间差异较大，但发病的起止时期及发病盛期在同一地区却大体一致。据各地不同年份的系统调查，棉铃病害一般开始发生于7月底，8月上旬以后迅速增加，8月下旬（有的年份是中旬）为发病盛期，9月上旬以后，发病率即陡降，但直到10月还可以看到有零星棉铃病害发生。发病时期前后延续近3个月，但主要发生在8月上旬至9月上旬的40 d中，而尤以8月中、下旬最为重要，这个时期发病率的高低常决定当年棉铃病害的轻重。在长江流域棉区，棉铃病害一般在8月中旬开始发生，主要发病期在8月中旬至9月中旬，而以8月底到9月上、中旬的棉铃病害损失最重，9月下旬以后棉铃病害即减少，但延至10月仍有零星发病。一般而言，长江流域棉区棉铃病害发生的起止时期及发病盛期都比黄河流域棉区稍晚，这似与雨季迟早不同有关。

2. 棉铃病害的发生与温度和湿度的关系

棉花棉铃病害与8至9月间的降雨有密切关系，特别是在8月中旬至9月中旬的一个多月内，雨量和雨日的多少是决定全年棉铃病害轻重最重要的因素。各地的调查研究都一致说明，棉铃病害率的高低与这个时期降雨的多少成正相关。在同一地区，棉铃病害率的年际差异相当大，这主要是受降雨的影响。降雨不仅影响到棉铃病害发生的轻重，也影响到棉铃病害发生的时期。

3. 棉铃病害的发生与虫害的关系

常见的棉铃病害病菌，如红腐病菌、印度炭疽病菌及红粉病菌等，都是在棉铃受损伤的情况下侵染而造成棉铃病害的。炭疽病和疫病菌虽然可以侵染没有损伤的棉铃，但棉铃受损伤却为病菌侵染提供更为有利的条件。炭疽病菌田间接菌试验的结果表明，在同等条件下，有伤口的棉铃比没有损伤的棉铃发病提早 2~4 d。由此可见，棉铃受到损伤更易导致棉铃病害的发生。

（五）烂铃的防治

防治棉花棉铃病害，下列几项措施在不同程度上有助于防止棉铃病害的发生和减少损失。

1. 棉田选择

选择地势平坦、排灌方便的地块种植棉花。最好挖有排水渠以解决棉田积水问题。入秋时，做好中耕培土，疏通沟道。棉田的残枝烂叶、病苗、烂铃等应及时清除，带出深埋、沤肥和烧毁，并实行深耕、晒土等，均能减少土壤传播的病菌。

2. 抗性品种

选育多抗良种，精育壮苗，增强抗病性。成熟、饱满粒大的棉花种子发芽率高，生长好，产量高，质量优。棉铃病害多数以带菌种子为主要初侵染源，对于种子和土壤传播的病害，选育抗病品种是防治病害最经济、有效和安全的措施。棉毒素含量高、窄卷苞叶、小苞叶、无苞叶及早熟的品种具有良好的抗病潜力。

3. 种植制度

实行轮作、间作套种例如，棉蒜、棉油轮作，棉瓜、棉麦、棉豆、棉苕、棉辣椒间作或套种，不仅降低了发病几率，而且提高了土地利用率。

4. 栽培管理

（1）合理施肥与排水　施足底肥和保蕾肥，以有机肥为主，腐熟的牲畜粪、人粪尿 22.5~30 t/hm^2。补施铃肥，做到 N、P、K 配方施肥，增施硅硼肥，采取施肥入蔸的办法，提高肥料利用率，促进坐果率。避免单施磷肥和多施氮肥，以防棉株徒长及株间郁闭。注重深畦排水，预防水涝和病菌孳生。

（2）合理密植、及时整枝　合理密植，采用宽窄行播种，有利于株间通风透光，降低田间湿度，减轻病害。对生长过旺的棉株，应及时打顶、剪空枝、摘老叶、抹赘芽、打边心，以降低田间郁闭，有利促进棉铃成熟吐絮，减少烂铃和铃病的发生。

(3) 抢摘黄熟铃、早剥病铃　及时抢摘棉株下部的黄熟铃和病铃，剥开晾晒，既能减轻产量损失，又能减少病菌再侵染。同时，清除烂铃、枯枝、烂叶等，以减少病虫传播机会。

(4) 虫害防治　钻蛀性害虫于铃期为害，造成伤口，有利于病菌侵染引起烂铃。应采取有效措施防治棉铃虫、红铃虫等钻蛀性害虫。

(5) 药剂防治　根据棉铃病害的特点，雨后喷药防病效果最佳，并应重点喷施中下部棉铃。棉田出现零星铃病时即可喷药保护。常用药剂有波尔多液(1：1：200 倍)，在烂铃病原较复杂的棉区，可喷用 65%代森锌等可湿性粉剂 500 倍液或 50%多菌灵 800~1 000倍液。波尔多液加入上述药剂混合施用可提高防治效果。发病重的月份、年份或地区，应定期喷药保铃。

五、棉花病害综合防治

棉花病害综合防治包括选用抗病品种、农业防治、生物防治和化学防治等。

(一) 苗病综合防治措施

在机械和人工精选种子、晒种基础上，商品种子采用种衣剂包衣，常用种衣剂有卫福、咯菌腈和适乐时悬浮种衣剂等，防治苗病效果达到 80%以上。一般种衣剂加有杀虫剂还有兼治苗蚜等苗期害虫。

苗病防治采用药剂有波尔多液，幼苗期用半量式硫酸铜：生石灰：水的比例为 1：0.5：100，苗期用等量式的比例为 1：1：100。也可用 50%多菌灵可湿性粉剂 500 倍液，或用 80%代森锰锌可湿性粉剂 600~800 倍液，或用 3.0%多抗霉素可湿性粉剂 100~200 倍液等，喷雾防治。

农户自留种子播种前需进行人工处理。一是毛子浓硫酸脱绒，用 55~60℃ 2 000倍 402 杀菌剂热药液浸种 30min，消毒效果好。二是种子包衣，用 2.5%的咯菌腈悬浮种衣剂搅拌均匀后拌种，预防苗病的效果好。

保护栽培。育苗移栽和地膜覆盖有利培育壮苗，促进植棉健壮，增强抗病能力。中耕松土提高地温和降低田间湿度，有利培育壮苗，减轻病害发生。

(二) 枯萎病、黄萎病综合防治措施

1. 选育和选用抗病品种

我国棉花品种达到抗枯萎病水平，对黄萎病大多为耐病性，个别品种如中

植棉2号对黄萎病表现抗性。另外，还有邯5158、冀杂1号、中棉所41和中棉所49等对枯萎病、黄萎病表现抗耐水平。抗病品种推广对控制病害的蔓延起到了防治作用。

2. 轮作倒茬

水旱轮作防病效果好于旱旱轮作，3~5年的旱旱轮作效果好于1~2年效果。苏涛指出轮作1年减轻发病率20%，2年减轻发病率30%，3年减轻发病率45%，4年减轻发病率65%。水稻倒茬后棉花产量比轮作前增产20%的主要原因是病害发生减轻。水资源缺乏地区采用棉花与玉米、高粱、谷子和小麦等作物轮作。

3. 健株栽培

一是增施有机肥和钾肥，黄萎病发病株率减少15%~20%。二是育苗移栽和地膜覆盖为培育壮苗和健株栽培的可行方法。重病田地面覆膜病指降低58.9%，对枯萎病相对防治效果为23.7%~52.7%。三是早间苗，晚定苗，间除病苗和弱苗并带出田外。四是及时中耕除草，提高地温，促进根系生长，壮株早发，提高植株自身抗病能力。五是清洁田园。及时拔除病株，集中焚毁，不提倡棉秆还田。拾花结束前及时对棉田及其四周进行彻底清洁，收集残茬及枯枝，减少病源数量，发病株率可降低31.2%~50.3%。

4. 化学调控

据简桂良等研究，黄萎病发生初期用缩节胺叶面喷施可减轻黄萎病的叶面症状，控制该病的发生扩展。7月上旬重病田喷施缩节胺1~2次，病指相对减退率为44.7%~66.7%，产量增加0.9%~9.6%。董志强等试验，缩节胺系统化控区感病株率分别比对照下降76.2%和52.9%。

5. 提高棉田排水能力

田间积水和渍涝灾害往往诱导病害发生。及时排除田间积水，及时中耕放墒有利减轻病害的发生和流行。

此外，施用土壤有机改良剂包括壳质粗粉、植物残体、绿肥和有机肥等，具有直接抑制病菌、调节土壤微生物区系、诱导抗病性、改良土壤结构和促进植物生长等功能。

6. 生物防治

田间枯萎病、黄萎病药剂处理有：高剂量（有效成分1 250 g/hm^2）咪鲜胺锰盐能显著减轻发生，乙蒜素、噁霉灵、克萎星也有防治效果；植物疫苗如“99植保”“激活蛋白”和“氨基寡糖素”分别与缩节胺混合，对黄萎病防效分别为 52.9%、52.2%和 47.9%。酵素菌生物有机肥与化肥相比，能显著减轻黄萎病发生，籽棉增产 3.4%~9.6%。

枯草芽孢杆菌防治。马平团队研发了“10 亿芽孢/克枯草芽孢杆菌可湿性粉剂”防治黄萎病方法。在选择适于当地种植抗（耐）病品种的基础上，分别采用菌剂拌种（种子量 10%，黄河流域直播棉田）、拌种（种子量 10%，长江流域及部分黄河流域）+苗床灌施（200 倍液进行苗床灌施）（长江流域及部分黄河流域）、滴灌（15 kg/hm^2）（西北干播湿出地区在滴出苗水时滴入，其他地区在第一次滴水时滴入）等方法，平均防效 40%~70%。使用时注意避免与杀细菌药剂（农药链霉素、铜制剂等）同用。该菌剂于 2006 年获国家农药临时登记（LS20061025），2010 年获国家农药正式登记（PD20101654）。

（三）铃病综合防治措施

铃病以农业防治为主，化学防治为辅。抢摘黄熟铃，推株并垄，剪空枝、打老叶增加田间通风透光，可减轻铃病发生为害。从 8 月开始，选用 70%的代森锰锌等药剂对棉株中下部喷施，每 7 d 喷施一次共 3~4 次，防治效果达到 50%~60%。如果遭遇连续阴雨天气可用乙烯利催熟，减轻铃病为害。

第三节 草害绿色防控技术

我国棉田常见杂草有 60 多种，其中优势杂草 20 种左右，每年因杂草为害损失皮棉约 25.5 万 t，平均减产约 15%，严重地块可达 50%。目前，我国在棉田杂草防除中主要采取农业防除、化学防除、物理防除、人工防除、生物生态防除和植物检疫等。

一、农业措施

农业措施主要有中耕除草、轮作倒茬、深翻耕作、高温堆肥、秸秆还田、水源管理、精选良种等措施。

（一）中耕除草

中耕除草是传统的棉田除草方法，生长在作物田间的杂草通过人工或机械中耕可及时去除。中耕除草针对性强、干净彻底、技术简单，不但可以防除杂草，而且给棉花提供了良好的生长条件。在棉花的整个生长过程中，根据需要可进行 2~3 次中耕除草，除草时要抓住有利时机，除早、除小、除彻底，不得漏锄，留下小草会引起后患。

（二）轮作倒茬

不同作物不同耕作制度和栽培条件下，杂草的种群和发生量有所不同。轮作倒茬可以改变杂草的生态环境，创造不利于某些杂草的生长条件，从而消灭和限制部分农田杂草，是防除农田杂草的一项有效措施。例如在水旱地区，实行2年5熟耕作制、稻棉轮作，由于稻田长期积水，可把香附子、刺儿菜、苣荬菜和田旋花等多年生杂草的块根、根茎、根芽淹死，杂草发生量可减少80%以上，这是防除多年生旱田杂草的简单易行、高效彻底的好办法；由于目前玉米田已有多种除草剂可防除多种阔叶杂草和莎草，若棉花与玉米轮作，在玉米田有效控制住多年生阔叶杂草以后再种棉花，就会显著减轻棉田草害防除的压力。

（三）深翻耕作

深耕可防除一年生杂草和多年生杂草。在草荒严重的农田和荒地，通过深耕改变杂草的生态环境，把表层杂草种子埋入深层土壤中，消灭了大部分杂草，减少了一年生和越年生杂草的数量，又把大量的根状块茎杂草翻到地面干死、冻死，破坏了根状块茎，减少杂草为害。在棉田发生的马唐、牛筋草、马齿苋、蒺藜、苋菜、灰灰菜、狗尾草、千金子等杂草种子集中在0~3cm土层中，只要温湿度合适，就可出土为害，一旦深翻被埋至土壤深层，出苗率将明显降低，从而降低为害。刺儿菜、芦苇、白茅、打碗花、香附子、酸模叶蓼、地黄等，通过深翻，破坏根状块茎，或翻至地表，经过风刮日晒，失去水分严重干枯，再加上耙耱、人工拾捡等可使杂草大量减少，发生量明显降低。深耕可防除一年生杂草，越年生杂草以及根状块茎繁殖的杂草。冬耕可把多年生杂草（如香附子、田旋花和刺儿菜等）的地下根茎拨到土表，经冬季干燥、冷冻、动物取食等而丧失活力，因此，冬耕也是农民防治多年生杂草的有效办法。

（四）高温堆肥

高温堆肥是消灭有机质肥料中草籽的重要手段。有机质肥料是农村农田肥料的主要来源，也是杂草传播蔓延的根源。由于积肥时原料来源复杂，不但有秸秆、落叶、绿肥、垃圾等，而且还有杂草积肥，里边含有大量的杂草种子，且保持着相当高的发芽率，若不经高温腐熟，便不能杀死杂草的种子。如将这些未腐熟的有机肥料直接施入农田，将把大量的草籽带入田间，补充和增加了杂草的数量。因此，采用高温堆肥杀死杂草草籽是防止杂草为害的重要措施之一。

（五）秸秆还田

在黄淮流域和长江流域棉区的6月中下旬，不管是地膜覆盖棉田还是露地直播或移栽棉田，播种或移栽时喷施的土壤处理除草剂的药效已近尾声，而此时棉花还未封行，杂草的第二次萌发出土高峰期即将开始。这时在棉田施肥、培土、封垄后，向棉行两侧覆盖30~50 cm宽、5~10 cm厚的麦糠或麦秸秆，便可控制杂草为害不再发生。随着杂交棉单行宽行稀植栽培管理措施的普及，架子车或拖拉机可把麦糠或麦秸秆拉到棉田铺盖，很容易操作。另外，在棉花枯、黄萎病重灾区，这项措施还可大量增加土壤中拮抗菌数量，对枯、黄萎病防效显著，而且还可起到保墒、灭草、施肥和改良土壤的作用。

二、化学防治

化学防治是一种应用化学除草剂有效防治杂草的方法，即综合考虑作物和杂草的生长特点和规律、化学除草剂的类型和作用机理、影响除草剂药效的环境因素和人为因素等防除杂草的方法。

1. 优势比较

与其他方法相比，化学除草具有以下优点。

（1）除草速度快、效率高　如用工农-16型压缩喷雾器每天可防除杂草0.2~0.3 hm^2，是人工除草效率的5~10倍；用650型悬挂弥雾机每天可防除杂草20~30 hm^2；航空喷雾每天可防除数千公顷，人工除草与这些方法根本无法相比。

（2）除草效果好　只要施药时间恰当，一般一次施药即可解决草害，不需再用人工拔除。

（3）增产效果显著　化学除草一般比人工除草增产10%左右。

（4）克服因雨不能人工除草和机械除草的弊病　人工除草和机械除草在雨天不能进行，而降雨后正好满足了化学除草剂对墒情水分的要求，能够充分发挥除草剂的药效。

（5）有利于病虫害的综合防治　化学除草能及时消灭草害，清除和切断一些病虫的中间寄主、越冬场所、传毒寄主、嗜好寄主，从而减轻病虫为害。

（6）有利于耕作制度的改革　如免耕法、少耕法、航空播种及缩小株行距提高种植密度等，只有化学除草能彻底解决草荒，使作物免遭为害，否则单靠人工拔除很难实施。

(7) 有利于机械化　在种植面积较大时采用机械化施药，除草效果好，杂草少，进而有利于机械化收割。

2. 化学防治原则

由于我国棉区分布广泛，耕作制度复杂，不同地区棉田的杂草优势种和群落构成存在较大差异，因此，棉田杂草化学防治必须遵守以下几个原则：

(1) 在有较好化学除草基础的棉区，所选用的除草剂应一次施药同时能有效防治单子叶和双子叶杂草；在化学除草基础薄弱的棉区应重点防治单子叶杂草，兼治部分双子叶杂草。

(2) 所选用的除草剂品种一定要对棉花安全，避免直接药害、间接药害或隐性药害的产生。

(3) 施药方法目前以土壤处理封闭除草为主，苗后施用的茎叶处理除草剂要有较高的选择性，对杂草具有较强的灭生性，且对棉花安全。

(4) 除草剂应具备一定的田间持效期，在营养钵育苗的苗床和地膜覆盖棉田从盖膜后维持到杂草基本出齐，在直播棉田和移栽棉田维持到花蕾期，若能维持到棉花封行时，那么一次施药便可保证棉花整个生育期不受杂草为害，达到理想的除草效果。棉田杂草的化学防除应根据棉花的栽培方式和施药时期而采用不同的方法。

(一) 苗床杂草的化学防治

由于苗床是选用肥沃的表层土育苗，因此杂草种子含量高，加之苗床地膜覆盖后，形成高温高湿的环境条件，杂草出土早且集中，这就要保证在播种后立即施药。由于棉花育苗时我国大部分地区的气温还不稳定，棉苗遭受冻害的现象时有发生，选择性不强的除草剂往往加重对棉苗的伤害，加之苗床播种时盖土较浅，药剂层距离棉种很近，所以选择性差、挥发性大和水溶性大的土壤处理剂不宜使用（表 6-6）。

表 6-6　棉花苗床杂草化学防治的常用除草剂

通用名	商品名	类型	防除对象	使用剂量	施药适期和使用要点
异丙甲草胺	都尔、杜尔	酰胺类	马唐、牛筋草、狗尾草等一年生禾本科杂草和马齿苋、荠菜、藜等部分小粒种子的阔叶杂草	96%乳油 750~900 ml/hm^2，或用 72%乳油 1 200~1 500 ml/hm^2	于棉花播种后盖膜前对水 450 ~ 600 kg 均匀喷雾。土壤质地疏松、有机质含量低的用低药量，反之用高药量。

（续表）

通用名	商品名	类型	防除对象	使用剂量	施药适期和使用要点
二甲戊灵	除草通、施田补	二硝基苯胺类	一年生禾本科杂草和部分小粒种子的阔叶杂草	33%乳油 2 250~3 000 ml/hm^2	于棉花播种后盖膜前对水 450~600 kg 均匀喷雾
敌草胺	草萘胺、大惠利	酰胺类	一年生禾本科杂草和阔叶杂草	20%乳油 2 250~3 000 ml/hm^2	于棉花播种后盖膜前对水 450~600 kg 均匀喷雾。土壤水分充足是保证药效的关键
棉草宁	乙草胺+噁草酮	酰胺类+环状亚胺类	一年生禾本科杂草和阔叶杂草及部分莎草科杂草	33%乳油 750~900 ml/hm^2	于棉花播种后盖膜前对水 450~600 kg 均匀喷雾
棉草灵	丁草胺+噁草酮	酰胺类+环状亚胺类	一年生禾本科杂草和阔叶杂草及部分莎草科杂草	51%乳油 900~1 200 ml/hm^2	于棉花播种后盖膜前对水 450~600 kg 均匀喷雾
床草净	乙草胺+多效唑	酰胺类+植物生长调节剂	一年生禾本科杂草和部分小粒种子的阔叶杂草	23%乳油 150~180 ml/hm^2	于棉花播种后盖膜前施药。应严格掌握用药量，喷雾要均匀，不能局部重喷或漏喷，以免产生药害

棉花苗床在播种后覆膜前，还可用48%甲草胺乳油 1 800~2 400 ml/hm^2，或用48%氟乐灵乳油 900~1 200 ml/hm^2、90%乙草胺乳油 600~750 ml/hm^2，对水 600 kg 均匀喷雾。

若棉花播后苗前未及时喷施除草剂，以禾本科杂草为主的苗床可选用10.8%高效氟吡甲禾灵乳油（或12.5%氟吡甲禾灵乳油）300~450 ml/hm^2、35%吡氟禾草灵乳油（或15%精吡氟禾草灵乳油）600~750 ml/hm^2、10%禾草克乳油（或5%精禾草克乳油）600~750 ml/hm^2、12%烯草酮乳油 450~600 ml/hm^2、20%烯禾啶乳油 900~1 200 ml/hm^2，以上除草剂的任意一种，对水 450~600 kg，均匀喷雾即可。

特别提示：苗床化学除草一定要以苗床实际面积计算用药量，要分床配药、分床使用，千万不要一次配药多床使用，以免造成苗床因用药量多少不均匀而造成药害。

（二）地膜覆盖棉田杂草的化学防治

棉花播种覆膜后或覆膜移栽后，由于地膜的密蔽增温保湿作用，膜内的生态条件非常有利于杂草的萌发，通常膜下杂草出土早而集中，出草高峰期比露地直播棉田早 10 d 左右，出草结束期早 50 d 左右。若不施药防治，杂草往往还能顶破地膜旺盛生长，为害更大，因此，地膜覆盖栽培必须与化学除草相结合。由于膜内的高温高湿条件有利于除草剂药效的充分发挥，因此除草剂的使用剂量可比露地直播棉田适当减少 30%左右，但要求选用除草剂的杀草谱要广，而田间持效期不必很长（表 6–7）。

表 6–7　地膜覆盖棉田杂草化学防治的常用除草剂

通用名	商品名	类型	防除对象	使用剂量	施药适期和使用要点
乙草胺	禾耐斯	酰胺类	一年生禾本科和部分阔叶杂草	90%乳油的用药量为黄淮棉区 750～900 ml/hm^2、长江流域棉区 600～750 ml/hm^2、西北棉区 1 200～1 500 ml/hm^2	于棉花播种前或播种后盖膜前施药。人工喷雾每公顷喷稀释液 600～750 kg，机械喷雾为 225～375 kg，喷雾要均匀周到，严防重喷和漏喷。禾耐斯在土壤墒情好时药效更稳定，因此，在西北内陆棉区表层土壤干旱情况下，为保证对棉花发芽出土的安全性，施药后应浅耙地混土，一般用钉齿耙耙地，耙深 3～5 cm，使药剂混在 1～2 cm 土层中
二甲戊灵	除草通、施田补	二硝基苯胺类	一年生禾本科杂草和部分小粒种子的阔叶杂草	33% 乳油 2 250～3 450 ml/hm^2	于棉花播种前或播种后盖膜前对水 600～750 kg 均匀喷雾。除草通防除单子叶杂草比双子叶杂草效果好，在单子叶杂草和双子叶杂草都较重发生的田块，可与伏草隆混用，增加对阔叶杂草的防除效果。每公顷用 33%二甲戊灵乳油 1 200～2 100 ml 和 80% 伏草隆可湿性粉剂 900～1 500 g
氟乐灵	氟利克、茄科宁	苯胺类	一年生禾本科杂草和部分小粒种子的阔叶杂草	48% 乳油 1 050～1 500 ml/hm^2	于棉花播种前或播种后盖膜前施药。其灭草效果与混土质量有关，应先整平耙细土地达播种状态。沙壤土及土壤有机质含量在 0.8%～1.5%时，用药量采用低剂量，黏土及有机质含量在 1.5% 以上时，采用高剂量。喷药要均匀周到，喷药后立即耙地混土，以防光解。氟乐灵虽然对棉花发芽出苗无影响，但用药量不能过大

（续表）

通用名	商品名	类型	防除对象	使用剂量	施药适期和使用要点
甲草胺	拉索、草不绿	酰胺类	一年生禾本科杂草和阔叶杂草	48% 乳油 3 000~3 750 ml/hm^2	于棉花播种前或播种后盖膜前对水 750 kg 均匀地面喷雾。有机质含量高、质地黏的土壤用药量可适当加大，沙质土应减少用药量。甲草胺的杀草谱较广，对棉苗的安全性也较高，但田间持效期较短，仅 40 d 左右，在露地棉田播种时施药一次不能控制整个生育期的杂草为害，但在地膜棉田由于地膜的密闭作用，控草有效期相对长一些
扑草净	割草佳	三嗪类	一年生禾本科杂草和阔叶杂草	50% 可湿性粉剂 1 500~2 250 g/hm^2	于棉花播种前或播种后盖膜前对水 750 kg 喷雾或对细潮土 450 kg 撒施。扑草净在土壤中易移动，沙质土地不宜使用
伏草隆	棉草伏	取代脲类	一年生禾本科杂草和部分阔叶杂草	80% 可湿性粉剂 1 200~1 800 g/hm^2	于棉花播种前或播种后盖膜前对水 600 kg 均匀喷雾，或拌细潮土 450 kg 均匀撒施

地膜覆盖棉田也可在播种后覆膜前，也可选用 24%乙氧氟草醚乳油 270~360 ml/hm^2、25%噁草酮乳油 1 500~1 950 ml/hm^2、25%敌草隆可湿性粉剂 2 250~3 000 g/hm^2、20%敌草胺乳油 3 000~3 750 ml/hm^2、80%杀草净可湿性粉剂 1 200~1 800 g/hm^2、50%利谷隆可湿性粉剂 1 350~1 500 g/hm^2、48%地乐胺乳油 2 250~3 750 ml/hm^2、72%异丙甲草胺乳油 1 200~1 500 ml/hm^2、20%盖杰乳油 1 800~2 700 ml/hm^2 的任意一种，对水 600 kg 喷雾。另外，48%氟乐灵乳油 1 200 ml/hm^2 与 50%扑草净可湿性粉剂 1 200 g/hm^2、或与 25%敌草隆可湿性粉剂 1 500 g/hm^2 混合使用也可达到较好的防效。但在使用含有氟乐灵的配方时，需及时混土后再覆膜。

地膜覆盖棉田还可用适宜棉田应用的除草剂单面复合地膜，即地膜的一面附着有一层选择性芽前处理除草剂，除了具有一般地膜的增温保墒功能外，还具有良好的除草功能。地膜上的除草剂在盖膜后 3~5 d，即随凝聚在地膜上的水分滴落至土壤表面，形成一定浓度的药剂处理层，进而杀死刚萌发的杂草。主要防治单子叶杂草，对双子叶杂草也有一定的兼治作用。在棉花与其他双子叶经济作物间作套种时，用除草地膜覆盖，一膜双用，更能达到省工高效的目的。用除草地膜覆盖棉田，不仅节省了喷施除草剂的时间，而且还有抑盐、保墒、保肥、抗风、耐侵袭等优点。

（三）露地直播棉田杂草的化学防治

在黄淮流域和长江流域棉区，从4月下旬播种到7月中下旬棉花封行的较长一段时间内，一直会有杂草出苗生长，播种期施用的除草剂只能控制第一次出草高峰和6月上中旬以前发生的杂草，之后可结合中耕除草或实施第二次化学除草，以控制6月中旬到7月初第二次出苗高峰期的杂草（表6-8至表6-9）。

表6-8　露地直播棉田杂草化学防治常用的土壤处理除草剂

杂草类型	通用名	商品名	类型	防除对象	使用剂量	施药适期和使用要点
以禾本科杂草为主的棉田	乙草胺	禾耐斯	酰胺类	一年生禾本科和部分阔叶杂草	50%乳油在华北地区用药量为1 500~2 100 ml/hm^2，长江流域棉区1 200~1 800 ml/hm^2，新疆棉区2 600~3 750 ml/hm^2	于棉花播前、播后苗前或移栽前对水750 kg均匀喷雾。乙草胺的活性很高，用药量不宜随意加大。在有机质含量高、气温偏低和较干旱的地区用较高剂量，反之用低剂量。施药前后保持土壤湿润可提高除草效果。多雨地区和排水不良地块，大雨后积水会妨碍作物出苗，产生药害
	异丙甲草胺	都尔、杜尔	酰胺类	一年生禾本科杂草和小粒种子的阔叶杂草	72%乳油1 200~1 800 ml/hm^2	于棉花播前、播后苗前或移栽前对水750 kg，均匀地面喷雾。土壤干燥时，施药后可浅混阔叶杂草
	地乐胺	双丁乐灵	甲苯胺类	一年生禾本科杂草和部分阔叶杂草	48%乳油3 000~4 500 ml/hm^2	于棉花播前、播后苗前或移栽前对水750 kg地面喷雾，施药后要立即浅耙混土，以免药剂大量挥发。粘质土用药量高，沙质土用药量低
	氟乐灵	氟利克、茄科宁	苯胺类	一年生禾本科杂草和部分小粒种子的阔叶杂草	48%乳油1 200~2 250 ml/hm^2（沙质土用1 200~1 800 ml/hm^2，黏质土用1 800~2 250 ml/hm^2）	于棉花播前、播后苗前或移栽前对水750 kg喷雾。氟乐灵见光易分解失效，施药后要在2个小时内耙地浅混土，将氟乐灵混入3~5 cm土层中。对于移栽棉田，移栽时应注意将开穴挖出的药土覆盖棉苗根部周围，可取得良好的除草效果

（续表）

杂草类型	通用名	商品名	类型	防除对象	使用剂量	施药适期和使用要点
在禾本科杂草和阔叶杂草混生的棉田	乙氧氟草醚	果尔	二苯醚类	一年生禾本科杂草、阔叶杂草和部分莎草科杂草	24%乳油在直播棉田用 540 ~ 720 ml/hm^2，移栽棉田用 600~ 1 200 ml/hm^2	于棉花播前、播后苗前或移栽前对水 600~750 kg 喷雾。沙质土用低药量，壤质土和黏土用高药量。若用药量达 1 080 ml/hm^2，田间积水时，棉苗可能有轻微药害，但可恢复。施药要求均匀周到，施药量要准确。若已有5%棉苗出土，应停止用药
	伏草隆	棉草伏	取代脲类	一年生禾本科杂草和部分阔叶杂草	80%可湿性粉剂 1 500~2 250 g/hm^2	于棉花播前、播后苗前或移栽前施药，拌潮湿细土 450 kg 撒施，或对水 750 kg 喷雾。沙土地及高温多雨地区用量酌减。伏草隆对棉花叶片有触杀作用，所以在棉花出苗后和移栽后不能使用
	噁草酮	噁草灵、农思它	环状亚胺类	一年生单、双子叶杂草及部分多年生杂草	北方棉区用 25%乳油 1 950~ 2 550 ml/hm^2，南方棉区用 1 500~ 2 250 ml/hm^2	于棉花播前、播后苗前或移栽前对水 600~750 kg 均匀喷雾。底墒充足时药效好，田间持效期 60 d 左右，一次施药可以有效控制棉花全生育期杂草的为害
	利谷隆		取代脲类	一年生禾本科杂草和阔叶杂草，以及莎草和多年生杂草	50%可湿性粉剂 1 800~2 250 g/hm^2	于棉花播前、播后苗前或移栽前对水 750 kg 均匀喷雾，或拌潮湿细土 450 kg 均匀撒施。直播棉田出苗后和移栽棉田移栽后不宜使用。沙质土用药量应适当减少，且在降雨多的地区不宜使用，以免药剂淋溶造成药害
在多年生莎草科杂草严重发生的棉田	莎扑隆	杀草隆	取代脲类	莎草科杂草	50%可湿性粉剂 10.5~13.5 kg/hm^2	于棉花播前、播后苗前或移栽前对水 750 kg 地表喷雾，或拌细土 300 kg 撒施于地表，然后混入 10~15 cm 深的土中。混土深度根据杂草种子及地下球茎在土层中的分布而定。防除棉田一年生莎草科杂草时，用药量可降于 4.5~7.5 kg/hm^2。如需兼除禾本科杂草和阔叶杂草，可与氟乐灵等除草剂混合使用

表 6-9　露地直播棉田杂草化学防治常用的茎叶处理除草剂

杂草类型	通用名	商品名	类型	防除对象	使用剂量	施药适期和使用要点
以禾本科杂草为主的棉田	精噁唑禾草灵	威霸、骠马	芳氧基苯氧基丙酸类	禾本科杂草	防治一年生禾本科杂草用 6.9%浓乳剂 750~1 050 ml/hm^2，防治多年生禾本科杂草用 1 050~1 200 ml/hm^2	对水 300~450 kg 均匀喷雾。威霸的选择性强，可在棉花的任何生长期施药，但防除一年生禾本科杂草的最佳施药时期为杂草出苗后 2 叶期至分蘖期；防治多年生禾本科杂草要在杂草孕穗期。在温度高、土壤湿度合适、杂草生长茂盛时，除草效果好；低温干旱时，杂草生长慢，防除效果差
	精吡氟禾草灵	精稳杀得	芳氧基苯氧基丙酸类	禾本科杂草	防治一年生禾本科杂草用 15%乳油 750~1 050 ml/hm^2，防治多年生禾本科杂草用 1 200~1 500 ml/hm^2	防除一年生禾本科杂草 3~5 叶期施药效果好。气温高、天气干旱、杂草生长状况不良时施药，杂草对药剂吸收差，防效就降低，可适当增加用药量。施药后 3 h 内下雨，应重新喷药。若用精吡氟禾草灵与杂草焚、苯达松、克芜踪等配合使用，提高对阔叶杂草的防治效果时，不能将两种除草剂直接混合使用，而且分开使用的间隔期要保证 7 d 以上，以免产生药害
	精禾草克	精喹禾灵	芳氧基苯氧基丙酸类	禾本科杂草	防治一年生禾本科杂草用 5%乳油 750~1 050 ml/hm^2，防治多年生禾本科杂草用药量增加 40%~60%	防除一年生禾本科杂草 3~5 叶期施药效果好。对水 450 kg 均匀喷雾。杂草叶龄小、杂草生长旺盛、水分条件好时用药量低，杂草大、环境干旱时用高剂量
	高效吡氟甲禾灵	高效盖草能	芳氧基苯氧基丙酸类	禾本科杂草	防治一年生禾本科杂草用 10.8%乳油 600 ~ 900 ml/hm^2，防治多年生禾本科杂草用 900~1 200 ml/hm^2	从杂草出苗到生长盛期均可施药，在杂草 3~5 叶期施用效果最好。遇干旱天气可适当增加药量
	稀禾定	拿捕净	环己烯酮类	禾本科杂草	20%乳油或 12.5%机油乳剂 1 200~1 800 ml/hm^2，防治多年生杂草用 1 500~2 250 ml/hm^2	在禾本科杂草 3~5 叶期，对水 450 kg 均匀喷雾。天气干旱或草龄较大时可适当加大用药量

（续表）

杂草类型	通用名	商品名	类型	防除对象	使用剂量	施药适期和使用要点
以禾本科杂草为主的棉田	烯草酮	收乐通、赛乐特	环已烯酮类	禾本科杂草	防治一年生禾本科杂草用12%乳油450~600 ml/hm^2，防治多年生禾本科杂草用660~1 200 ml/hm^2	在一年生禾本科杂草3~5叶期，对水450kg，喷头朝下对杂草均匀喷雾。天气干旱或草龄较大时，杂草的抗（耐）药性强，用药量应适当提高。收乐通施药后杂草死亡需要较长时间，施药后3~5 d杂草虽未死亡，叶子可能仍呈绿色，但心叶枯黄可拔出，不要急于再施除草剂。长期干旱、低温（15℃以下）、空气相对湿度低于65%时不宜施药。水分适宜，空气相对湿度大，杂草生长旺盛时施药，最好在晴天上午喷洒
以阔叶杂草为主的棉田	氟磺胺草醚	虎威	二苯醚类	阔叶杂草	25%水剂1 050~1 500 ml/hm^2	当棉花株高达30cm以上时，在棉花行间定向喷雾于杂草的茎叶上。且应在无风或微风时使用，并配备安全保护罩，以防喷到棉花上产生药害。虎威对禾本科杂草无效，若禾本科杂草也较重发生时，可与高效盖草能、精禾草克、威霸、精稳杀得等配合使用，提高除草效果
	三氟羧草醚	杂草焚	二苯醚类	一年生阔叶杂草及部分禾本科杂草	21.4%水剂900~1 500 ml/hm^2	在棉花株高达30 cm以上时，对水450 kg，在棉花行间定向喷雾于杂草的茎叶上
在禾本科杂草、阔叶杂草和莎草混合发生的棉田	草甘膦	农达	有机磷类	一年生及多年生禾本科杂草、阔叶杂草和莎草科杂草	防除一年生杂草在杂草4~5叶期施药，10%草甘膦水剂6 000~7 500 ml/hm^2，或用41%农达1 800~1 950 ml/hm^2；防除一年生杂草在成株期施药，10%草甘膦水剂9 000~12 000 ml/hm^2或41%农达2 250~3 300 ml/hm^2；防除多年生杂草，10%草甘膦水剂12 000~22 500 ml/hm^2或41%农达4 500~6 000 ml/hm^2	对水450~750 kg，在棉花行间对杂草进行低位定向喷雾。有条件的情况下，在喷头上加装定向防护罩，并使药液与棉株保持一定距离，严防药液喷到棉株上造成药害。用扇形喷头比圆形喷头安全。在药液中加入少量表面活性剂（洗衣粉、柴油等）有明显的增效作用。施药4 h后下雨不影响药效

（续表）

杂草类型	通用名	商品名	类型	防除对象	使用剂量	施药适期和使用要点
在禾本科杂草、阔叶杂草和莎草混合发生的棉田	草铵膦	草丁磷、保试达、百速顿	有机磷类	一年生及多年生禾本科杂草、阔叶杂草和莎草科杂草	200 g/kg 草铵膦 AS 用量为 3 000~6 000 ml/hm^2，田间根据杂草发生种类及草龄选择合适的剂量	对水 450~750 L，在棉花行间对杂草进行低位定向喷雾。有条件的情况下，在喷头上加装定向防护罩，并使药液与棉株保持一定距离，严防药液喷到棉株上造成药害。用扇形喷头比圆形喷头安全

（四）麦棉套作直播或移栽棉田杂草的化学防治

随着农业的集约化经营和农作物复种指数的提高，近十多年来，棉麦套种棉田面积不断扩大，在黄河流域棉区，棉麦套种棉田已占棉田总面积的 70% 以上。麦棉套种直播田，棉花在 4 月下旬至 5 月中旬播种，麦棉套作移栽田在 5 月上旬至 5 月中旬移栽。麦棉套作田，棉垄的出草规律与露地直播棉田一致，而麦垄在 5 月底至 6 月初麦子收割后，随着雨季的来临，杂草大量萌发，因此，麦棉套作棉田一般应进行两次化学除草，第一次是在棉花播种或移栽时，于播后苗前或移栽前后施药，第二次在收麦灭茬整地后进行全田施药，且时间应赶在雨季到来之前。

在麦棉套种棉田防除杂草，一定要注意选用对棉花和小麦都安全的除草剂，如乙草胺、异丙甲草胺、扑草净、氟乐灵、甲草胺等，用药量按棉花播种时的实际喷药面积计算。以后可结合中耕除草，或用茎叶处理除草剂，如精恶唑禾草灵、烯草酮、精吡氟禾草灵、精喹禾灵、高效吡氟甲禾灵、拿捕净、草甘膦、草铵膦等。用药量和施药方法参照露地直播和移栽棉田。

（五）麦（油菜）后直播或移栽棉田的化学防治

在长江流域棉区，麦后直播或移栽棉花于 5 月下旬至 6 月初进行，在黄淮流域棉区，麦后直播或移栽棉花于 6 月上旬至中旬进行，这时的气温较高，雨水偏多，加上这时栽植的棉花密度大，行距小，生长快，封行早，这就使杂草出土时间比较短而集中。因此，这类棉田一般只需一次施药便可控制棉田杂草的为害。

在麦收灭茬整地播种后出苗前或移栽前后，可用乙草胺、异丙甲草胺、氟乐灵、伏草隆、甲草胺等进行土壤处理。在棉花出苗后可用精恶唑禾草灵、烯草酮、精吡氟禾草灵、精喹禾灵、高效吡氟甲禾灵作茎叶处理，也可在棉花现蕾开花期或棉株封行前用草甘膦或草铵膦作定向喷雾处理。

由于麦收时是“三夏”大忙季节，劳动力和农业机械都很紧张。近年来长江流域棉区和黄淮棉区麦（油菜）后棉田采取免耕的面积不断扩大。免耕田的杂草化学防除可分为以下三种情况。

1. 棉苗移栽前土壤和茎叶处理

由于油菜或小麦收割后，田间越冬杂草种类多、数量大，且草龄大，故除草剂的用量应适当加大。即在棉苗移栽前，每公顷用30%草甘膦水剂5L+90%乙草胺乳油900 ml，对水450 kg喷雾。可用机动喷雾器，也可以用手动喷雾器，喷药时选择晴朗无风天气，并保护附近的作物免受药害，这种除草方法的控草期要比单用草甘膦长30 d以上。

2. 棉苗移栽后现蕾前茎叶处理

该时期棉苗小、茎秆嫩，杂草又是当年生的，且以禾本科杂草为主，故用药量要适当减少。喷雾时用手动喷雾器，喷头加上防护罩，采取定向喷雾，尽量压低喷头，近地面喷雾，棉株基部的杂草先用脚压倒再喷药。每公顷可用30%草甘膦水剂4L+90%乙草胺乳油800 ml，对水450 kg均匀喷雾。喷药时选择晴朗无风天气，尽量避免将药液溅到棉株上。

3. 棉花现蕾后茎叶处理

由于该时期棉株已封行，棉田内荫蔽较好，杂草种类和数量较少，加上棉花茎秆较为粗壮，故用药量可以适当减少。喷雾时喷头加上防护罩，采取定向喷雾。每公顷可用30%草甘膦水剂4L+90%乙草胺乳油800 ml，对水450 kg均匀喷雾。喷药时选择晴朗无风天气，尽量不要让药液溅到棉株上。

目前的棉田除草剂主要用于防除一年生禾本科杂草及部分阔叶杂草的芽前土壤处理除草剂，尚缺少既对棉花安全又能高效防除阔叶杂草的除草剂，特别缺少防除棉田多年生阔叶杂草和莎草科杂草的苗后茎叶处理除草剂，因此，棉田杂草防除还要采取合理轮作和冬耕与化学除草相结合的治理措施。

三、抗除草剂棉花品种

生物技术的快速发展，尤其是转基因技术的应用，为现代农业的发展注入了新的活力。1987年，美国学者将5－烯醇丙酮基草酸－3－膦酸合成酶（EPSPS）基因导入油菜细胞中，使转基因植物叶绿体中5－烯醇丙酮基草酸－3－膦酸合成酶的活性大大提高，从而具有抗草甘膦的能力。自1995年和1997年美国率先开始种植转基因抗溴苯腈和抗草甘膦棉花以来，抗除草剂棉花在美国的种植面积占棉花总种植面积从1995年的0.1%增加到2009年的94.8%。

目前，全世界已有6个抗不同除草剂的基因被成功地导入到敏感作物体内，培育出分别能抗草甘膦、草铵膦、磺酰脲、溴苯腈、2，4-D的转基因棉花品种。转基因抗除草剂作物以其易管理、除草效果明显、安全性高和保护环境等优点受到了人们的普遍关注。当前，双重复合性状的抗虫（棉铃虫）抗除草剂（草甘膦）棉花和三重复合性状的抗除草剂（草甘膦、麦草畏和草铵膦）棉花品种也已培育成功，正在试种推广当中。含抗除草剂基因的棉花品种推广开后，必要时一次施药，不论是一年生还是多年生的禾本科杂草、阔叶杂草及莎草科杂草，都会取得理想的防治效果，将会给棉田杂草的化学防治带来极大方便。

目前，我国转基因抗除草剂作物研究的总体水平与发达国家还存在较大差距，但经过多年研究和努力，目前已经获得了一批稳定表达的单抗除草剂和具有抗虫抗除草剂复合性状的转基因棉花新材料。随着我国农业现代化水平的提高，农村劳动力大量城市化转移，棉花生产对抗除草剂品种的需求越来越强烈。转基因抗除草剂棉花势必将成为我国继抗虫棉之后有望推广的另一类转基因棉花产业化品种。

农田杂草防除是一项系统工程，除了以上方法外，还有生物除草、不育剂除草、光化学除草、微波辐射、激光、电击等措施。棉田杂草的综合治理应从系统生态学角度出发，根据当时当地条件，协调运用各种防除措施，发挥各自的优点，以最低的成本，取得尽可能大的效益，把棉田草害控制在经济允许损失水平之下。

参考文献

白岩，毛树春，田立文，等 . 2017. 新疆棉花高产简化栽培技术评述与展望［J］. 中国农业科学，50：38-50.

操宇琳，陈宜，鲁速明，等 . 2015. 棉花育苗移栽技术研究进展［J］. 中国棉花，42（1）：12-14.

操宇琳，朱德英，杨磊，等 . 2010. 江西棉花基质育苗移栽技术应用的回顾与展望［J］. 江西棉花，37（3）：3-6.

车少臣 . 2008. 植物多样性在园林病虫害生态控制中的作用［J］. 林业科技，33（6）：33-36.

陈冠文，陈谦，宋继辉 . 2009. 超高产棉花苗情诊断与调控技术［M］. 乌鲁木齐：新疆科学技术出版社 .

陈冠文，余渝 . 1998. 棉田群体综合调控技术体系初探［J］. 中国农学通报（6）：3-5.

陈吉棣，陈松生，王俊英，等 . 1980. 棉花黄萎病种子内部带菌的研究［J］. 植物保护学报，7（3）：159-164.

陈金湘，刘海荷，熊格生，等 . 2006. 棉花棉花水育苗技术［J］. 中国棉花，33（11）：24-25，38.

楚宗艳，王坤波，宋国立，等 . 2008. 棉花抗草甘膦基因表达载体的构建及其初步验证［J］. 中国棉花，35（6）：21-22.

崔金杰，简桂良，马艳 . 2008. 棉花病虫草害防治技术［M］. 北京：中国农业出版社 .

崔金杰，雒珺瑜，王春义，等 . 2004. 不同施氮量对转 Bt 基因棉主要害虫种群动态的影响［J］. 河南农业大学学报，38（1）：41-44.

崔金杰 . 1995. 北方棉铃虫生物防治技术及其效果评价［J］. 中国棉花，22（6）：7-9.

崔金杰 . 1995. 玉米诱集带和播花种植玉米对楠铃虫及天敌的影响［J］. 植保技术与推广，（1）：13-14.

代建龙，李维江，辛承松，等 . 2013. 黄河流域棉区机采棉栽培技术［J］. 中国棉花，40（1）：35-36.

代建龙，李振怀，罗振，等 . 2014. 精量播种减免间定苗对棉花产量和产量构成因素的影响［J］. 作物学报，40：2 040-2 045.

戴述雄 . 2009. 棉花水育苗技术推广与应用［J］. 热带农业工程，33（4）：41-43.

董合忠，李维江，李振怀，等 . 2003. 棉花营养枝的利用研究［J］. 棉花学报，15（5）：313-317.

董合忠，李维江，唐薇，等 . 2007. 留叶枝对抗虫杂交棉库源关系的调节效应和对叶片衰老与皮棉产量的影响［J］. 中国农业科学，40：909-915.

董合忠，李维江，张旺锋，等 . 2018. 轻简化植棉［M］. 北京：中国农业出版社 .

董合忠，李振怀，李维江，等 . 2003. 抗虫棉保留利用营养枝的效应和技术研究［J］. 山东农业科学，3：6-10.

董合忠，李振怀，罗振，等 . 2010. 密度和留叶枝对棉株产量的空间分布和熟相的影响［J］. 中国农业生态学报，18（4）：792-798.
董合忠，毛树春，张旺锋，等.2014. 棉花优化成铃栽培理论及其新发展［J］. 中国农业科学，47（3）：441-451.
董合忠，牛曰华，李维江，等.2008. 不同整枝方式对棉花库源关系的调节效应［J］. 应用生态学报，19：819-824.
董合忠，杨国正，李亚兵，等.2017. 棉花轻简化栽培关键技术及其生理生态学机制［J］. 中国农业科学，43：631-639.
董合忠，杨国正，田立文，等.2016. 棉花轻简化栽培［M］. 北京：科学出版社.
董合忠.2011. 滨海盐碱地棉花轻简栽培：现状、问题与对策［J］. 中国棉花，38（12）：2-4.
董合忠.2012. 滨海盐碱地棉花丰产栽培的理论与技术［M］. 北京：中国农业出版社.
董合忠.2013. 棉花轻简栽培的若干技术问题分析［J］. 山东农业科学，45（4）：115-117.
董合忠.2013. 棉花重要生物学特性及其在丰产简化栽培中的应用［J］. 中国棉花，40（9）：1-4.
董合忠.2016. 棉蒜两熟制棉花轻简化生产的途径——短季棉蒜后直播［J］. 中国棉花，43（1）：8-9.
董建军，代建龙，李霞，等.2017. 黄河流域棉花轻简化栽培技术评述［J］. 中国农业科学，50：4 290-4 298.
樊翠芹，王贵启，王恒亮，等.2008. 乙草胺·扑草净悬浮剂在棉花田的除草效果及安全性评价［J］. 河北农业科学，12（5）：33-35，53.
冯国艺，姚炎帝，罗宏海，等.2012. 新疆超高产棉花冠层光分布特征及其与群体光合生产的关系［J］. 应用生态学报，23：1 286-1 294.
高孝华，李凤云，曲耀训，等.2008. 棉田化学除草剂主要种类特性及应用［J］. 中国棉花，35（4）：22.
戈峰，刘向辉，李泓达，等.2003. 氮肥对棉田主要害虫种群密度及棉花产量的影响［J］. 应用生态学报，14（10）：1 735-1 738.
戈峰.2001. 害虫区域性生态调控的理论、方法及实践［J］. 昆虫知识，38（5）：337-341.
官守学，李洪林，徐从辉.2008. 赣北棉区移栽棉田免中耕化学除草技术［J］. 江西棉花，30（3）：60.
郭红霞，侯玉霞，胡颖，等.2011. 两苗互作棉花工厂化育苗简要技术规程［J］. 河南农业科学，40（5）：89-90.
郭利双，李景龙，李飞，等.2015. 湖南棉花高密度直播技术研究［J］. 湖南农业科学（11）：17-19.
胡斌，王维新，李盛林，等.2014. 3MD-12X型棉花打顶的试验研究［J］. 中国棉花（2）：41-42.
黄继援，范长海，刘忠元，等.1990. 棉花脱叶剂德罗普试验初报［J］. 石河子科技（1）：33-35.
简桂良，邹亚飞，马存.2003. 棉花黄萎病连年流行的原因及对策［J］. 中国棉花，30（3）：13-14.
蒋建勋，杜明伟，田晓莉，等.2015. 影响黄河流域常规除草棉田机械采收的恶性杂草调查［J］. 中国棉花，42（6）：8-11.
蒋玉蓉，房卫平，祝水金，等.2005. 陆地棉植株组织结构和生化代谢与黄萎病抗性的关系［J］. 作物学报，31（3）：337-341.
瞿端阳，王维新.2012. 新疆棉花机械打顶现状及发展趋势分析［J］. 新疆农机化（1）：36-38.

阚画春，郑曙峰，徐道青，等 . 2009. 棉花专用配方缓控释复合肥应用效果研究［J］. 中国棉花，36（4）：15-17.
柯长青，柯兴盛，叶智华，等 . 2016. 棉花板地精量播种轻简管理技术在九江的应用效果［J］. 棉花科学，38（1）：38-41.
李保同，石庆华，方加海，等 . 2004. 无公害水稻生产的病虫草调控技术及其效应的研究应用［J］. 生态学报，15（1）：111-115.
李成亮，黄波，孙强生，等 . 2014. 控释肥用量对棉花生长特性和土壤肥力的影响［J］. 土壤学报，51（2）：295-305.
李飞，郭利双，何叔军，等 . 2016. 不同脱叶剂在洞庭湖植棉区直播棉上的应用研究［J］. 中国棉花，43（9）：15-17.
李飞，郭利双，吴远帆，等 . 2016. 洞庭湖滨植棉区棉花配方施肥优化试验初探［J］. 中国棉花（43）4：14-17，20.
李国英，张新全，宋玉萍，等 . 2015. 北疆棉区棉花黄萎病发生趋势、抗性研究［J］. 新疆农业科学，52（1）：185-190.
李洪山，戴华国，王娟等 . 2005. 利用植物的防御性倡导害虫治理的新思路［J］. 大麦科学（3）：23-27.
李建峰，王聪，梁福斌，等 . 2017. 新疆机采模式下棉花株行距配置对冠层结构指标及产量的影响［J］. 棉花学报，29：157-165.
李景龙，李飞，郭利双，等 . 2014. 棉花油后直播在湖南棉田生产机械化中的作用［J］. 湖南农业科学（2）：32-33.
李冉，杜珉 . 2012. 我国棉花生产机械化发展现状及方向［J］. 中国农机化（3）：7-10.
李社增，鹿秀云，马平，等 . 2005. 防治棉花黄萎病的生防细菌 NCD-2 的田间效果评价及其鉴定［J］. 植物病理学报，35（5）：451-455.
李树军 . 2013. 棉麦间作套种机械化作业技术要点［J］. 农机科技推广（9）：48-49.
李维江，唐薇，李振怀，等 . 2005. 抗虫杂交棉的高产理论与栽培技术［J］. 山东农业科学（3）：21-24.
李晓磊，刘长明 . 2009. 寄主植物对烟蚜药剂敏感性及相关酶活性的影响［J］. 华东昆虫学报，18（1）：46-50.
李新裕，陈冠文，田笑明 . 2001. 棉花脱叶技术研究［J］. 新疆农垦科技，27（7）：不详 .
李新裕，陈玉娟，闫志顺 . 2000. 棉花脱叶技术研究［J］. 中国棉花，27（7）：14-16.
李玉芳，李景龙，杨春安，等 . 2011. 种植密度对杂交棉农艺性状及产量构成因素的影响［J］. 湖南农业科学（5）：38-40，50.
刘富圆 . 2012. 5%氟节胺悬浮剂调节棉花生长田间药效试验［J］. 中国棉花，39（11）：8-9，31.
刘建发，张文英，李金渠，等 . 1999. 棉花种子包衣示范效果［J］. 中国棉花（8）：43.
刘金和，王麦玲，王玉兰，等 . 1999. 棉花种衣剂优富、希普、保苗剂药效试验［J］. 中国棉花（11）：27.
刘开智，李景龙，杨春安，等 . 2014. 棉花专用缓控释肥施用方法对产量构成的影响［J］. 湖南农业科学（14）：36-37.
刘生荣，张俊杰，李葆来，等 . 2003. 我国棉田化学除草应用研究现状及展望［J］. 西北农业学报，12（3）：106-110.

刘素华，彭延，彭小峰，等 . 2016. 调亏灌溉与合理密植对旱区棉花生育及产量品质的影响［J］. 棉花学报，28：184-188.

刘小凡 . 2008. 沿江棉区杂交棉花高产栽培技术［J］. 安徽农学通报，14（15）：248-249.

刘新稳，杨绍群，吕晓亭，等 . 2017. 棉油双熟制下油菜板地直播高产生产技术［J］. 棉花科学，39（1）：41-44.

刘子乾，翟登玉，杨以兵 . 2009. 棉花裸苗移栽种植密度探讨［J］. 农业科技通讯（10）：43-44.

卢合全，李振怀，董合忠，等 . 2009. 杂交棉种植密度与留叶枝对产量及其构成因素的互作效应研究［J］. 山东农业科学（11）：11-15.

卢合全，李振怀，董合忠，等 . 2013. 黄河流域棉区高密度垄作对棉花的增产效应［J］. 中国农业科学，46：4 018-4 026.

卢合全，李振怀，李维江，等 . 2015. 适宜轻简栽培的棉花品种 K836 的选育及高产简化栽培技术［J］. 中国棉花，42（6）：33-37.

卢合全，徐士振，刘子乾，等 . 2016. 蒜套抗虫棉 K836 轻简化栽培技术［J］. 43（2）：39-40，42.

卢合全，赵洪亮，于谦林，等 . 2011. 鲁西南麦套杂交棉适宜种植密度研究［J］. 山东农业科学（9）：27-29.

吕昭智，李进步，田卫东，等 . 2005. 生物多样性在害虫控制中的生态功能与机理［J］. 干旱区研究，22（3）：400-404.

吕昭智 . 2005. 生物多样性在害虫控制中的生态功能与机理［J］. 干旱区研究，22（3）：400-404.

罗菊春 . 1999. 以生态学原理持续控制生物的有害作用［J］. 北京林业大学学报（4）：105-107.

罗振，李维江，董合忠，等 . 2009. 密度与整枝对抗虫杂交棉产量分布的影响［J］. 山东农业科学（12）：43-47.

雒珺瑜，崔金杰，王春义 . 2003. 不同氮肥用量对棉田昆虫群落的影响［J］. 中国棉花，30（12）：32.

马存，刘洪涛，籍秀琴 . 1980. 豫北棉区枯萎病田间发病消长与棉株生育期关系的观察［J］. 植物保护，6（3）：18-20.

马存 . 1982. 棉花枯萎病的症状识别［J］. 农业科技通讯（5）：20.

马存 . 2007. 棉花枯萎病和黄萎病的研究［M］. 北京：中国农业出版社 .

马小艳，马艳，彭军，等 . 2011. 8 种茎叶处理除草剂对棉田杂草的防除效果［J］. 农药，50（1）：70-72.

马小艳，马艳，奚建平，等 . 2011. 种植模式对棉田土壤处理除草剂除草效果的影响［J］. 杂草科学，29（1）：23-27.

毛树春 . 2010. 我国棉花种植技术的现代化问题——兼论十二五棉花栽培相关研究［J］. 中国棉花，37（3）：2-5.

毛树春 . 2012. 中国棉花景气报告［M］. 北京：中国农业出版社 .

毛树春 . 2013. 中国棉花景气报告［M］. 北京：中国农业出版社 .

毛树春 . 2014. 中国棉花景气报告［M］. 北京：中国农业出版社 .

牛巧鱼 . 2013. 我国棉花机械打顶研究进展［J］. 中国棉花（11）：23-24.

强胜，沈俊明，张成群，等 . 2003. 种植制度对江苏省棉田杂草群落影响的研究［J］. 植物生态学报，27（2）：278-282.

强胜，魏守辉，胡金良 .2000. 江苏省主棉区棉田杂草草害发生规律的研究［J］. 南京农业大学学报，23（2）：18-22.
秦雪峰，孔凡彬 .2006. 生物农药的应用现状及前景［J］. 安徽农业科学，34（16）：4 024，4 057.
山东棉花研究中心 .2001. 优质棉生产的理论与技术［M］. 济南：山东科学技术出版社 .
陕西省农科院科管处 .1996. 棉花黄萎病菌致萎毒素研究［J］. 西北农业学报（3）：42.
石智峰 .2014. 浅析新形势下黄河流域、长江流域棉花产业发展方向［J］. 中国棉花，41（2）：1-3.
苏成付，邱新棉，王世林，等 .2012. 烟草抑芽剂氟节胺在棉花打顶上的应用［J］. 浙江农业学报，24（4）：545-548.
孙君灵，宋晓轩 .2000. 甲基立枯磷等杀菌剂对棉花苗期病害的防治效果［J］. 中国棉花，27（1）：27-28.
田景山，王文敏，王聪，等 .2016. 机械采收对新疆棉纤维品质的影响［J］. 纺织学报，37（7）：13-17.
田立文，崔建平，郭仁松，等 . 新疆棉花精量播种棉田保苗方法［D］. ZL 2013 10373743. 9.
田晓莉，李召虎，段留生，等 .2006. 棉花化学催熟与脱叶技术［J］. 中国棉花，33（1）：4-6.
田笑明 .2016. 新疆棉作理论与现代植棉技术［M］. 北京：科学出版社 .
王爱玉，高明伟，王志伟，等 .2015. 棉花化学脱叶催熟技术应用研究进展［J］. 农学学报，5（4）：20-23.
王刚，张鑫，陈兵，等 .2015. 化学打顶剂在新疆棉花生产中的研究与应用［J］. 中国棉花，（10）：8-10.
王刚，张鑫，陈兵 .2016. 影响棉花化学打顶施药机车喷雾效果与产量的多因素分析［J］. 中国棉花，43（4）：11-13.
王家宝，王留明，姜辉，等 .2014. 高产稳产型棉花品种鲁棉研 28 号选育及其栽培生理特性研究［J］. 棉花学报，26（6）：569-576.
王林，赵冰梅，丁志欣，等 .2017. 机采棉脱叶剂喷施技术规范 DB65/T 3980-2017. 新疆维吾尔自治区地方标准.
王林霞，田长彦，马英杰等 .2004. 玉米诱集带对棉田天敌种群动态的影响［J］. 干旱地区农业研究，22（1）：302-303.
王汝贤，杨之为，庞惠玲，等 .1989. 陕西省棉田主要线虫类群对棉花枯萎病发生影响的研究［J］. 植物病理学报（4）：205-209.
王希，杜明伟，田晓莉，等 .2015. 黄河流域棉区棉花脱叶催熟剂的筛选研究［J］. 中国棉花，42（5）：15-21.
王香茹，张恒恒，胡莉婷，等 .2018. 新疆棉区棉花脱叶催熟剂的筛选研究［J］. 中国棉花，45（2）：8-14.
武宝传，马立萍 .2012. 浅谈 GPS 自动导航在农用拖拉机上的推广与应用［C］. 中国农业机械学会国际学术年会论文集：133-136.
夏大勇，魏琳琳 .2011. 水稻有机食品病虫害绿色防控技术［J］. 农业科学（29）：47.
夏东利 .2016. 化学打顶剂氟节胺在新疆兵团棉田应用效果［J］. 中国棉花，43（12）：41-42.
夏乃斌 .1999. 有害生物管理及其可持续控制的探讨［J］. 北京林业大学学报（4）：108-111.

先新良，郑晓寒，薛丽云，等 . 2014. 化学打顶剂氟节胺对棉花生长的影响［J］. 农村科技（6）：21-23.
肖水平，陈宜，刘新稳，等 . 2016. 棉花板茬精量播种省工管理种植新技术［J］. 中国棉花，43（8）：42-43.
肖水平，刘新稳，孙亮庆，等 . 2017. 棉花板地精量穴播种植技术 2016 年度应用效果报告［J］. 棉花科学，39（3）：46-51.
肖晓华 . 2008. 农作物病虫害综合防治策略与措施［J］. 现代农业科技（10）：92-94.
谢龙旭，李云锋，徐培林 . 2004. 根癌农杆菌介导的转 aroAM12 基因棉花植株的草甘膦抗性［J］. 植物生理与分子生物学学报，30（2）：173-178.
谢志华，李维江，苏敏，等 . 2014. 整枝方式与种植密度对蒜套棉产量和品质的效应［J］. 棉花学报，26（5）：459-465.
辛承松，杨晓东，罗振，等 . 2016. 黄河流域棉区棉花肥水协同管理技术及其应用［J］. 中国棉花，43（3）：31-32.
熊新民，肖水平，陈宜，等 . 2015. 江西省棉花产业发展调研报告［J］. 中国棉花，42（2）：10-11.
徐守振，左文庆，陈民志，等 . 2017. 北疆植棉区滴灌量对化学打顶棉花植株农艺性状及产量的影响［J］. 棉花学报，29：345-355.
杨成勋，张旺锋，徐守振，等 . 2016. 喷施化学打顶剂对棉花冠层结构及群体光合生产的影响［J］. 中国农业科学，49：1 672-1 684.
杨春安，陈志军，李景龙，等 . 2009. 基质育苗移栽新技术在棉花生产中的应用［J］. 湖南农业科学（6）：47-48.
杨磊，陈宜，胡小琴，等 . 2015. 江西 2014 年棉花生产全程机械化的实践与对策［J］. 棉花科学，37（2）：3-7.
杨磊，陈宜，夏绍南，等 . 2015. 新常态下稳定江西省棉花生产的建议和对策［J］. 棉花科学，37（6）：3-9.
杨磊，田绍仁，柯兴盛，等 . 2008. 环鄱阳湖优势产区棉花生产现状与发展潜力［J］. 江西农业学报，20（11）：30-34.
尤民生，刘雨芳，侯有明 . 2004. 农田生物多样性与害虫综合治理［J］. 生态学报，24（1）：117-122.
喻树迅，张雷，冯文娟 . 2015. 快乐植棉——中国棉花生产的发展方向［J］. 棉花学报，27（3）：283-290.
占东霞，张超，张亚黎，等 . 2015. 膜下滴灌水分亏缺下棉花开花后非叶绿色器官光合特性及其对产量的贡献［J］. 作物学报，41：1 880-1 887.
张超，占东霞，张亚黎，等 . 2015. 膜下滴灌对棉花生育后期叶片与苞叶光合特性的影响［J］. 作物学，41：100-108.
张东林，李文，腊贵晓，等 . 2013. 工厂化两苗互作育苗麦后机械化移栽棉花的生长发育及产量特点［J］. 河南农业科学，42（6）：51-54.
张冬梅，李维江，唐薇，等 . 2010. 种植密度与留叶枝对棉花产量和早熟性的互作效应［J］. 棉花学报，22（3）：224-230.
张国强，周勇 . 2014. 棉麦套作棉花种植机械化现状与思考［J］. 安徽农业科学，42（32）：

11 597-11 598.
张佳喜，蒋永新，刘晨，等 . 2012. 新疆棉花全程机械化的实施现状［J］. 中国农机化（3）：33-35.
张丽娟，陈宜，杨磊，等 . 2014. 鄱阳湖种植区棉花脱叶催熟技术的应用研究［J］. 中国棉花，41（11）：8-9，12.
张晓洁，李浩，王志伟 . 2012. 精量播种对棉花产量结构的影响［J］. 中国棉花（7）：32-35.
张兴华，田绍仁，汤建国，等 . 2012. 频振杀虫灯不同使用方法诱杀棉盲蝽效果研究［J］. 现代农业科技（7）：163-164.
张泽溥 . 1994. 我国棉田杂草种类、分布及防除［J］. 杂草科学（3）：7-9.
张振兴，赵洪亮，于谦林，等 . 2014. 棉花控释肥试验研究总结［C］. 中国棉花学会 2014 年年会论文汇编 .
赵洪亮，于谦林，卢合全，等 . 2010. 山东生态条件下纯作春棉的适宜密度研究［J］. 山东农业科学（12）：18-21.
赵永根，卞觉时，郁卫 . 2008. 黄板对棉田烟粉虱和非靶标昆虫的诱杀作用［J］. 植物保护（3）：144-147.
郑曙峰 . 2007. 棉花优质高效栽培新技术［M］. 合肥：安徽科技出版社.
郑曙峰 . 2010. 棉花科学栽培［M］. 合肥：安徽科技出版社.
中国农业科学院棉花研究所 . 1983. 中国棉花栽培学［M］. 上海：上海科学技术出版社 .
中国农业科学院棉花研究所 . 2013. 中国棉花栽培学［M］. 上海：上海科学技术出版社 .
中华人民共和国农业部 . 2010. 2010 年农业主导品种和主推技术［M］. 北京：中国农业出版社.
中华人民共和国农业部 . 2011. 2011 年农业主导品种和主推技术［M］. 北京：中国农业出版社.
中华人民共和国农业部 . 2012. 2012 年农业主导品种和主推技术［M］. 北京：中国农业出版社.
中华人民共和国农业部 . 2013. 2013 年农业主导品种和主推技术［M］. 北京：中国农业出版社.
中华人民共和国农业部 . 2014. 2014 年农业主导品种和主推技术［M］. 北京：中国农业出版社.
中华人民共和国农业部 . 2014. 长江流域棉花轻简化栽培技术规程：NY/T 2633-2013［S］. 北京：中国农业出版社.
中华人民共和国农业部 . 2015. 2015 年农业主导品种和主推技术［M］. 北京：中国农业出版社.
周亚立，刘向新，闫向辉 . 2012. 棉花收获机械化［M］. 乌鲁木齐：新疆科学技术出版社 .
朱德文，陈永生，徐立华 . 2008. 我国棉花生产机械化现状与发展趋势［J］. 农机化研究，4：224-227.
朱荷琴，宋晓轩，冯自力，等 . 2006. 国内外杀菌剂对棉花苗病的防治效果［J］. 中国棉花，33（2）：15-16.
朱荷琴 . 2007. 棉花主要病害研究概要［J］. 棉花学报，19（5）：391-398.
祝水金，汪静儿，俞志华，等 . 2003. 棉花抗草甘膦突变体筛选及其在杂种优势利用中的应用［J］. 棉花学报，15（4）：227-230.
邹劲松 . 2017. 北斗导航棉田播种技术运用与推广［J］. 农技服务（9）：不详 .
邹茜，刘爱玉，王欣悦，等 . 2014. 棉花打顶技术的研究现状与展望［J］. 作物研究，28（5）：570-574.
Dai J L，Li W J，Tang W，et al. 2015. Manipulation of dry matter accumulation and partitioning with plant density in relation to yield stability of cotton under intensive management［J］. Field Crops Research，

180: 207-215.

Dai J L, Li W J, Zhang D M, et al. 2017. Competitive yield and economic benefits of cotton achieved through a combination of extensive pruning and a reduced nitrogen rate at high plant density [J]. Field Crops Research, 209: 65-72.

Dai J L, Luo Z, Li W J, et al. 2014. A simplified pruning method for profitable cotton production in the Yellow River valley of China [J]. Field Crops Research, 164: 22-29.

Dong H Z, Li W J, Tang W. et al. 2006. Yield, quality and leaf senescence of cotton grown at varying planting dates and plant densities in the Yellow River Valley of China [J]. Field Crops Research, 98: 106-115.

Feng L, Dai J L, Tian L W, et al. 2017. Review of the technology for high-yielding and efficient cotton cultivation in the northwest inland cotton-growing region of China [J]. Field Crops Research, 208: 18-26.

Larson J A, Gwathmey C O, Hayes R M. 2002. Cotton defoliation and harvest timing effects on yields, quality, and net revenues [J]. The Journal of Cotton Science, 6: 13-27.

Lu H Q, Dai J L, Li W J, et al. 2017. Yield and economic benefits of late planted short-season cotton versus full-season cotton relayed with garlic [J]. Field Crops Research, 200: 80-87.

Luo Z, Kong X Q, Dong H Z. 2016. Physiological and molecular mechanisms of the improved root hydraulic conductance under partial root-zone irrigation in cotton [C]. Brazil Proceedings of World Cotton Research Conference.

Reddy V R. 1995. Modeling ethephone- temperature interactions in cotton [J]. Computers and Electronics in Agriculture, 13: 27-35.

Snipes C E, Baskin C C. 1994. Influence of early defoliation on cotton yield, seed quality, and fiber properties [J]. Field Crops Research, 37: 137-143.

Snipes C E, Cathey C W. 1992. Evaluation of defoliant mixtures in cotton [J]. Field Crops Research, 28: 327-334.

Supak J R. 1995. Harvest aids for picker and stripper cotton [J]. Cotton Gin Oil Mill Press, 96: 14-16.

Yang G Z, Chu K Y, Tang H Y, et al. 2013. Fertilizer 15N accumulation, recovery and distribution in cotton plant as affected by N rate and split [J]. J Inte Agric, 12 (6): 999-1 007.

Yang G Z, Tang H Y, Nie Y C, et al. 2011. Responses of cotton growth, yield, and biomass to nitrogen split application ratio [J]. Euro J Agron, 35: 164-170.

Yang G Z, Tang H Y, Tong J, et al. 2012. Effect of fertilization frequency on cotton yield and biomass accumulation [J]. Field Crops Research, 125: 161-166.

Zhang D M, Luo Z, Liu S H, et al. 2016. Effects of deficit irrigation and plant density on the growth, yield and fiber quality of irrigated cotton [J]. Field Crops Research, 197: 1-9.